"十三五"江苏省高等学校重点教材（2017-2-077）
江苏高校品牌专业建设工程资助项目
江苏高校"青蓝工程"资助项目

机械设计
综合训练教程

第二版

主　编　程志红
副主编　杨金勇　闫海峰　孟庆睿　刘后广　周晓谋

中国矿业大学出版社

内 容 提 要

本书是为满足机械设计计算机辅助设计和课程设计实践的教学需求编写的。

本书共分三篇,第一篇为机械设计计算机辅助设计训练,包括常用数表及线图程序化处理、典型机械零部件程序设计和机械设计计算机辅助设计训练题目与要求;第二篇为机械设计课程设计训练,包括总体设计、传动件设计、装配图设计、零件工作图设计、设计说明书的编写以及课程设计训练题目与要求;第三篇为机械设计资料,包括常用设计数据、螺纹与螺纹连接、键连接和销连接、传动零件、滚动轴承、联轴器、减速器结构及附件、电机、极限与配合、减速器和零部件图册。

本书可作为高等院校工科机械类专业本专科生学习"机械设计""机械设计计算机辅助设计"课程的补充教材和简明设计手册,也可供其他有关专业的教师与工程技术人员参考。

图书在版编目(C I P)数据

机械设计综合训练教程/程志红主编.—2版.—徐州:
中国矿业大学出版社,2019.9
ISBN 978 - 7 - 5646 - 4527 - 4

Ⅰ.①机… Ⅱ.①程… Ⅲ.①机械设计—教材 Ⅳ.
①TH122

中国版本图书馆 CIP 数据核字(2019)第 153848 号

书　　名	机械设计综合训练教程
主　　编	程志红
责任编辑	褚建萍
出版发行	中国矿业大学出版社有限责任公司
	(江苏省徐州市解放南路　邮编 221008)
营销热线	(0516)83884103　83885105
出版服务	(0516)83995789　83884920
网　　址	http://www.cumtp.com　E-mail:cumtpvip@cumtp.com
印　　刷	江苏淮阴新华印务有限公司
开　　本	787 mm×1092 mm　1/16　印张 19.75　插页 7　字数 530 千字
版次印次	2019 年 9 月第 2 版　2019 年 9 月第 1 次印刷
定　　价	38.00 元

(图书出现印装质量问题,本社负责调换)

前　言

随着计算机技术的迅猛发展,利用计算机辅助进行机械产品的设计,已成为提高机械产品与工程设计水平、缩短产品开发周期、增强产品市场竞争力、提高劳动生产率的重要手段。计算机辅助机械零部件设计,不仅可以将设计中必须翻阅大量手册、文献资料以及检索有关曲线、表格以获取设计或校核计算时所需的各种系数、参数等十分费时、费事又易于出错的繁琐的事务性工作交给计算机去完成,也有利于快速得到多方案设计结果,还可利用计算机绘图和造型软件参数化生成零件工作图和三维实体图形。教材中介绍常用数表和线图的程序化处理方法,以及典型零部件的计算机辅助程序设计,可满足学生上机实验训练要求。

课程设计作为机械设计课程的一个综合性实践环节,对培养学生初步掌握简单机械的设计方法和步骤,熟悉与机械设计有关的标准、规范、资料和手册具有重要的作用;同时也能培养学生理论联系实际的能力、独立工作能力和创新设计能力。

《机械设计综合训练教程》一书旨在提供计算机辅助机械零部件设计的方法和上机实践训练内容,机械设计课程设计方法、步骤和设计训练题目以及常用设计数据手册,本书可作为"机械设计"课程配套教材。

本书在编写上采用最新国家标准,并提供扫描二维码查看设计程序和设计资料。

本书在内容安排上,分为三大部分,第一部分为机械设计计算机辅助设计训练,包括常用数表及线图程序化处理、典型机械零部件程序设计和机械设计计算机辅助设计训练题目与要求;第二部分为机械设计课程设计训练,包括总体设计、传动件设计、装配图设计、零件工作图设计、设计说明书的编写以及课程设计训练题目与要求;第三部分为机械设计资料,包括常用设计数据、螺纹与螺纹连接、键连接和销连接、传动零件、滚动轴承、联轴器、减速器结构及附件、电机、极限与配合、减速器和零部件图册。

本书第1～3章、第8章、第17章由程志红编著;第4～7章由杨金勇编写;第9～11章由刘后广编写;第12、14、16章由孟庆睿编写;第13章由周晓谋编写;第15、18章由闫海峰编写。全书由程志红统稿并担任主编。

由于水平有限,书中错误与不足之处在所难免,敬请同仁和广大读者不吝指正。

编　者

2019 年 4 月

目　录

第一篇　机械设计计算机辅助设计训练

第二篇　机械设计课程设计训练

第三篇　机械设计资料

第 一 篇

机械设计计算机辅助设计训练

1 常用数表和线图的程序化处理

在机械设计过程中,经常要用到各种数表和线图资料,为使计算机能应用这些资料,就必须对所用数表和线图进行程序化处理,以计算机能够接受的方式存储起来,用到时能灵活、方便地检索和调用。数表和线图的程序化是机械设计计算机辅助设计的一项基础工作。本章介绍如何处理这些问题的方法,并通过 VB 语言编程给出范例。

1.1 数表的程序化

数表程序化有两种方法:一是查表检索法;二是数表解析法。

1.1.1 查表检索法

该法是模拟设计人员查表检索数据的过程。首先由自变量的大小或种类来确定所需数据在表中的位置,然后读取有关数据,并根据数表性质决定是否需要插值以及插值的具体方式。

1.1.1.1 一元数表的存取

数表中最简单的是一元数表,其特征是其数据是变量的一元函数。如:V 带传动设计时的弯曲影响系数 K_b、单位长度的质量 q 以及最小带轮直径 d_{min} 等均与带的型号有关。这些资料分散在书中几个不同的表格里,它们之间的关系就是一张张一元数表。为了便于程序化,可将有关资料汇集在一个表格中。

例 1-1 编制根据普通 V 带型号检索有关参数的程序。

将 V 带的有关参数归并为如下的一个表格(表 1-1)。

表 1-1   普通 V 带型号及有关参数

程序变量名称	参数名称	普通 V 带型号						
		Y	Z	A	B	C	D	E
s	带型代号	1	2	3	4	5	6	7
q1	$q/(kg/m)$	0.02	0.06	0.10	0.17	0.30	0.62	0.90
dm	d_{min}/mm	20	50	75	125	200	355	500
kb	$K_b(10^{-3})$	0.02	0.17	1.03	2.65	7.50	26.6	49.8

编制该程序时,可采用以下两种方法:

(1)利用多分支选择语句。以带的型号为表达式值。VB 源程序如下:

```
Private SubCmdstart_Click()
    Dim s As Integer
    Dim q1 As Single, dm As Single, kb As Single
```

```
    s = Val(txt_s. Text)

    Select Case s
      Case 0
        q1 = 0.02；dm = 20；kb = 0.00002
      Case 1
        q1 = 0.06；dm = 50；kb = 0.00017
      Case 2
        q1 = 0.1；dm = 75；kb = 0.00103
      Case 3
        q1 = 0.17；dm = 125；kb = 0.00265
      Case 4
        q1 = 0.3；dm = 200；kb = 0.0075
      Case 5
        q1 = 0.62；dm = 355；kb = 0.0266
      Case 6
        q1 = 0.9；dm = 500；kb = 0.0498
    End Select
```

例 1-1 源程序代码

```
    txt_q1. Text =Str(q1)
    txt_dmin. Text = Str(dm)
    txt_kb. Text = Str(kb)

End Sub
```

（2）利用数组。定义三个一维数组，将表中数值填写在程序中使数组初始化，定义整型变量 s 代表带的型号。VB 源程序如下：

```
Private SubCmdstart_Click()
    Dim s As Integer
    Dim q1 As Variant, dm As Variant, kb As Variant
    q1 = Array(0.02, 0.06, 0.1, 0.17, 0.3, 0.62, 0.9)
    dm = Array(20, 50, 75, 125, 200, 355, 500)
    kb = Array(0.00002, 0.00017, 0.00103, 0.00265, 0.0075, 0.0266, 0.0498)

    s = Val(txt_s. Text)

    txt_q1. Text =Str(q1(s))
    txt_dmin. Text = Str(dm(s))
    txt_kb. Text = Str(kb(s))

End Sub
```

1.1.1.2 二元数表的存取

二元数表的数据是变量的二元函数。如齿轮传动计算中的工作情况系数 K_A 是根据原动机和工作机的类型而定的。二元数表的程序化方法最简便就是利用二维数组。

例 1-2 试编制根据原动机和工作机类型，由计算机检索表 1-2 中齿轮工作情况系数 K_A 的程序。

表 1-2   齿轮传动工作情况系数 K_A

原动机 (代码 M)		工 作 机 (代码 N)		
		1	2	3
		载荷平稳	中等冲击	严重冲击
1	工作平稳	1	1.25	1.75
2	轻度冲击	1.25	1.5	2
3	中等冲击	1.5	1.75	≥2.25

VB 源程序如下：

```
Option Explicit
Dim ii As Integer,jj As Integer
Public Appdir As String

Private Sub Check1_Click()
  If Check1. Value = 1 Then
    Check2. Value = 0
    Check3. Value = 0
    ii = 0
  End If
End Sub

Private Sub Check2_Click()
  If Check2. Value = 1 Then
    Check1. Value = 0
    Check3. Value = 0
    ii = 1
  End If
End Sub

Private Sub Check3_Click()
  If Check3. Value = 1 Then
    Check1. Value = 0
        Check2. Value = 0
```

```
            ii = 2
        End If
    End Sub


    Private Sub Check4_Click()
        If Check4. Value = 1 Then
            Check5. Value = 0
            Check6. Value = 0
            jj = 0
        End If
    End Sub


    Private Sub Check5_Click()
        If Check5. Value = 1 Then
            Check4. Value = 0
            Check6. Value = 0
            jj = 1
        End If
    End Sub


    Private Sub Check6_Click()
        If Check6. Value = 1 Then
            Check4. Value = 0
            Check5. Value = 0
            jj = 2
        End If
    End Sub


    Private SubCmdstart_Click()
        Dim i As Integer, j As Integer
        Dim ka As Single
        Dim kk(3, 3) As Single

    Appdir = CurDir()
        Open Appdir & "\data\工况系数. txt" For Input As ♯1
        For i = 0 To 2
            For j = 0 To 2
                Input ♯1,kk(i, j)
            Next j
```

例 1-2 源程序代码

```
        Next i
        Close ＃1
        txt_ka. Text = Str(kk(ii, jj))

End Sub
```

　　该程序中,表1-2数据存储在"工况系数. txt"数据文件中,与应用程序分开,适用于数据量较大的数表处理。

　　三元数表也可以遵照上述一元、二元数表的程序化方法处理。如 V 带传动中工作情况系数 K_A,见表1-3,除取决于原动机类型(代码 M)和工作机类型(代码 N)外,尚与每天工作时间(代码 LH)有关,其检索程序的编制方法可参照例1-2进行,同学可自行编制。

表 1-3　　　　　　　　　　　　V 带传动工作情况系数 K_A

工作机载荷性质		原动机(代码 M)					
		Ⅰ类			Ⅱ类		
		一天工作时数(LH)					
		≤10	10~16	>16	≤10	10~16	>16
(代码 N)	工作平稳	1	1.1	1.2	1.1	1.2	1.3
	载荷变化小	1.1	1.2	1.3	1.2	1.3	1.4
	载荷变化大	1.2	1.3	1.4	1.4	1.5	1.6
	冲击载荷	1.3	1.4	1.5	1.5	1.6	1.8

1.1.1.3　区间检索

　　有些数表,如表1-4所示平键连接中轴径与平键尺寸 $b×h$ 的对应关系,看起来比前面的表要复杂,但实际上还是一元数表,所不同的只是作为变量的轴径 d 在某一变化范围内对应的 $b×h$ 值是相同的,故程序在检索时应作适当的判断处理。现通过例1-3说明区间检索程序化方法。

表 1-4　　　　　　　　　　　平键尺寸

序号	公称轴径 d	键的公称尺寸 $b×h$
1	6<d≤8	2×2
2	8<d≤10	3×3
3	10<d≤12	4×4
4	12<d≤17	5×5
5	17<d≤22	6×6
6	22<d≤30	8×7
7	30<d≤38	10×8
8	38<d≤44	12×8
9	44<d≤50	14×9
10	50<d≤58	16×10
11	58<d≤65	18×11

例 1-3　试编制根据轴的直径 d 检索平键尺寸 $b \times h$ 的程序。

将轴径 d 的上界限或下界限记入一维数组 $dd(i)$，对应的 b、h 值存入数组 $b(i)$、$h(i)$，检索时先判断一下实际轴径 d 在数组 $dd(i)$ 中所处的区间位置（即确定相应的 i 大小），然后由 i 检索出对应的 b、h 值。

该法程序如下：

```
Private SubCmdstart_Click()
    Dim i As Integer, d As Integer
    Dim dd As Variant, b As Variant, h As Variant
    dd = Array(0, 6, 8, 10, 12, 17, 22, 30, 38, 44, 50, 58)
    b = Array(0, 2, 3, 4, 5, 6, 8, 10, 12, 14, 16, 18)
    h = Array(0, 2, 3, 4, 5, 6, 7, 8, 8, 9, 10, 11)
    d = Val(txt_d. Text)
    For i = 0 To 10
        If d <=dd(i + 1) Then
            Exit For
        End If
    Next i
    txt_b. Text = Str(b(i))
    txt_h. Text = Str(h(i))
End Sub
```

例 1-3 源程序代码

1.1.1.4　复杂表格的程序化（含插值处理）

有些表格的检索，被检索的数值不是表列结点上的数值时，函数值需要用插值的方法求出。插值法的基本思想是在插值点附近选取几个合适的结点，过这些选取的点构造一个简单的函数 $g(x)$，在此小段上用 $g(x)$ 代替原来函数 $f(x)$，插值点的函数值就用 $g(x)$ 来代替。通常插值方法有线性插值法和非线性插值法，现结合示例说明它们的具体应用。

（1）一元数表的线性插值

已知条件：给定 x，求其函数值 y。方法：如图 1-1 所示，选取两个相邻自变量 x_i 与 x_{i+1}，满足条件 $x_i < x < x_{i+1}$，过 (x_i, y_i) 及 (x_{i+1}, y_{i+1}) 两点连直线 $g(x)$ 代替原来 $f(x)$，则 y 为：

$$y = \frac{(y_{i+1} - y_i)}{(x_{i+1} - x_i)}(x - x_i) + y_i \qquad (1\text{-}1)$$

为了与后面抛物线插值的公式在形式上取得一致，可将上式改写为：

$$y = \frac{(x - x_{i+1})}{(x_i - x_{i+1})}y_i + \frac{(x - x_i)}{(x_{i+1} - x_i)}y_{i+1} \qquad (1\text{-}2)$$

V 带传动设计计算中，由包角 α 查取包角系数 K_α 就属这种情况。

例 1-4　将表 1-5 编制成可进行线性插值的程序。其参考程序如下：

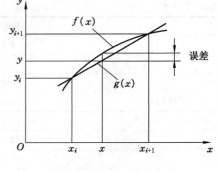

图 1-1　一元数表的线性插值

表 1-5						包角系数 K_a							
包角 af	185	180	175	170	165	160	155	150	145	140	135	130	125	120
包角系数 kf	1.0	1.0	0.99	0.98	0.96	0.95	0.93	0.92	0.91	0.89	0.88	0.86	0.84	0.82
序号	1	2	3	4	5	6	7	8	9	10	11	12	13	14

```
Private SubCmdstart_Click()
    Dim i As Integer
    Dim t As Single, u As Single, f As Single
    Dim kf As Single, af As Single
    Dim x As Variant, y As Variant
    x = Array(120,125,130,135,140,145,150,155,160,165,170,175,180,185)
    y = Array(0.82,0.84,0.86,0.88,0.89,0.91,0.92,0.93,0.95,0.96,0.98,0.99,1,1)
    t = Val(txt_t.Text)

    If t < x(0) Then
        i = 0
    ElseIf t >= x(12) Then
        i = 12
    Else
    For i = 1 To 12
        If t <= x(i) Then
        i = i - 1


        Exit For
        End If
    Next i
    End If
        u = (t − x(i)) / (x(i + 1) − x(i))
        f = y(i) + u * (y(i + 1) − y(i))
        kf = f; af = t
        txt_af.Text = Str(af)
        txt_kf.Text = Str(kf)
End Sub
```

例 1-4 源程序代码

（2）二元数表的线性插值

对于需要插值的二元数表，情况较前复杂一点，其原理相当于在图 1-2 所示的三维空间中构造一曲面 $g(x,y)$（虚线）来近似代替原有函数 $f(x,y)$（实线）。处理方法为：从给定的 $N \times M$ 个结点中，选取最靠近插值点 $T(x,y)$ 的相邻 4 个结点，然后运用三次一元数表线性插值方法求出相应于插值点 $T(x,y)$ 的函数值。具体步骤如下：

① 先固定 x_i，根据 $z(x_i,y_j)$ 和 $z(x_i,y_{j+1})$，运用一元线性插值法求得函数值 $z_E(x_i,y)$；再

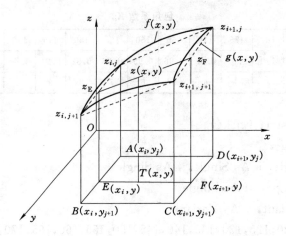

图 1-2　二元数表的线性插值

固定 x_{i+1}，根据 $z(x_{i+1},y_j)$ 和 $z(x_{i+1},y_{j+1})$ 运用一元线性插值法求得函数值 $z_F(x_{i+1},y)$。

② 根据上一步求得的 $z_E(x_i,y)$ 和 $z_F(x_{i+1},y)$，再次运用一元线性插值法求得函数值 $z(x,y)$。

线性插值计算公式：

$$z(x,y) = (1-\alpha)(1-\beta)z_{i,j} + \beta(1-\alpha)z_{i,j+1} + \alpha(1-\beta)z_{i+1,j} + \alpha\beta z_{i+1,j+1} \qquad (1\text{-}3)$$

式中：$\alpha = \dfrac{x-x_i}{x_{i+1}-x_i}$，$\beta = \dfrac{y-y_j}{y_{j+1}-y_j}$。

在机械设计中，进行轴的强度计算时，查取截面变化过渡圆角处有效应力集中系数 K_σ 值（表 1-6），就需要用插值的方法。

表 1-6　　　　　　　　　　　　轴的圆角处有效应力集中系数 K_σ

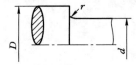

序号	j		1	2	3	4	5	6
i	r/d	σ_B	500	600	700	800	900	1 000
1	0.01		2.32	2.50	2.71	2.71	2.71	2.71
2	0.02		1.84	1.96	2.08	2.20	2.35	2.50
3	0.04		1.60	1.66	1.69	1.75	1.81	1.87
4	0.06		1.51	1.51	1.54	1.54	1.60	1.60
5	0.08		1.40	1.40	1.42	1.42	1.46	1.46
6	0.10		1.34	1.34	1.36	1.36	1.39	1.39
7	0.15		1.25	1.25	1.27	1.27	1.30	1.30
8	0.20		1.19	1.19	1.22	1.22	1.24	1.24

例 1-5　按表 1-6 用二元线性插值方法查取 $\sigma_B = 550\ \text{N/mm}^2$，$r/d = 0.04$ 时的有效应力集中系数 K_σ。程序如下：

Dim Appdir As String

```
Dim i As Integer, j As Integer
Dim ii As Integer,jj As Integer
Private SubCmdstart_Click()
  Dim ki As Integer, kj As Integer
  Dim ax As Single, ay As Single,ap As Single
  Dim bt As Single, f As Single
  Dim x As Variant, y As Variant
  Dim z(8, 6) As Single

  x = Array(0, 0.01, 0.02, 0.04, 0.06, 0.08, 0.1, 0.15, 0.2)
  y = Array(0, 500, 600, 700, 800, 900, 1000)
  Appdir = CurDir()
  Open Appdir & "\data\圆角应力集中.txt" For Input As #1
  For ii = 1 To 8
    For jj = 1 To 6
      Input #1, z(ii,jj)
    Next jj
  Next ii
  Close #1

  ax = Val(txt_rd.Text)
  ay = Val(txt_cb.Text)

  For i = 1 To 6
    If ax <= x(i + 1) Then
      ki = i
      Exit For
    Else
  ki = 7
    End If
  Next i

  For j = 1 To 4
    If ay <= y(j + 1) Then
      kj = j
      Exit For
    Else
  kj = 5
    End If
```

例 1-5 源程序代码

```
Next j
ap = (ax − x(ki)) / (x(ki + 1) − x(ki))
bt = (ay − y(kj)) / (y(kj + 1) − y(kj))
f = (1 −ap) * (1 − bt) * z(ki, kj) + bt * (1 − ap) * z(ki, kj + 1) + _
    ap * (1 − bt) * z(ki + 1, kj) + ap * bt * z(ki + 1, kj + 1)
txt_kc. Text = Str(f)
End Sub
```

（3）非线性插值

上面介绍了线性插值方法,它们分别利用了插值点邻近的两个结点(一元数表)或四个结点(二元数表)上的信息,当给定的结点比较密,且曲线的变化又较接近直线时,才能获得比较准确的插值结果。为改善计算精度,可采用多点插值法。工程上常用的是一元三点抛物线插值(拉格朗日三点插值)方法。它是利用所选定的三个结点上的信息,由拉格朗日公式计算插值函数值。

① 一元数表的抛物线插值

a. 一元数表抛物线插值公式

如图 1-3 所示,在 $f(x)$ 上取三点,过三点作抛物线 $g(x)$,以 $g(x)$ 替代 $f(x)$,可以获得比线性插值精度高的结果。设已知插值点 x,则

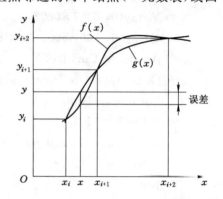

图 1-3　一元数表的抛物线插值

$$y = y_i \frac{(x - x_{i+1})(x - x_{i+2})}{(x_i - x_{i+1})(x_i - x_{i+2})} + y_{i+1} \frac{(x - x_i)(x - x_{i+2})}{(x_{i+1} - x_i)(x_{i+1} - x_{i+2})} +$$

$$y_{i+2} \frac{(x - x_i)(x - x_{i+1})}{(x_{i+2} - x_i)(x_{i+2} - x_{i+1})} \tag{1-4}$$

b. 插值结点的选择

ⅰ. 当 $x \leqslant x_2$ 时,即 $x_1 \leqslant x \leqslant x_2$

取 $i=1$,抛物线通过最初三个结点:P_1, P_2, P_3(靠近表头)。

ⅱ. 当 $x \geqslant x_{n-1}$ 时,即 $x_{n-1} \leqslant x \leqslant x_n$

取 $i=n-2$,抛物线通过最后三个结点:P_{n-2}, P_{n-1}, P_n(靠近表尾)。

ⅲ. 当 x 靠近 x_{i+1} 时,即 $|x - x_i| > |x - x_{i+1}|$,则补选 x_{i+2} 为结点,取 $hi=i$。

ⅳ. 当 x 靠近 x_i 时,即 $|x - x_i| \leqslant |x - x_{i+1}|$,则补选 x_{i-1} 为结点,取 $hi=i-1$。

例 1-6 已知蜗轮齿形系数 Y_F,如表 1-7 所示,试将其程序化处理。

表 1-7　　　　　　　　　　　　蜗轮齿形系数 Y_F

Z_V	20	24	26	28	30	32	35	37
Y_F	1.98	1.88	1.85	1.80	1.76	1.71	1.64	1.61
Z_V	40	45	50	60	80	100	150	300
Y_F	1.55	1.48	1.45	1.40	1.34	1.30	1.27	1.24

程序如下：

```
Private SubCmdstart_Click()
    Dim i As Integer, z As Integer, hi As Integer
    Dim x1 As Single, x2 As Single, x3 As Single
    Dim u As Single, v As Single, w As Single,yf As Single
    Dim x As Variant, y As Variant
    x = Array(0, 20, 24, 26, 28, 30, 32, 35, 37, 40, 45, 50, _
              60, 80, 100, 150, 300)
    y = Array(0, 1.98, 1.88, 1.85, 1.8, 1.76, 1.71, 1.64, 1.61, _
              1.55, 1.48, 1.45, 1.4, 1.34, 1.3, 1.27, 1.24)
    z = Val(txt_z.Text)
    For i = 1 To 14
        If z - x(i + 1) <= 0 Then
            hi =i
            Exit For
        Else
            hi = 14
        End If
    Next i
If hi > 1 And z - x(hi) < x(hi + 1) - z Then hi = hi - 1
    x1 = x(hi): x2 = x(hi + 1): x3 = x(hi + 2)
    u = (z - x2) * (z - x3) / ((x1 - x2) * (x1 - x3))
    v = (z - x1) * (z - x3) / ((x2 - x1) * (x2 - x3))
    w = (z - x1) * (z - x2) / ((x3 - x1) * (x3 - x2))
    yf = u * y(hi) + v * y(hi + 1) + w * y(hi + 2)
    txt_zv.Text = Str(z)
    txt_yf.Text = Str(yf)
End Sub
```

例1-6 源程序代码

② 二元数表的抛物线插值

特点：选取最靠近插值点(x,y)的相邻 9 个结点，用四次一元抛物线插值的方法，求出插值点的函数值$Z(x,y)$。因应用较少，此处不作介绍。

1.1.2　数表解析法

由于实际工程问题的复杂性，往往很难求得精确表达各参数之间函数关系又便于计算的理论公式，只有在特定条件下进行一系列试验，测得一组数据用来作为设计的依据。这种根据一组数据建立经验公式的过程称为数据的公式拟合（或曲线拟合），又可称为数表的公式化。下面介绍一种最简单而常用的方法：最小二乘法。

1.1.2.1　最小二乘法多项式拟合

所谓最小二乘法，就是将表格或线图中 n 组数据 $(x_i,y_i,i=1,2,3,\cdots,n)$ 之间的对应函数关系，用一个 m 次（一般常用 $m=2$ 或 $3,m<n$）的多项式来近似表达。

$$P_m(x) = a_1 + a_2 x + a_3 x^2 + \cdots + a_{m+1} x^m = \sum_{j=1}^{m+1} a_j x^{j-1} \quad j=1,2,\cdots,m+1 \quad (1\text{-}5)$$

式中，$a_1,a_2,a_3,\cdots,a_{m+1}$ 是待定的未知数。

将 n 组数据代入上面 m 次多项式，就可得到 n 个方程，这个方程组中未知数有 $m+1$ 个。

近似表达式总是存在着偏差。把多项式的函数值 $P_m(x_i)$ 与相应结点处数据 y_i 之间的偏差记为 D_i（图 1-4），则

$$D_i = P_m(x_i) - y_i$$

拟合的基本要求是使各个结点的偏差 D_i 的总和最小。但是偏差 D_i 有正有负，在求各偏差的总和时，正负偏差会相互抵消掉一部分，因此当偏差的代数和为最小时，并不能保证最佳的拟合。为了能真正达到最佳的拟合，要求各结点的偏差的平方和为最小，这就是最小二乘法的原理。

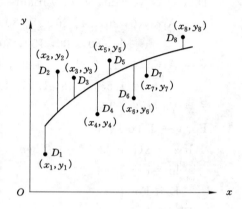

图 1-4　数据的曲线拟合

偏差的平方和为：

$$\varphi = \sum_{i=1}^{n} D_i^2 = \sum_{i=1}^{n} [P_m(x_i) - y_i]^2 = \sum_{i=1}^{n} \Big(\sum_{j=1}^{m+1} a_j x_i^{j-1} - y_i\Big)^2 \quad (1\text{-}6)$$

由于 x_i,y_i 是已知的一组数据，代入式（1-6）后，上式即为多项式系数 $a_i(i=1,2,\cdots,m+1)$ 的函数，可记为 $\varphi(a_1,a_2,a_3,\cdots,a_{m+1})$，即

$$\sum_{i=1}^{n} [P_m(x_i) - y_i]^2 = \varphi(a_1,a_2,a_3,\cdots,a_{m+1}) \quad (1\text{-}7)$$

根据最小二乘法原理知，求出 $\varphi(a_1,a_2,a_3,\cdots,a_{m+1})$ 为极小时的 $a_1,a_2,a_3,\cdots,a_{m+1}$ 值，并将这些系数代入式（1-5），就得到偏差平方和为最小的多项式拟合公式。

式（1-7）分别对 $a_1,a_2,a_3,\cdots,a_{m+1}$ 求偏导数，并令各偏导数分别为零，可得 $m+1$ 个方程，其通式为：

$$\frac{\partial \varphi(a_1,a_2,a_3,\cdots,a_{m+1})}{\partial a_k} = 0 \quad (k=1,2,3,\cdots,m,m+1)$$

即：

$$\frac{\partial \varphi}{\partial a_k} = \sum_{i=1}^{n} 2\Big(\sum_{j=1}^{m+1} a_j x_i^{j-1} - y_i\Big)\frac{\partial}{\partial a_k}\Big(\sum_{j=1}^{m+1} a_j x_i^{j-1} - y_i\Big)$$

$$= 2\sum_{i=1}^{n}\Big(\sum_{j=1}^{m+1} a_j x_i^{j-1} - y_i\Big)x_i^{k-1}$$

$$= 2\Big(\sum_{j=1}^{m+1} a_j \sum_{i=1}^{n} x_i^{j+k-2} - \sum_{i=1}^{n} y_i x_i^{k-1}\Big) \quad (1\text{-}8)$$

$$s_k = \sum_{i=1}^{n} x_i^{k-1}, \quad t_k = \sum_{i=1}^{n} y_i x_i^{k-1}$$

则式(1-8)可表达为：

$$\frac{\partial \varphi}{\partial a_k} = 2\left(\sum_{j=1}^{m+1} a_j s_{j+k-1} - t_k\right) \tag{1-9}$$

求 φ 函数极小可记为：

$$\sum_{j=1}^{m+1} a_j s_{j+k-1} - t_k = 0 \qquad k = 1, 2, \cdots, m, m+1$$

即

$$\begin{aligned}
s_1 a_1 + s_2 a_2 + \cdots + s_{m+1} a_{m+1} &= t_1 \\
s_2 a_1 + s_2 a_2 + \cdots + s_{m+2} a_{m+1} &= t_2 \\
&\vdots \\
s_{m+1} a_1 + s_{m+2} a_2 + \cdots + s_{2m+1} a_{m+1} &= t_{m+1}
\end{aligned} \tag{1-10}$$

解线性方程组(1-10)，便可求得多项式 $P_m(x)$ 的待定系数 $a_j(j=1,2,\cdots,m,m+1)$，这就是最小二乘法拟合曲线的方程。实际应用中常取 $m < n$。

1.1.2.2　最小二乘法的 VB 参考程序

```
Public X As Variant，Y As Variant
Public A(15，16) As Double，S(15) As Double，T(15) As Single
Public i As Integer，j As Integer，k As Integer，m As Integer
Public n As Integer，l As Integer，LL As Integer，KK As Integer
Public JJ As Integer，ISW As Integer，KP1 As Integer
Public b As Double，p As Single，TEMP As Double


Public Sub 最小二乘法程序()
  LL = 2 * m + 1
  KK = m + 1
  JJ = KK + 1
  For l = 2 To LL
    S(l) = 0
  Next l
  S(1) = n
  For k = 1 To KK
    T(k) = 0
  Next k
  For i = 1 To n
    b = 1：T(1) = T(1) + Y(i)
    For j = 2 To KK
      b = X(i) * b：S(j) = S(j) + b
      T(j) = T(j) + Y(i) * b
```

```
    Next j
For j = JJ To LL
    b = X(i) * b: S(j) = S(j) + b
Next j
Next i
For i = 1 To KK
    For j = 1 To KK
        k =i + j: A(j, i) = S(k - 1)
    Next j
Next i
For i = 1 To KK
    A(i, JJ) = T(i)
Next i
For i = 1 To KK
    For j = 1 To JJ
    Next j
Next i
  For k = 1 To KK
    p = 0
    For i = k To KK
      If (p - Abs(A(i, k))) >= 0 Then GoTo 170
      p = Abs(A(i, k)): l = i
170  Next i
    If (p - 0.0000000001) > 0 Then GoTo 200
    ISW = 1:GoTo 320
200 For j = k To JJ
      TEMP = A(k, j)
      A(k, j) = A(l, j)
      A(l, j) = TEMP
    Next j
    KP1 = k + 1
    For j = KP1 To JJ
      A(k, j) = A(k, j) / A(k, k)
    Next j
    For i = 1 To KK
      If (i - k) = 0 Then GoTo 250
      For j = KP1 To JJ
        A(i, j) = A(i, j) - A(i, k) * A(k, j)
      Next j
```

```
250    Next i
       Next k
       ISW = 0
320    For j = 1 To n
          Y(j) = 0
          For i = 1 To KK
             Y(j) = Y(j) + A(i, JJ) * X(j) ^ (i − 1)
          Next i
       Next j
End Sub
```

最小二乘法源程序代码

例 1-7 试将表 1-8 圆弧齿锥齿轮几何系数用最小二乘法拟合为解析式。

表 1-8　　　　　　　　　圆弧齿锥齿轮几何系数

$Z_1(x)$	16	20	24	28	32	36	40	45	50
$J(y)$	0.171	0.186	0.200 5	0.214 0	0.226 0	0.234	0.245	0.262 5	0.280 0

```
Private SubCmdend_Click()
   Unload Me
End Sub


Private SubCmdstart_Click()
   Dim YY As Variant
   m = 2：n = 9
   X = Array(0, 16, 20, 24, 28, 32, 36, 40, 45, 50)
   Y = Array(0, 0.171, 0.186, 0.2005, 0.214, 0.226, 0.234, 0.245, 0.2625, 0.28)
   YY = Array(0, 0.171, 0.186, 0.2005, 0.214, 0.226, 0.234, 0.245, 0.2625, 0.28)


Call 最小二乘法程序


   txt_a0 = A(1, JJ)
   txt_a1 = A(2, JJ)
   txt_a2 = A(3, JJ)
For j = 1 To n

   MSFGrd. TextMatrix(j, 0) = Str(j)
   MSFGrd. TextMatrix(j, 1) = Str(X(j))
   MSFGrd. TextMatrix(j, 2) = Str(YY(j))
   MSFGrd. TextMatrix(j, 3) = Str(Y(j))
Next j
```

End Sub

```
Private SubForm_Load()
MSFGrd.ColWidth(0) = 500：MSFGrd.ColWidth(1) = 600
MSFGrd.ColWidth(2) = 800：MSFGrd.ColWidth(3) = 1600

MSFGrd.TextMatrix(0，0) = "组数"
MSFGrd.TextMatrix(0，1) = "齿数 Z1"
MSFGrd.TextMatrix(0，2) = "J 原始值"
MSFGrd.TextMatrix(0，3) = "几何系数 J 拟合值"
```

例 1-7 源程序代码

End Sub

本程序中的拟合曲线次数 $m=2$，拟合曲线结点数 $n=9$，运行结果为：$a_0=0.1186263$、$a_1=0.003489113$、$a_2=-0.000006115$。相应的几何系数的解析公式为：
$$J=0.1186263+0.003489113Z_1-0.000006115Z_1^2$$

若拟合曲线次数 $m=3$，其他数据不变，运行结果为：$a_0=0.06285752$、$a_1=0.009385765$、$a_2=-0.0001972669$、$a_3=0.00000190764$。相应的几何系数的解析公式为：
$$J=0.06285752+0.009385765Z_1-0.0001972669Z_1^2+0.00000190764Z_1^3$$

程序使用说明：

采用最小二乘法的多项式拟合时，要注意以下问题：

(1) 多项式的幂次不能太高，一般小于 7，可先用较低的幂次，如误差大则再提高。

(2) 一组数据或一条曲线有时不能用一个多项式表示其全部，此时应分段处理，分段大都发生在拐点或转折之处。

1.2　线图的程序化

线图是函数关系的一种常用表示方法，它的特点是直观形象，能看出函数的变化规律。因此在设计资料中，有些参数间的函数关系是用线图来表示的，包括直线、折线和各种曲线图。其中直线和折线常用在对数坐标中，在一般坐标中大多是曲线。线图本身不能用来直接解题，在解题时，参与解题的是根据线图查得的一些相应的数据。因此，在设计中，必须把线图变换成相应的数据形式，存储在 CAD 系统中，供解题时检索和调用。

1.2.1　直线线图的处理方法

线图中最简单的是直线，它可以通过取直线上任意两点的坐标值来求其斜率，并写出其直线方程式。

例 1-8　齿轮承载能力计算简化方法中有一张动载系数 K_v—$VZ_1/100$ 直线图，如图 1-5 所示，图上各条直线代表不同齿轮精度等级（第Ⅱ公差组）下的函数关系。

其处理方法如下：先从线图中分别求出各种精度下直线的斜率：$(y_2-y_1)/(x_2-x_1)=$ KV[I]，将其存放在数组 KV[I] 中，I 表示齿轮的精度等级。因此，只要已知齿轮的精度等

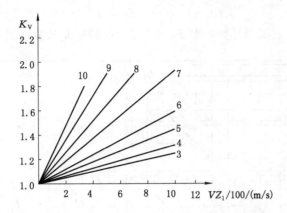

图 1-5 直齿圆柱齿轮动载系数 K_V

级 I、圆周速度 V 和小轮齿数 Z_1 后,即可由下面的直线关系式求出 K_V 值:

$$K_V = KV[I] * V * Z_1/100 + 1$$

1.2.2 曲线线图的处理方法

1.2.2.1 一般曲线线图

(1)转化成数表的形式

从给定的曲线图上读取离散的若干结点的坐标值,制成数表,然后使用前述的数表程序化的方法。

(2)采用拟合方法建立表达式

这种方法是在允许的误差范围内,为给定的线图建立与之对应的近似式,用近似式来拟合曲线,然后编制计算程序。

近似式的建立方法很多,最简单常用的方法是在上节已经介绍过的最小二乘法。

其步骤为:① 先用上述方法将曲线图离散为若干结点,转化成数表形式;② 采用上节推荐的最小二乘法程序用多项式将数表拟合为表达式。

1.2.2.2 对数线图的处理

在机械设计中除了常见的直角坐标线图外,还常会碰到对数坐标线图,如 V 带传动、链传动设计中,根据传递功率和主动轮转速选择 V 带和链条型号的选型图。对数坐标上直线的处理方法与一般直角坐标线图不同,必须进行对数运算。图 1-6 中直线的数学模型可如下表达:

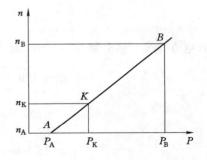

图 1-6 对数坐标上的数学模型

$$\frac{\lg P_B - \lg P_A}{\lg n_B - \lg n_A} = \frac{\lg P_K - \lg P_A}{\lg n_K - \lg n_A} \quad (1\text{-}11)$$

对数坐标的直线方程:

$$\lg n_K = \lg n_A + \frac{(\lg P_K - \lg P_A)(\lg n_B - \lg n_A)}{\lg P_B - \lg P_A} = C \quad (1\text{-}12)$$

即

$$n_K = 10^c$$

例 1-9 编制根据计算功率 P_C 和小带轮的转速 n_1 检索普通 V 带型号线图的程序。

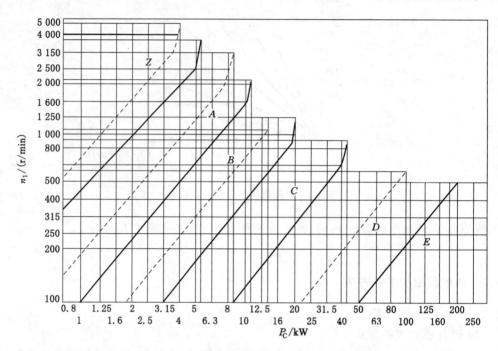

图 1-7 普通 V 带选型图

由图 1-7 可以看出，为了由计算机来判断所给定的 P_C 和 n_1 在选型图中属于哪个区间，必须将各型号的边界线用数学式子来表达。根据图 1-6 所说明的道理，图 1-7 中各条边界线的表达式为：

Z 型与 A 型的边界线：

$$C_{ZA} = \lg n_K = \lg n_A + \frac{(\lg P_K - \lg P_A)(\lg n_B - \lg n_A)}{\lg P_B - \lg P_A}$$

$$= \lg 365 + \frac{(\lg P_K - \lg 0.8)(\lg 2\,500 - \lg 365)}{\lg 5 - \lg 0.8}$$

$$n_K = 10^{C_{ZA}} \tag{1-13}$$

其他边界线 C 值分别为：

$$C_{AB} = \lg 100 + \frac{(\lg P_K - \lg 1)(\lg 1\,500 - \lg 100)}{\lg 10 - \lg 1} \tag{1-14}$$

$$C_{BC} = \lg 100 + \frac{(\lg P_K - \lg 3.15)(\lg 870 - \lg 100)}{\lg 18 - \lg 3.15} \tag{1-15}$$

$$C_{CD} = \lg 100 + \frac{(\lg P_K - \lg 9)(\lg 700 - \lg 100)}{\lg 40 - \lg 9} \tag{1-16}$$

$$C_{DE} = \lg 100 + \frac{(\lg P_K - \lg 50)(\lg 500 - \lg 100)}{\lg 200 - \lg 50} \tag{1-17}$$

以上五条边界线，将图 1-7 划分为六大区间，然后在各区间分别判断它属于哪种型号。

根据以上分析，就可编制出 V 带型号的检索程序。

```
Dim i As Integer

Private SubCmdstart_Click()
    Dim pc As Double, n1 As Double, c(5) As Double
    Dim xh As String
    pc = Val(txt_pc. Text)
    n1 = Val(txt_n1. Text)

    c(0) = (Log(365) + (Log(2500) - Log(365)) * (Log(pc) - Log(0.8)) /
            (Log(5) - Log(0.8))) / Log(10)
    c(1) = (Log(100) + (Log(1500) - Log(100)) * (Log(pc) - Log(1)) /
            (Log(10) - Log(1))) / Log(10)
    c(2) = (Log(100) + (Log(870) - Log(100)) * (Log(pc) - Log(3.15)) /
            (Log(18) - Log(3.15))) / Log(10)
    c(3) = (Log(100) + (Log(700) - Log(100)) * (Log(pc) - Log(9)) /
            (Log(40) - Log(9))) / Log(10)
    c(4) = (Log(100) + (Log(500) - Log(100)) * (Log(pc) - Log(50)) /
            (Log(200) - Log(50))) / Log(10)
    For i = 0 To 4
      If n1 >= 10 ^ c(i) Then
        Exit For
      End If
    Next i

    Select Case i
      Case 0: xh = "Z"
      Case 1: xh = "A"
      Case 2: xh = "B"
      Case 3: xh = "C"
      Case 4: xh = "D"
      Case 5: xh = "E"
    End Select

    txt_xh. Text = xh

End Sub
```

例 1-9 源程序代码

1.3 有关数据的处理

机械设计中,经常需要将一些设计计算结果圆整到标准值或规定值,如齿轮传动中的模数 m、V 带的基准长度 L_d 等均有规定的标准;或要求按照一定的精度圆整计算结果,如齿轮分度圆直径(单位:mm)常取小数点后两位、零件的外形及结构尺寸尽可能圆整为整数、齿轮螺旋角精确到秒等。

1.3.1 标准值的圆整

例 1-10 如齿轮传动中,将强度计算所得的模数按表 1-9 圆整为标准模数。

表 1-9						圆柱齿轮标准模数									mm
标准模数	1	1.25	1.5	1.75	2	2.25	2.5	2.75	3	3.5	4	4.5	5	5.5	6 7
标准模数	8	9	10	12	14	16	18	20	22	25	28	32	36	40	45 50

将模数的系列值存于数组 m 中,通过从小到大的逐个比较来取值,其程序为:

```
Private SubCmdstart_Click()
Dim i As Integer
  Dim mm As Single, md As Single,mj As Single
  Dim m As Variant
  m = Array(1, 1.25, 1.5, 1.75, 2, 2.25, 2.5, 2.75, 3, 3.5, 4, 4.5, 5, 5.5, _
      6, 7, 8, 9, 10, 12, 14, 16, 18, 20, 22, 25, 28, 32, 36, 40, 45, 50)
  mm = Val(txt_mm. Text)

For i = 0 To 31
    If mm <= m(i) Then
      Exit For
    End If
Next i
  md = m(i)

For i = 1 To 31
    If mm <= m(i) Then
      Exit For
    End If
Next i
If (m(i) - mm) <= (mm - m(i - 1)) Then
    mj = m(i)
Else
```

mj = m(i − 1)

End If

txt_md. Text = Str(md)

txt_mj. Text = Str(mj)

例 1-10 源程序代码

End Sub

1.3.2 数字的圆整

1.3.2.1 舍去小数部分

（1）将小数部分直接舍去，可用 Fix(x) 进行圆整。

（2）圆整为不超过计算值的最大整数时，可用 Int(x) 函数进行圆整。例如，Int(12.9)＝12；Int(−12.1)＝−13。

（3）向增大方向圆整为整数，可用 Int(x)＋1 圆整。

（4）向增大方向圆整为 0 或 5 结尾的数，可用以下程序实现。

$$If \quad x/5<>Int(x/5) \quad Then \quad x=5*Int(x/5)+5$$

（5）对小数部分四舍五入并圆整。可用 Int(x+0.5)实现或直接用 CInt(x)实现。

1.3.2.2 小数点后的某一位上圆整

（1）将小数点后的第 n 位舍去。采用 Int(x *10^(n−1))/10^(n−1)。

（2）将小数点后的第 n 位四舍五入。采用 Int(x *10^(n−1)+0.5)/10^(n−1)。

1.3.2.3 角制转换

计算机在进行三角函数计算时，要求以弧度来表示角度，而设计资料中大都以度作单位。因此在程序设计中，计算时应将度化为弧度，输出时又应将弧度化为度。此时，首先设置一个常数 Pi，令 Pi＝3.1415926。

（1）度化弧度

当角度以小数表示时，则将角度乘以 Pi/180，如 sin 17.6°应写成 sin(17.6 *Pi/180)；当角度以度、分、秒表示时，则先将角度转换成以度为单位的小数表示，再乘以 Pi/180，如 sin 18°22′45″应写成 sin((18＋22/60＋45/3 600)*Pi/180)。

（2）弧度化度

将弧度化成度、分、秒，可由下列程序实现。

d＝Int(x *180/Pi)

m＝Int((x *180/Pi−d)*60)

s＝Int((x *180/Pi−d)*60−m)*60

其中：x 为弧度，d、m、s 分别表示度、分、秒。

（3）反三角函数的转换

当程序语言只能求反正切函数 Atn(x)，而不能求反正弦函数 Asin(x)或反余弦函数 Acos(x)时，可采用如下程序予以转换。

Asin(x)＝ Atn(x/Sqr(1−x *x))

Acos(x)＝ Atn(Sqr(1−x *x)/x)

2　典型机械零部件程序设计

2.1　V带传动的程序设计

2.1.1　已知条件及设计内容

（1）已知条件

输入功率 P，小带轮转速 n_1，传动比 i，原动机种类，工作机载荷性质，中心距 a，带传动每天工作时数。

（2）设计内容

① 确定 V 带型号，基准长度 L_d 及根数 z，确定大、小带轮基准直径 d_{d2}、d_{d1}，实际中心距 a，安装初拉力 F_0，压轴力 Q；

② 选择合适的三维造型软件，建立大带轮实体模型。

2.1.2　主要参数选择及处理

（1）工作情况系数 K_A

按第 1 章表 1-3 选取。

（2）V 带选型图

见第 1 章例 1-9。

（3）单根 V 带传递的功率 P_0

不同型号的单根 V 带所能传递的功率可按以下公式进行计算。

$$Z \qquad P_0=(0.246v^{-0.09}-7.44/d_{d1}-0.441\times10^{-4}v^2)v$$
$$A \qquad P_0=(0.449v^{-0.09}-19.62/d_{d1}-0.765\times10^{-4}v^2)v$$
$$B \qquad P_0=(0.794v^{-0.09}-50.6/d_{d1}-1.31\times10^{-4}v^2)v$$
$$C \qquad P_0=(1.48v^{-0.09}-143.2/d_{d1}-2.34\times10^{-4}v^2)v$$
$$D \qquad P_0=(3.15v^{-0.09}-507.3/d_{d1}-4.77\times10^{-4}v^2)v$$
$$E \qquad P_0=(4.57v^{-0.09}-951.5/d_{d1}-7.06\times10^{-4}v^2)v$$

通式
$$P_0=(C_1v^{-0.09}-C_2/d_{d1}-C_3v^2)v$$

式中　d_{d1}——小带轮基准直径，mm；

　　　v——带速，m/s。

（4）包角系数 K_α

拟合公式为：
$$K_\alpha=1.25\left(1-\dfrac{1}{e^{f_v\alpha}}\right)$$

式中　f_v——带与带轮间的当量摩擦系数，无资料查询时，可取 $f_v=0.51$；

　　　α——小带轮包角，rad^{-1}。

（5）长度系数 K_L

按不同型号拟合公式为：

$$Z \qquad K_L = 0.72 + 4.3 \times 10^{-4} L_d - 9.8 \times 10^{-8} L_d^2$$

$$A \qquad K_L = 0.68 + 2.25 \times 10^{-4} L_d - 2.52 \times 10^{-8} L_d^2$$

$$B \qquad K_L = 0.68 + 1.74 \times 10^{-4} L_d - 1.49 \times 10^{-8} L_d^2$$

$$C \qquad K_L = 0.7 + 9.64 \times 10^{-5} L_d - 4.48 \times 10^{-9} L_d^2$$

$$D \qquad K_L = 0.78 + 3.38 \times 10^{-5} L_d$$

$$E \qquad K_L = 0.706 + 4.95 \times 10^{-5} L_d - 1.254 \times 10^{-9} L_d^2$$

通式
$$K_L = C_4 + C_5 L_d - C_6 L_d^2$$

式中 L_d——带的基准长度，mm。

将 K_b、q、C_1、C_2、C_3、C_4、C_5、C_6，小带轮的标准直径 d_{d1} 构成二元数表，如表 2-1 所示。

表 2-1   **V 带传动设计参数二元数表**

型号	K_b /10^{-3}	q	C_1	C_2	C_3 /10^{-4}	C_4	C_5 /10^{-4}	C_6 /10^{-8}	d_{d1}	d_{d1}	d_{d1}	d_{d1}	d_{d1}
Z	0.39	0.06	0.246	7.44	0.441	0.72	4.3	9.8	50	63	71	80	90
A	1.03	0.10	0.449	19.62	0.765	0.68	2.25	2.52	75	90	100	112	125
B	2.65	0.17	0.794	50.6	1.31	0.68	1.74	1.49	125	140	150	170	180
C	7.50	0.30	1.48	143.2	2.34	0.70	96.4	44.8	200	224	236	265	280
D	26.6	0.62	3.15	507.3	4.77	0.78	33.8	0	355	400	425	475	500
E	49.8	0.90	4.57	951.5	7.06	0.706	49.5	12.54	500	560	630	800	900

2.1.3 程序符号对照

程序中使用的符号与公式中的符号对照见表 2-2。

表 2-2   **V 带传动设计程序符号对照表**

程序符号	公式符号	备　注	程序符号	公式符号	备　注
aa(i,j)		见表 2-1	ll(i)	L_d	mm
p	P	kW		L_c,L_d	mm
n1	n_1	min^{-1}	a1	a	mm
u	i	传动比	af	α_1	度
lh		每天工作小时数	kl	K_L	
g		载荷性质标识符	ka	K_a	
a0	a_0	$(d_{d1}+d_{d2})$ 的倍数	ki	K_i	
a	a	mm	kq	K_q	
bb(i)		带型号	p0	P_0	kW
k	K_A		p1	ΔP_0	kW

程序符号	公式符号	备　注	程序符号	公式符号	备　注
pc	P_C	kW	z	z	
v	v	m/s	f0	F_0	N
d1	d_{d1}	mm	fr	F_r	N
d2	d_{d2}	mm	c1,c2,b		中间变量
lc	L_{d0}	mm	x,y		中间变量

2.1.4　程序设计

（1）程序说明

① 程序对每一设计题目最多选择三种 V 带型号。

② 带速范围为：5～20 m/s。

③ 小带轮包角 $\alpha_1 \geqslant 120°$。

④ 滑动率 $\varepsilon = 0.02$。

⑤ 当所设计的带传动对中心距有要求时，a 为输入所要求的中心距，此时 a0＝0；反之，$a＝0$，a0＝0.7～2.0。

⑥ 载荷性质的识别，由键盘（或鼠标）选择输入：载荷平稳；载荷变动小；载荷变动大；载荷变动很大。

⑦ 输出结果形式为：可输出 1～3 种 V 带型号及 1～5 种带轮直径，最多有 15 个设计方案，供择优选用。

⑧ 本程序仅适用于选择 Z、A、B、C、D、E 六种型号 V 带传动。

（2）已知数据输入窗口界面

已知数据输入窗口界面如图 2-1 所示。

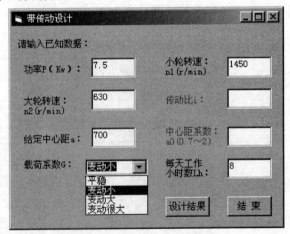

图 2-1　已知数据输入窗口界面

（3）程序运行结果

程序运行结果如图 2-2 所示。

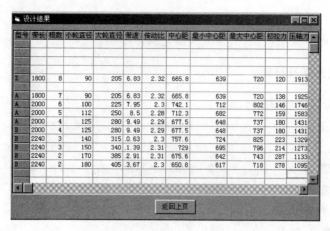

型号	带长	根数	小轮直径	大轮直径	带速	传动比	中心距	最小中心距	最大中心距	初拉力	压轴力
Z	1800	8	90	205	6.83	2.32	665.8	639	720	120	1913
A	1800	7	90	205	6.83	2.32	665.8	639	720	138	1925
A	2000	6	100	225	7.95	2.3	742.1	712	802	146	1746
A	2000	5	112	250	8.5	2.28	712.3	682	772	159	1583
A	2000	4	125	280	9.49	2.29	677.5	648	737	180	1431
B	2000	4	125	280	9.49	2.29	677.5	648	737	180	1431
B	2240	3	140	315	0.63	2.3	757.6	724	825	223	1329
B	2240	3	150	340	1.39	2.31	729	695	796	214	1273
B	2240	2	170	385	2.91	2.31	675.6	642	743	287	1133
B	2240	2	180	405	3.67	2.3	650.8	617	718	278	1095

返回上页

图 2-2 程序运行结果

（4）程序源代码

上机训练时，指导老师可在提供的程序代码基础上，提出其他设计要求，要求学生在此程序代码基础上修改代码并调试。

带传动设计执行程序

2.1.5 大带轮实体造型设计

基于 Pro/E 大带轮实体造型如图 2-3 所示。

图 2-3 基于 Pro/E 大带轮实体造型

2.2 齿轮传动的程序设计

2.2.1 已知条件及设计内容

（1）已知条件

包括齿轮传动的工作情况，传递的功率 P，转速 n，传动比 i 等。

（2）设计内容

① 确定大小齿轮的材料，热处理方法，齿面硬度；确定大、小齿轮齿数 Z_1，Z_2，螺旋角 β，

模数 m,中心距 a;计算分度圆直径 d_1,d_2,齿宽 b_1,b_2 等;

② 选择合适的三维造型软件,建立大齿轮实体模型。

2.2.2　主要参数选择及处理

(1) 材料疲劳强度极限值 σ_{Hlim} 和 σ_{Flim}

碳素钢调质、正火:　　　　$\sigma_{Hlim}=348+HBW$　　　　$\sigma_{Flim}=332+0.44 \times HBW$

合金钢调质:　　　　$\sigma_{Hlim}=367+1.33 \times HBW$　　$\sigma_{Flim}=378+0.844 \times HBW$

碳素铸钢调质、正火:　$\sigma_{Hlim}=300+0.834 \times HBW$　$\sigma_{Flim}=220+0.534 \times HBW$

合金铸钢调质:　　　　$\sigma_{Hlim}=290+1.3 \times HBW$　　$\sigma_{Flim}=315+0.76 \times HBW$

其中:HBW 为齿轮齿面硬度。

(2) 寿命系数 Z_N 和 Y_N

接触强度寿命系数　$Z_N=\begin{cases} N>5 \times 10^7 & Z_N=1 \\ 10^5 \leqslant N \leqslant 5 \times 10^7 & Z_N=(5 \times 10^7/N)^{0.0756} \\ N<10^5 & Z_N=1.6 \end{cases}$

弯曲强度寿命系数　$Y_N=\begin{cases} N>3 \times 10^6 & Y_N=1 \\ 10^4 \leqslant N \leqslant 3 \times 10^6 & Y_N=(3 \times 10^6/N)^{0.16} \\ N<10^4 & Y_N=2.5 \end{cases}$

其中:N 为齿轮工作应力循环次数。

(3) 动载系数 K_v

6 级精度:　　　$K_v=2.29 \times 10^{-6} v^3-2.43 \times 10^{-4} v^2+9.922 \times 10^{-3} v+1.025$

7 级精度:　　　$K_v=5.376 \times 10^{-6} v^3-4.58 \times 10^{-4} v^2+1.67 \times 10^{-2} v+1.058$

8 级精度:　　　$K_v=1.967 \times 10^{-5} v^3-1.236 \times 10^{-3} v^2+3.18 \times 10^{-2} v+1.063$

9 级精度:　　　$K_v=3.00 \times 10^{-5} v^3-1.8 \times 10^{-3} v^2+4.44 \times 10^{-2} v+1.08$

其中:v 为齿轮圆周速度,m/s。

(4) 齿向载荷分布系数 K_β

① 接触强度齿向载荷分布系数 $K_{H\beta}$

8 级精度:

对称支承　　　$K_{H\beta}=1.15+0.18 \times (1+0 \times \psi_d^2) \times \psi_d^2+0.00031 \times b$

非对称支承　　$K_{H\beta}=1.15+0.18 \times (1+0.6 \times \psi_d^2) \times \psi_d^2+0.00031 \times b$

悬臂支承　　　$K_{H\beta}=1.15+0.18 \times (1+6.7 \times \psi_d^2) \times \psi_d^2+0.00031 \times b$

7 级精度:　　　$K_{H\beta}=K_{H\beta}$(8 级精度对应值)$\times 0.95$,且 $K_{H\beta} \geqslant 1$

9 级精度:　　　$K_{H\beta}=K_{H\beta}$(8 级精度对应值)$\times 1.05$

其中:b 为轮齿宽度,mm;ψ_d 为齿宽系数。

② 弯曲强度齿向载荷分布系数 $K_{F\beta}$

$b/h \leqslant 3$　　　$K_{F\beta}=0.595 \times K_{H\beta}+0.407$

$b/h \leqslant 4$　　　$K_{F\beta}=0.66 \times K_{H\beta}+0.3445$

$b/h \leqslant 6$　　　$K_{F\beta}=0.794 \times K_{H\beta}+0.207$

$b/h \leqslant 12$　　　$K_{F\beta}=0.893 \times K_{H\beta}+0.107$

$$b/h>12 \qquad K_{F\beta}=K_{H\beta}$$

其中:b 为齿轮齿面宽度,mm;h 为轮齿全齿高,mm。

(5)螺旋角系数 Y_β

$$\beta<30°且 \varepsilon_\beta<1 \qquad Y_\beta=1-\varepsilon_\beta\times\beta/120°$$
$$\beta<30°且 \varepsilon_\beta\geqslant1 \qquad Y_\beta=1-\beta/120°$$
$$\beta>30°且 \varepsilon_\beta<1 \qquad Y_\beta=1-\varepsilon_\beta/4$$

其中:β 为螺旋角;ε_β 为轴向重合度。

(6)齿形系数及应力修正系数 Y_{Fa} 和 Y_{Sa}

① 齿形系数

$$Z_v<100 \qquad Y_{Fa}=2.8-0.075\times(Z_v-20)^{0.5}$$
$$100\leqslant Z_v\leqslant250 \qquad Y_{Fa}=2.26-0.0007\times Z_v$$
$$Z_v>250 \qquad Y_{Fa}=2.1$$

② 应力修正系数

$$Z_v\leqslant250 \qquad Y_{Sa}=1.234\times Z_v^{0.08}$$
$$Z_v>250 \qquad Y_{Sa}=1.966$$

其中:Z_v 为齿轮的当量齿数。

根据以上拟合公式及数据,可建立一个齿轮传动设计参数的二维数组 a(8,6),如表 2-3 所示。表中 a(1,5)~a(4,6)为齿间载荷分配系数 K_α,a(5,6)~a(8,6)为使用系数 K_A。

表 2-3 齿轮传动设计参数二元数表

i \ j	1	2	3	4	5	6
1	2.29×10^{-6}	2.43×10^{-4}	9.922×10^{-3}	1.025	1.0	1.0
2	5.376×10^{-6}	4.58×10^{-4}	1.67×10^{-2}	1.058	1.0	1.1
3	1.967×10^{-5}	1.236×10^{-3}	3.18×10^{-2}	1.063	1.1	1.2
4	3.00×10^{-5}	1.80×10^{-3}	4.44×10^{-2}	1.080	1.2	1.4
5	348	367	300	290	0	1.00
6	1.00	1.33	0.834	1.30	0.6	1.25
7	332	378	220	315	6.7	1.50
8	0.440	0.844	0.534	0.760	—	1.75

2.2.3 程序符号对照

程序中使用的符号与公式中的符号对照见表 2-4。

表 2-4 齿轮传动设计程序符号对照表

程序符号	公式符号及单位	意义	程序符号	公式符号及单位	意义
aa	a/mm	中心距	p1	P_1/kW	输入功率
at	α_t	端面压力角	pd	ψ_d	齿宽系数
b	b/mm	齿宽	t	T_1/(N/mm)	转矩

程序符号	公式符号及单位	意义	程序符号	公式符号及单位	意义
bb	β_b	基圆螺旋角	u	u	齿数比
bd	β	分度圆螺旋角	v	$v/(\text{m/s})$	圆周速度
bt	β	初选螺旋角	w(1),w(2)	$\sigma_{\text{Flim}}/(\text{N/mm}^2)$	弯曲疲劳极限
d1,d2	$d_1,d_2/\text{mm}$	分度圆直径	w(3),w(4)	$\sigma_F/(\text{N/mm}^2)$	齿根弯曲应力
e	ε_r	总重合度	yb	Y_β	螺旋角系数
ea	ε_α	端面重合度	yi	Y_ε	重合度系数
eb	ε_β	纵向重合度	yx	Y_x	尺寸系数
hb(1),hb(2)	HBW1,HBW2	齿面硬度	yf(1),yf(2)	Y_{Fa1},Y_{Fa2}	齿形系数
j(1),j(2)	$\sigma_{\text{Hlim}}/(\text{N/mm}^2)$	接触疲劳极限	ys(1),ys(2)	Y_{Sa1},Y_{Sa2}	应力修正系数
j(3)	$\sigma_H/(\text{N/mm}^2)$	许用接触应力	yn(1),yn(2)	Y_{N1},Y_{N2}	弯曲寿命系数
ka	K_A	使用系数	zb	Z_β	螺旋角系数
kb	K_β	齿向分布系数	ze	Z_E	材料弹性系数
kl	K_α	齿间分配系数	zh	Z_H	节点区域系数
kv	K_v	动载系数	zi	Z_ε	重合度系数
m,mn	m_n/mm	法面模数	z(1),z(3)	Z_1,Z_{V1}	小轮齿数、当量齿数
n1	$n_1/(\text{r/min})$	小齿轮转速	z(2),z(4)	Z_2,Z_{V2}	大轮齿数、当量齿数
n(1),n(2)	N_1,N_2	应力循环次数	zn(1),zn(2)	Z_{N1},Z_{N2}	接触寿命系数
a(i,j)		有关公式系数	zx		转向

2.2.4 程序设计

（1）程序说明

① 本程序适用于 6～9 级精度的钢制闭式软齿面标准圆柱齿轮传动的设计计算。

② 模数 $m=1.5\sim20$，压力角 $\alpha=20°$，$h_a^*=1$，原动机为电动机、汽轮机，小齿轮齿数 Z_1 $=20\sim35$。

③ 工作机载荷情况的识别：载荷平稳 $G=5$，轻微冲击 $G=6$，中等冲击 $G=7$，严重冲击 $G=8$。

④ 小齿轮支承方式的识别：对称支承 $F=1$，非对称支承 $F=2$，悬臂支承 $F=3$。

⑤ 大、小齿轮材料、热处理方法的识别为 C(1)、C(2)：碳素钢调质、正火为1，合金钢调质为2，碳素铸钢调质、正火为3，合金铸钢调质为4。

⑥ 程序中取最小安全系数 $S_{\text{Hlim}}=1.0$，$S_{\text{Flim}}=1.4$，此值可根据需要修改。

⑦ 齿轮预期寿命 $L=$ 工作年限×每年工作天数×每天工作时数。

⑧ 初步求小轮分度圆直径 d_1 时，近似取 $\sqrt[3]{2K(Z_EZ_HZ_\varepsilon Z_\beta)^2}=75$。

（2）已知数据输入窗口界面

已知数据输入窗口界面如图 2-4 所示。

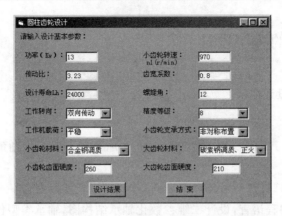

图 2-4 已知数据输入窗口界面

（3）程序运行结果

程序运行结果如图 2-5 所示。

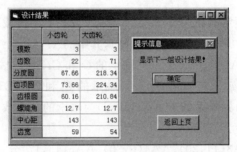

图 2-5 程序运行结果

（4）程序源代码

上机训练时，指导老师可在提供的程序代码基础上，提出其他设计要求，要求学生在此程序代码基础上修改代码并调试。

2.2.5 大齿轮实体造型设计

基于 Pro/E 大齿轮实体造型如图 2-6 所示。

齿轮传动设计执行程序

图 2-6 基于 Pro/E 大齿轮实体造型

2.3　滚动轴承的程序设计

2.3.1　已知条件及设计内容

（1）已知条件

轴承的径向载荷 F_{r1}、F_{r2}，轴向载荷 F_{ae}，转速 n，预期寿命 L'_h，轴颈直径 d，工作情况等。

（2）设计内容

① 选择轴承型号，计算当量动载荷、当量静载荷以及实际寿命；

② 选择合适的编程语言，设计二维参数化轴承结构图，轴承类型任选；

③ 选择合适的三维造型软件，建立滚动轴承实体模型。

2.3.2　主要参数选择及处理

（1）深沟球轴承的额定动载荷 C、额定静载荷 C_0、相对轴向载荷 F_a/C_0、界限系数 e 和轴向载荷系数 Y 构成一个二维数表 AA1(11,23)，其中 AA1(0,J)、AA1(1,J) 为特轻系列轴承的 C_0 和 C；AA1(2,J)、AA1(3,J) 为轻系列轴承的 C_0 和 C；AA1(4,J)、AA1(5,J) 为中系列轴承的 C_0 和 C；ΛA1(6,J)、AA1(7,J) 为重系列轴承的 C_0 和 C；AA1(8,J) 为轴承的相对轴向载荷 F_a/C_0；AA1(9,J) 为界限系数 e；AA1(10,J) 为轴承的轴向载荷系数 Y。数表中 C_0 和 C 的单位为 kN。

（2）AA2(8,15)、AA3(11,20)、AA4(6,20)、AA5(15,17) 分别为圆柱滚子轴承、角接触球轴承（$\alpha=15°$）、角接触球轴承（$\alpha=25°$）、圆锥滚子轴承相应参数组成的二维数表，其处理方法同深沟球轴承。

（3）深沟球轴承和角接触球轴承（$\alpha=15°$）的界限系数 e 和轴向载荷系数 Y 的处理方法是：当相对轴向载荷 F_a/C_0 小于相应表头值时，取表头值；当相对轴向载荷 F_a/C_0 大于相应表尾值时，取表尾值；否则，进行线性插值计算。

2.3.3　程序符号对照

程序中符号对照见表 2-5。

表 2-5　　　　　　　　　滚动轴承设计程序符号对照表

程序符号	公式符号及单位	意　义	程序符号	公式符号及单位	意　义
r1	F_{r1}	轴承1径向载荷	x0	X_0	静载径向系数
r2	F_{r2}	轴承2径向载荷	y0	Y_0	静载轴向系数
a	F_{ae}	外部轴向载荷	c	ε	寿命指数
d	d	轴颈直径	e	e	判别系数
f1	f_p	载荷系数	p1,p2	P_1,P_2	当量动载荷
f2	f_t	温度系数	p3,p4	P_{01},P_{02}	当量静载荷
n	n	转速	l	L_h	实际寿命

续表 2-5

程序符号	公式符号及单位	意　义	程序符号	公式符号及单位	意　义
l1	L_h	轴承预期寿命	m		轴承型号选择
s	s_0	静载安全系数	w	F_a/C_0	相对轴向载荷
x	X	径向载荷系数	r	F_d/F_r	派生轴向力
y	Y	轴向载荷系数	B,b1,t1,t2		中间变量

2.3.4　程序设计

（1）程序说明

① 函数 fey() 的作用：求系数 e、Y 的值；fpo() 求当量静载荷 P_{01}，P_{02}；fpin() 为打印输出格式；fa() 求轴向载荷 F_{a1}，F_{a2}。

② 图 2-7 所示轴承为正装。如果轴承反装及轴向力 F_{ae} 与图示相反，则 F_{ae} 输入为负值。

③ m 为轴承类型标识符，m 取值 1～5，分别代表深沟球轴承（60000）；圆柱滚子轴承（N0000）；角接触球轴承（70000C）；角接触球轴承（70000AC）；圆锥滚子轴承（30000）。

（2）已知数据输入窗口界面

已知数据输入窗口界面如图 2-8 所示。

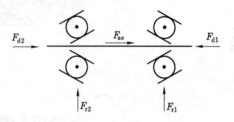

图 2-7　轴承受力示意图

图 2-8　已知数据输入窗口界面

（3）程序运行结果

程序运行结果如图 2-9 所示。

图 2-9　程序运行结果

（4）程序源代码

上机训练时，指导老师可在提供的程序代码基础上，提出其他设计要求，要求学生在此程序代码基础上修改代码并调试。

滚动轴承选型执行程序

2.3.5　滚动轴承结构显示的参数化设计

（1）参数输入界面

参数输入界面如图 2-10 所示。

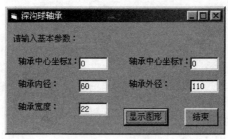

图 2-10　参数输入界面

（2）运行结果界面

运行结果界面如图 2-11 所示。

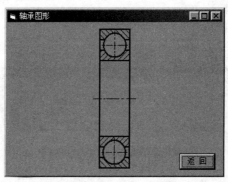

图 2-11　运行结果界面

（3）程序代码

```
Const pi = 3.1415926
Dim x(20) As Single
Dim y(20) As Single
Dim x0 As Single
Dim y0 As Single
Private Sub Command1_Click()
End
End Sub
Private Sub Command2_Click()
Form1.Hide
```

```
Form2. Show
Cls
Form2. Scale（－80，－60）－（80，60）
Form2. DrawWidth = 2
x0 = Val(Form1. Text1. Text)
y0 = Val(Form1. Text2. Text)
nj = Val(Form1. Text3. Text)
wj = Val(Form1. Text4. Text)
bb = Val(Form1. Text5. Text)
a =（wj － nj）/ 2
x(1) = x0 － bb / 2：y(1) = y0 + nj/2 + a/2 － a / 3 ＊ Cos(pi/3)
x(2) = x0 － a / 3 ＊ Sin(pi / 3)：y(2) = y(1)
x(3) = x0 + a / 3 ＊ Sin(pi / 3)：y(3) = y(1)
x(4) = x0 + bb / 2：y(4) = y(1)
x(5) = x(1)：y(5) = y0 + nj / 2 + a / 2 + a / 3 ＊ Cos(pi / 3)
x(6) = x(2)：y(6) = y(5)
x(7) = x(3)：y(7) = y(5)
x(8) = x(4)：y(8) = y(5)
x(9) = x(1)：y(9) = y0 － nj / 2 － a / 2 + a / 3 ＊ Cos(pi / 3)
x(10) = x(2)：y(10) = y(9)
x(11) = x(3)：y(11) = y(9)
x(12) = x(4)：y(12) = y(9)
x(13) = x(1)：y(13) = y0 － nj / 2 － a / 2 － a / 3 ＊ Cos(pi / 3)
x(14) = x(2)：y(14) = y(13)
x(15) = x(3)：y(15) = y(13)
x(16) = x(4)：y(16) = y(13)
Form2. FillStyle = 4
Form2. Line（x0 － bb / 2，y0 － wj / 2）－(x(16), y(16))，，B
Form2. Line（x(5)，y(5)）－(x0 + bb / 2，y0 + wj / 2)，，B
Form2. FillStyle = 5
Form2. Line（x(9)，y(9)）－(x0 + bb / 2，y0 － nj / 2)，，B
Form2. Line（x0 － bb / 2，y0 + nj / 2）－(x(4)，y(4))，，B
Form2. Line（x(5)，y(5)）－(x(13)，y(13))
Form2. Line（x(8)，y(8)）－(x(16)，y(16))
FillStyle = 0
FillColor = BackColor
Circle（x0，y0 + nj / 2 + a / 2），a / 3
Circle（x0，y0 － nj / 2 － a / 2），a / 3
DrawWidth = 1
```

```
DrawStyle = 3
Line(x0 − bb / 2 − 5, y0)−(x0 + bb / 2 + 5, y0)
Line(x0, y0 + wj / 2)−(x0, y0 + nj / 2)
Line(x0, y0 − wj / 2)−(x0, y0 − nj / 2)
Line(x0 − bb/2 + 2, y0 + nj/2 + a/2)−(x0 + bb/2 − 2, y0 + nj/2 + a/2)
Line(x0 − bb/2 + 2, y0 − nj/2 − a/2)−(x0 + bb/2 − 2, y0 − nj/2 − a/2)
End Sub
Private Sub Form_Load()
Me. Left = (Screen. Width − Me. Width) / 2
Me. Top = (Screen. Height − Me. Height) / 2
End Sub
```

2.3.6　滚动轴承实体造型设计

基于 Pro/E 的滚动轴承实体造型如图 2-12 所示。

图 2-12　基于 Pro/E 的滚动轴承实体造型

3 机械设计计算机辅助设计训练题目与要求

3.1 V带传动的程序设计题目与要求

3.1.1 已知条件

带传动设计的已知数据有:输入功率 P,小带轮转速 n_1,传动比 i,原动机种类,工作机载荷性质,中心距 a,带传动每天工作时数。

设计题目 1:设计带式输送机的 V 带传动装置,原动机为 Y 型异步电动机,功率 $P=7.5\ \text{kW}$,转速 $n_1=1\ 450\ \text{r/min}$,$n_2=630\ \text{r/min}$,工作中有轻度冲击,单班制工作,要求中心距为 $600\sim800\ \text{mm}$。

设计题目 2:设计一破碎机装置用普通 V 带传动。已知电动机型号为 Y132S-4,电动机额定功率 $P=5.5\ \text{kW}$,转速 $n_1=1\ 440\ \text{r/min}$,传动比 $i=2$,两班制工作,希望中心距不超过 $600\ \text{mm}$。大带轮轴孔直径 $d=35\ \text{mm}$。

3.1.2 设计内容

(1) 确定 V 带型号,基准长度 L_d 及根数 z,确定大、小带轮基准直径 d_{d1}、d_{d2},实际中心距 a,安装初拉力 F_0,压轴力 F_q;

(2) 选择合适的编程语言,参数化绘制大带轮的二维结构图;

(3) 选择合适的三维造型软件,建立大带轮实体造型。

3.2 链传动的程序设计题目与要求

3.2.1 已知条件

链传动设计的已知数据有:输入功率 P,小链轮转速 n_1,传动比 i,原动机种类,工作机载荷性质,外廓尺寸要求。

设计题目 1:设计一螺旋输送机的滚子链传动,已知电动机额定功率 $P=10\ \text{kW}$,转速 $n_1=970\ \text{r/min}$,要求传动比 $i=2.8$,链传动中心距不大于 $800\ \text{mm}$,水平布置,载荷平稳。

设计题目 2:设计某液体搅拌机的链传动,电动机功率 $P=5.5\ \text{kW}$,主动链轮转速 $n_1=1\ 450\ \text{r/min}$,从动链轮转速 $n_2=450\ \text{r/min}$,水平布置。

3.2.2 设计内容

(1) 确定链条型号,链轮齿数,链节数,实际中心距,压轴力;

(2) 选择合适的编程语言,参数化绘制大链轮的二维结构图;

(3) 选择合适的三维造型软件,建立大链轮实体造型。

3.3　圆柱齿轮传动的程序设计题目与要求

3.3.1　已知条件

圆柱齿轮传动设计的已知数据有:工作情况,传递功率 P ,转速 n ,传动比 i ,原动机种类,工作机载荷性质,工作寿命。

设计题目 1:设计一带式输送机用圆柱齿轮(直齿和斜齿)减速器中高速级的齿轮传动。已知原动机为电动机,高速齿轮传递功率 $P=13$ kW,小齿轮转速 $n_1=970$ r/min,传动比 $i=3.23$,双向传动,工作平稳,每天工作 8 小时,每年工作 300 天,预期寿命 10 年。

设计题目 2:设计一电动机驱动的减速器中的单级直齿圆柱齿轮传动。已知输出功率 $P_2=12.5$ kW,输出轴转速 $n_2=185$ r/min,传动比 $i=3.95$,齿轮啮合效率 $\eta_1=0.97$,一对滚动轴承效率 $\eta_2=0.995$,工作年限 10 年,一年工作 250 天,单班工作制,工作载荷平稳,允许出现少量点蚀。试按闭式硬齿面、软齿面两种情况设计这对齿轮传动。

3.3.2　设计内容

(1) 确定大小齿轮的材料,热处理方法,齿面硬度, z_1 , z_2 , β , m , a , d_1 , d_2 , b_1 , b_2 等;
(2) 计算齿轮的基本尺寸及齿轮传动质量指标(不根切、重合度、齿顶厚、滑动系数等);
(3) 选择合适的编程语言,参数化绘制大齿轮的二维结构图;
(4) 选择合适的三维造型软件,建立大圆柱齿轮实体造型。

3.4　圆锥齿轮传动的程序设计题目与要求

3.4.1　已知条件

圆锥齿轮传动设计的已知数据有:工作情况,传递功率 P ,转速 n ,传动比 i ,原动机种类,工作机载荷性质,工作寿命。

设计题目 1:设计一螺旋输送机用直齿圆锥齿轮减速器中锥齿轮传动。已知原动机为电动机,传递功率 $P=7$ kW,小齿轮转速 $n_1=970$ r/min,传动比 $i=2.8$,单向传动,工作平稳,每天工作 16 小时,每年工作 300 天,预期寿命 12 年,小齿轮悬臂布置。

设计题目 2:设计一对由电动机驱动的闭式直齿圆锥齿轮传动($\Sigma=90°$)。已知: $P_1=4$ kW, $n_1=1\,440$ r/min, $i=3.5$,齿轮为 8 级精度,载荷有不大的冲击,单向转动工作,单班制,要求使用 10 年,可靠度要求一般。(小齿轮一般为悬臂布置)

3.4.2　设计内容

(1) 确定锥齿轮的材料,热处理方法,齿面硬度, z_1 , z_2 , m , R , d_1 , d_2 , δ_1 , δ_2 等;
(2) 选择合适的编程语言,参数化绘制大锥齿轮的二维结构图;
(3) 选择合适的三维造型软件,建立大圆锥齿轮实体造型。

3.5　蜗轮蜗杆传动的程序设计题目与要求

3.5.1　已知条件

蜗轮蜗杆传动设计的已知数据有：工作情况，传递功率 P，转速 n，传动比 i，原动机种类，工作机载荷性质，工作寿命。

设计题目 1：设计一闭式 ZA 蜗杆传动。已知蜗杆传递功率 $P=7.5\ \text{kW}$，小齿轮转速 $n_1=975\ \text{r/min}$，传动比 $i=23$，单向传动，工作平稳，每天工作 8 小时，每年工作 300 天，预期寿命 5 年。

设计题目 2：设计一普通圆柱蜗杆传动，蜗杆由电动机直接驱动，已知 $P_1=5\ \text{kW}$，$n_1=1\ 470\ \text{r/min}$，$n_2=73.5\ \text{r/min}$，载荷有轻微冲击，单向工作，每天工作 5 小时，要求寿命为 8 年，每年工作 250 天，设计此蜗杆传动。

3.5.2　设计内容

（1）确定蜗轮蜗杆的材料，热处理方法，齿面硬度，$z_1,z_2,\beta,\lambda,m,a,d_1,d_2,b_1,b_2$ 等；

（2）选择合适的编程语言，参数化绘制蜗轮的二维结构图；

（3）选择合适的三维造型软件，建立蜗轮实体造型。

3.6　滚动轴承的程序设计题目与要求

3.6.1　已知条件

滚动轴承设计的已知数据有：轴承的径向载荷 F_{r1}、F_{r2}，轴向载荷 F_{ae}，转速 n，预期寿命 L_h，轴颈直径 d，工作情况等。

设计题目 1：设计一水泵选用向心球轴承。已知轴颈 $d=35\ \text{mm}$，转速 $n=2\ 900\ \text{r/min}$，轴承所承受的径向载荷 $F_r=2\ 300\ \text{N}$，轴向载荷 $F_{ae}=540\ \text{N}$，要求使用寿命 $L_h{}'=5\ 000\ \text{h}$。

设计题目 2：设计如图 3-1 所示斜齿轮轴采用一对正安装角接触轴承。已知轴上所受载荷：轴向力 $F_{ae}=2\ 500\ \text{N}$，径向力 $F_r=4\ 800\ \text{N}$，方向如图所示，该轴转速 $n=1\ 800\ \text{r/min}$，轴颈直径 $d=50\ \text{mm}$，预期寿命 $L_h{}'=8\ 000$ 小时，工作平稳。

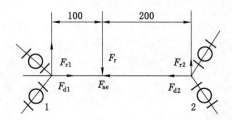

图 3-1

3.6.2　设计内容

（1）确定轴承型号、当量动载荷、当量静载荷、实际寿命；

（2）选择合适的编程语言，参数化绘制所设计轴承的二维结构图；

（3）选择合适的三维造型软件，建立滚动轴承实体造型。

第 二 篇

机械设计课程设计训练

4　概　　述

课程设计是工科院校各专业学生在完成机械设计等课程后、理论应用于实际的一次综合性设计训练。在这以前初学者还不清楚机械设计是怎样进行的,设计是从装配图设计开始还是从零件图设计开始?在计算和绘图问题上,应该是先计算后绘图还是相互交替进行?等等。因此,通过课程设计这个实践教学环节,把最基本的机械设计方法教给学生是必要的,并且是在教学环节中不可或缺的一部分。同时,相关的设计方法也适用于一般的典型机械传动装置的设计,从事机械工程的技术人员及自学者也可以参考。

4.1　课程设计的目的

(1) 了解机械设计的基本方法,熟悉并掌握简单机械的设计方法、步骤;

(2) 综合运用已学过的先修课程相关理论和知识进行工程设计,培养设计及理论联系实际的能力,为今后进行设计工作奠定基础;

(3) 通过课程设计培养独立工作能力;

(4) 熟悉与掌握相关标准、规范、资料、手册等的使用方法,并用于解决实际问题;提高使用资料进行计算、绘图和数据处理的能力。

4.2　课程设计的内容与任务

课程设计主要把传动装置作为设计对象。在传动装置中通常包括带传动、链传动、齿轮传动、蜗杆传动以及轴、轴承、箱体、润滑等内容。

4.2.1　一般传动装置设计的主要内容

(1) 传动方案的拟定;

(2) 电动机的选择及运动学参数的计算;

(3) 传动件(如带传动、链传动、齿轮或蜗杆传动)的设计;

(4) 轴的结构设计及强度校核;

(5) 轴承的选择计算;

(6) 键、联轴器的选择和校核;

(7) 传动零部件的润滑设计;

(8) 装配图设计;

(9) 零件工作图设计;

(10) 编写设计计算说明书。

4.2.2　机械设计课程设计的任务

（1）减速器（或简单机械）装配图 1 张（0 号或 1 号图纸）；

（2）零件工作图 2～3 张（齿轮类零件图 1 张、轴类零件图 1 张）；

（3）设计说明书 1 份。

4.3　课程设计的步骤

课程设计步骤及各阶段主要工作内容如图 4-1 所示。

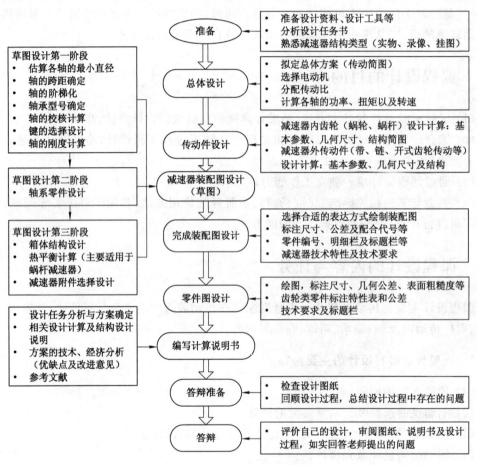

图 4-1　课程设计步骤及各阶段工作内容

4.4　课程设计的注意事项

（1）计算和绘图应相辅相成。初学者往往希望把所有的计算部分先计算好了再绘图，但这种思路在实际的设计过程中有时候是不可行的。例如轴的弯扭合成计算，由于不知道轴的跨距等计算参数，从而无法绘制弯矩图并进行强度计算，所以需要先绘制部分装配草图来确定轴的跨距,然后才能画弯矩图进行弯扭合成计算。而带、链、齿轮、蜗杆传动等则可以先进行相关计算。因此,在实际工程设计中,计算和绘图应是交替穿插进行的。

(2) 计算结果可以根据需求进行调整。例如轴的设计,初步计算可得其直径为 50 mm,这样的光轴就能满足强度要求;但是考虑到轴上零件的定位、装拆及轴的加工等要求,最后轴可能是最大直径达到 70 mm 的阶梯轴。也就是说除了满足强度要求外还要考虑装拆、加工等其他方面的要求来最终确定零件的结构和尺寸,所以计算并不是唯一的、不可更改的设计依据。

(3) 设计要贯彻标准。为了减少设计工作量、提高产品质量、缩短制造周期、增加互换性、降低成本以及加强国内和国际之间的交流,我国颁布了一系列标准,包括国标、部标。设计一定要贯彻各类标准,并且要尽量扩大标准化的比例。现如今,新产品是否贯彻了标准,在我国已成为产品鉴定的重要标志之一,因此贯彻标准已成为工程技术人员义不容辞的责任。

标准中既包含标准零部件,如螺钉、螺母、键、滚动轴承等;还有标准尺寸、公差等,如轴的直径、轴肩高度、长度尺寸、中心高度等几何尺寸及它们的公差等也要符合标准。

(4) 设计要有创新。设计过程往往是参考现有的资料进行,但切忌照抄、照搬。在设计时,首先对所收集的资料加以分析,分析出各自的优缺点,对其优点继承和发扬,对其缺点加以改进和提高,这就是创新设计。

在课程设计过程中,可以从设计方法以及方案、结构设计等方面进行创新。例如可以用计算机编程对齿轮、带、链传动及轴承进行设计;可以对减速器的传动方案进行合理的改进,甚至可以多做几种方案进行比较选优。但设计过程中应对所设计的方案、结构、工艺性、成本等问题进行综合考虑,确保设计的可行性,因为任何"独出心裁"的、脱离生产实际的"创新"往往是不现实的。

(5) 注意设计能力的培养。作为一名优秀的设计师,除具有较好的计算能力外,还应该具备较强的结构设计能力。同时还要具备独立解决实际问题的能力。

在实际的设计中,一般来说计算所花的时间较少,而结构设计及绘图所用时间、工作量都占更大的比重。因此在每一次设计中,要对所有结构问题进行认真分析研究。特别是在装配图设计过程中,对每一个结构问题要从使用性能、装拆工艺、加工工艺以及成本等角度仔细分析,有时甚至进行几种方案的分析比较后,再采用其中最优方案。这样才能较快地提高结构设计能力。

另一方面,在课程设计时每人要独立完成设计任务,对于设计中的计算、参数选择、数据处理、结构设计、绘图过程所遇到的问题,首先要独立思考,进行分析比较,提出解决问题的办法,如实在解决不了,可征询同行或老师的意见。

5 课程设计第一阶段设计

5.1 总体设计

减速器的总体设计是进行后期传动零件设计计算的基础与依据。主要包括传动方案的确定、电动机的选择、传动比的计算与分配等内容。

5.1.1 传动方案的确定

设计任务书通常给出工作机构的功率、转速、工况、使用寿命以及设计要求等。设计的第一步工作就是确定从电动机到工作机构之间的传动方案，包括确定传动元件形式、轴承和联轴器类型等，并用机构运动简图把整个传动系统画出来。

从电动机到工作机构的传动系统可以是某一种减速器，其与电动机和工作机构分别用联轴器直接相连接，也可以在此基础上增加一级带传动或链传动、开式齿轮传动等。本课程设计的内容就是主要采用这两类传动方案。

5.1.1.1 各种传动型式的特点

（1）带传动

带传动能缓冲吸收冲击振动，传动平稳，常用于高速级传动。但带传动传递的功率相对较小，所以主要用于中小功率的传动；其结构尺寸也比其他传动型式大；同时由于其属于摩擦传动（同步带除外），易产生静电，所以不适用于有瓦斯及煤尘等易燃易爆的危险场合。

（2）链传动

链传动能传递较大的功率，但其瞬时传动比是变化的，且有冲击振动，故不适用于高速传动及传动比要求精确的场合，一般多用于低速级、传动比要求不太严格的场所。

（3）齿轮传动

齿轮传动具有稳定的瞬时传动比，传动功率、速度范围广，且效率高，结构紧凑，故为使用最多的一种传动件。其中：直齿圆柱齿轮的设计、加工容易，但速度高时有噪音，故多用于减速器低速级中，亦可用于高速级，但噪音大；斜齿圆柱齿轮传递运动平稳，噪音小，承载能力高，故常用在减速器中高速级上，低速级上也可以使用；人字齿轮基本上与斜齿轮相同，它对轴承不产生轴向力，多用于大型减速器；锥齿轮常用于需要改变轴的传动方向（例如两轴线垂直）的场合，且置于高速级上，如弧齿锥齿轮具有噪音小、工作平稳等优点，但是锥齿轮加工相对困难，特别是模数、直径较大时易受到机床的限制。另外，开式齿轮传动磨损大，多用于低速级传动。

（4）蜗杆传动

蜗杆传动速比大，传递运动平稳，但效率低，消耗有色金属，因此普通圆柱蜗杆传动主要用于中小功率传动，且由于效率低，不适用于连续工作，故多用于间歇工作的场合。若用于减速器高速级，由于相对滑动速度大，便于形成油膜，对提高效率及延长寿命有利，但材料应使用锡青铜类,用于低速级时可用铝铁青铜等材料。

常用的各类传动的性能范围请参见表 9-2。

5.1.1.2 减速器的主要类型及特点

减速器的种类很多,根据传动类型分为齿轮减速器、蜗杆减速器、齿轮-蜗杆减速器及行星齿轮减速器等;根据齿轮类型分为圆柱齿轮减速器、锥齿轮减速器和锥-圆柱齿轮减速器;根据传动的级数分为单级减速器和多级减速器;根据传动布置型式分为展开式减速器、分流式减速器和同轴式减速器。另外,根据减速器的输入端与输出端是否在减速器的同一侧,还有同向、异向之分。工业上常用的减速器的类型及应用见表 5-1。

表 5-1　　　　　　　　　　　　　　常用减速器的类型、特点及应用

类　别		运动简图	推荐传动比范围	特点及应用
圆柱齿轮减速器	单级	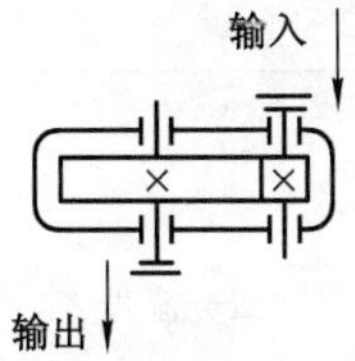 输入　输出	$1 \leqslant i \leqslant 8 \sim 10$	轮齿可制成直齿、斜齿和人字齿,结构简单,精度容易保证,应用较广 直齿用于圆周速度较低($v \leqslant 8$ m/s)或负荷较轻的传动;斜齿、人字齿用于圆周速度较高($v = 25 \sim 50$ m/s)或负荷较重的传动
	二级　展开式	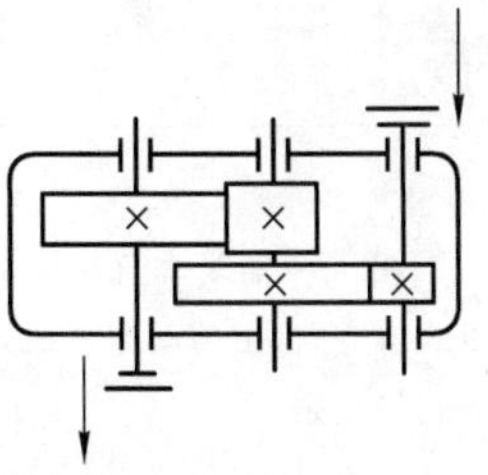	$8 \leqslant i \leqslant 60$	是二级减速器中最简单的一种。齿轮相对于轴承的位置不对称,当轴产生弯曲变形时,载荷沿齿宽分布不均匀,因此轴应具有较大刚度。高速级齿轮最好远离输入端,这样,轴在转矩作用下产生的扭转变形能减弱因轴的弯曲变形所引起的载荷沿齿宽分布不均的现象。高速级可制成斜齿,低速级可制成直齿
	分流式	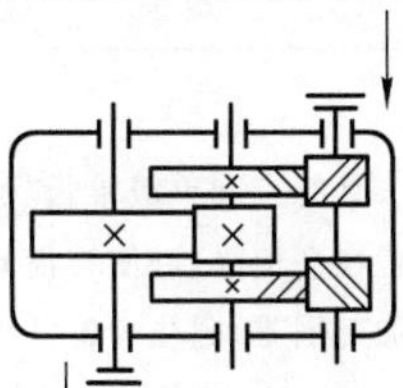 (a) 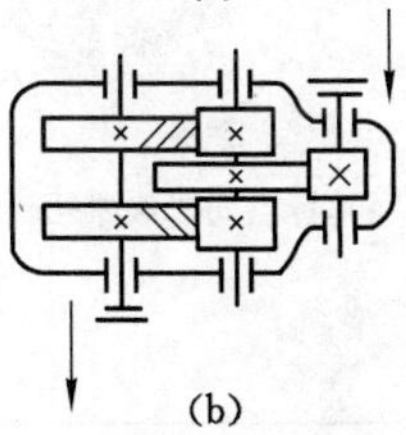 (b)	$8 \leqslant i \leqslant 60$	齿轮对于轴承对称布置,因此载荷沿齿宽分布均匀,轴承受载也平均分配,中间轴危险截面上的转矩相当于轴所传递扭矩的一半 图(a)高速级采用斜齿,低速级可以制成人字齿或直齿。结构较复杂,用于变载荷场合 图(b)高速级采用人字齿,低速级采用斜齿。受转矩较大的低速级其载荷分布不如图(a)均匀,不适于变载荷下工作,故较少应用
	同轴式	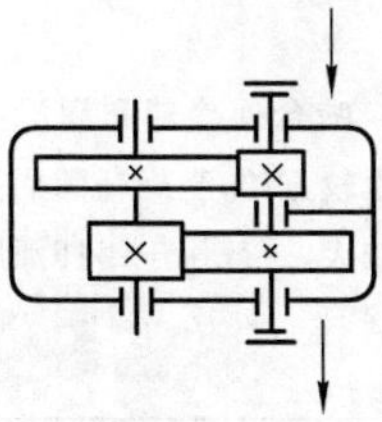	$8 \leqslant i \leqslant 60$	箱体长度较小,当传动比分配适当时,两对齿轮浸入油中深度大致相同。减速器的轴向尺寸以及重量较大,高速级齿轮的承载能力较难充分利用;中间轴承润滑困难;中间轴较长,刚性差,载荷沿齿宽分布不均

类　别		运动简图	推荐传动比范围	特点及应用
圆柱齿轮减速器	二级 同轴式		$8 \leqslant i \leqslant 60$	每个齿轮只传递全部载荷的一半,输入和输出轴只传递转矩,中间轴仅受全部载荷的一半,故与传递同样功率的其他减速比较,轴径向尺寸可缩小
	三级 展开式		$50 \leqslant i \leqslant 300$	同二级展开式
	分流式			同二级分流式
单级锥齿轮减速器			$1 \leqslant i \leqslant 8 \sim 10$	用于两轴线垂直相交的传动,可设计成卧式或立式(由传动布置决定)。锥齿轮制造安装较复杂
锥圆柱齿轮减速器	二级		直齿锥齿轮 $8 \leqslant i \leqslant 22$ 斜齿及弧齿锥齿轮 $8 \leqslant i \leqslant 40$	其特点同单级锥齿轮减速器。锥齿轮应配置在高速级,以使锥齿轮尺寸不致太大,否则加工困难;圆柱齿轮可制成直齿或斜齿
	三级		$25 \leqslant i \leqslant 75$	其特点同二级锥-圆柱齿轮减速器
蜗杆减速器	单级 蜗杆下置式		$10 \leqslant i \leqslant 80$	啮合处冷却和润滑条件好,蜗杆轴承润滑也较方便,当蜗杆圆周速度太大时,搅油损耗较大,一般用于蜗杆圆周速度 $v < 5$ m/s 时

类　别		运动简图	推荐传动比范围	特点及应用
蜗杆减速器	单级	蜗杆上置式	$10 \leqslant i \leqslant 80$	蜗杆在蜗轮的上部,故拆装方便,蜗杆圆周速度允许高些,且金属磨粒不易进入啮合处,当蜗杆圆周速度 $v > 4 \sim 5$ m/s 时,最好采用这种型式
		蜗杆侧置式		蜗杆在侧边,且蜗轮轴是竖直的,一般用于水平旋转机构的传动(如旋转起重机)
	二级		$43 \leqslant i \leqslant 3\,600$	传动比大,结构紧凑,但效率较低。为使高速级和低速级传动浸入油中深度大致相等,应使高速级中心距 a_{I} 大约等于低速级中心距 a_{II} 的一半左右
齿轮蜗杆减速器	二级		$15 \leqslant i \leqslant 480$	齿轮传动在高速级或在低速级两种型式。前者结构紧凑,后者效率较高,寿命较长
行星齿轮减速器	单级 NGW		$2.8 \leqslant i \leqslant 12.5$	与普通圆柱齿轮减速器相比,尺寸小,重量轻,但制造精度要求较高,结构较复杂,在要求结构紧凑的动力传动中应用广泛
	二级 NGW		$14 \leqslant i \leqslant 160$	其特点与单级 NGW 型相同,传动比较大

5.1.1.3　传动方案的确定

（1）减速器型式的选择。根据设计任务书要求确定采用卧式还是立式减速器，如没有特殊要求则尽可能采用卧式减速器。

（2）减速器类型的选择。当减速装置需要输入轴和输出轴互相垂直时可采用锥齿轮减速器，否则一般采用圆柱齿轮减速器；如长期运转，并要求效率高时尽可能不要采用蜗杆减速器，而间歇工作或工作时间不长且要求传动比大而结构紧凑、功率不大时可采用蜗杆减速器；行星减速器具有传动比大、结构紧凑等优点，但制造较复杂，成本较高，因此传动比不大而且结构尺寸要求不严格时不应盲目采用。

（3）根据工作机构速度和所选电动机的转速，初步计算出传动装置的总传动比，根据此传动比大小参考表 5-1 选取合适的减速器型式。

（4）决定剖分面型式。如果没有特殊要求，一般采用水平剖分面型式，以便于加工和装拆。

（5）确定轴承类型。轴承可以是滚动轴承，也可以是滑动轴承，一般小型减速器多采用滚动轴承。然后再根据轴承受力情况，决定采用哪一类轴承，轴承的类型选择方法可参考相关书目。可以用一个轴承同时承受支座上的径向力和轴向力，也可以用两种类型轴承分别承受径向力和轴向力（如蜗杆轴轴向力大，故常用一个推力轴承承受轴向力，另外用一个向心轴承承受径向力）。

（6）确定联轴器类型。高速轴一般用弹性联轴器，低速轴可用刚性联轴器。可参考相关书目选择具体的联轴器类型。

5.1.1.4　确定传动方案示例

例 5-1　要求拟定一建筑卷扬机的传动装置方案。

已知：卷筒直径 $D=350$ mm，卷筒上的拉力 $F=15$ kN，钢丝绳速度 $v=1$ m/s，如图 5-1 所示，要求结构紧凑、便宜。

解

（1）建筑卷扬机不需要立式结构，故采用卧式减速器。

（2）行星传动结构紧凑，但成本高，故不考虑，而锥齿轮及蜗杆传动型式的输入、输出轴垂直，故与卷筒配合起来布置不够紧凑，且加工也较困难，故拟采用圆柱齿轮传动，如图 5-2 所示。

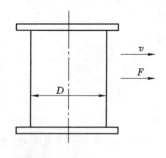

图 5-1　卷筒工作参数

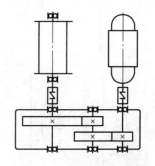

图 5-2　传动系统方案

（3）根据工作机构-卷筒的直径及绳速计算卷筒转速 n'。

$$n' = \frac{v \times 60 \times 1\,000}{\pi D} = \frac{1 \times 60 \times 1\,000}{\pi \times 350} = 54.57 \text{ (r/min)}$$

选用 1 500 r/min 的 Y 系列电动机，初步可得总传动比 i，即

$$i = \frac{1\,500}{54.57} = 27.49$$

按 $i = 27.49$ 查表 5-1 选定二级圆柱齿轮减速器。

（4）为了加工方便，可采用水平剖分式。

（5）由于传递功率不大，故轴承全部采用深沟球轴承。

（6）电动机和输入轴之间采用弹性套柱销联轴器（GB/T 4323—2017），工作机构和输出轴之间采用梅花形弹性联轴器（GB/T 5272—2017）。

传动系统方案最后确定为图 5-2 所示型式。

5.1.2 电动机的选择

电动机可分为交流电动机和直流电动机，一般情况下应采用交流电动机。

交流电动机又分为鼠笼式和绕线式，绕线式启动力矩大，能够满载启动，但重量大，价格高，因此一般情况尽可能采用鼠笼式交流电动机。

交流电动机又可分为同步和异步两种，一般场合都用异步电动机。

总之，无特殊要求时常用交流鼠笼式异步电动机，目前较普遍使用的有 Y 系列三相异步电动机（JB/T 10391—2008）。这种电动机转速系列又有 3 000 r/min、1 500 r/min、1 000 r/min、750 r/min 几种。

通常，电动机转速越高其重量及价格越低。采用高转速系列电动机虽然便宜，但所设计的传动装置传动比增大，相应的传动系统级数增加，故有可能使其总成本增加；采用低转速电动机时传动系统虽简单，但电动机成本增加，使总费用也有可能增大。故应该综合评价总的经济效益来确定电动机转速，一般场合常用 1 500 r/min 及 1 000 r/min 系列电动机。

（1）电动机输出功率计算

电动机的输出功率 P' 可根据题目给定的数据按下式计算。

若已知工作机上作用力 F(N)和线速度 v(m/s)：

$$P' = F \cdot v/1\,000\eta \quad \text{kW} \tag{5-1}$$

若已知工作机上的阻力矩 T(N·m)和转速 n'(r/min)：

$$P' = T \cdot n'/9\,550\eta \quad \text{kW} \tag{5-2}$$

式中 η——总效率。

$$\eta = \eta_1 \cdot \eta_2 \cdot \eta_3 \cdots \eta_n \tag{5-3}$$

式中 η_1、$\eta_2 \cdots \eta_n$——传动系统中每一个传动副（带、链、齿轮、蜗杆）、轴承、联轴器等的效率，其值查表 9-1。

（2）确定电动机型号

电动机所需额定功率 P 和电动机输出功率 P' 之间有以下关系：

$$P \geqslant KP' \tag{5-4}$$

式中，K 为功率储备系数，一般取 $K = 1.1 \sim 1.5$，无过载时取 $K = 1$。建筑卷扬机的提升机构可取 $K = 0.8 \sim 1$。如果所选电动机（交流电动机）额定功率 P 过大时，功率因数降低，从

而驱动效率也随之下降,因此电动机的功率不宜选得过大。

根据 KP' 值及前面确定的转速系列,查表 16-2 确定电动机的具体型号。

(3) 电动机选择示例

例 5-2 确定例 5-1 中建筑卷扬机的电动机输出功率 P',并选择电动机。

解 按式(5-1)计算电动机输出功率 P':

$$P' = F \cdot v/1\,000\eta$$

式中,$F=15\text{ kN}=15\,000\text{ N}, v=1\text{ m/s}, \eta = \eta_1^2 \cdot \eta_2^3 \cdot \eta_3^2 \cdot \eta_4$。

查表 9-1 得:弹性联轴器效率 $\eta_1 = 0.99$,滚动轴承效率 $\eta_2 = 0.99$,闭式圆柱齿轮效率 $\eta_3 = 0.97$(按 8 级精度),滚筒效率(含滚动轴承效率)$\eta_4 = 0.97$,因为 η_4 中已包含一对滚动轴承效率,故 η_2 只考虑 3 对轴承。

把上述数值代入后得

$$P' = \frac{15\,000 \times 1}{1\,000 \times 0.99^2 \times 0.99^3 \times 0.97^2 \times 0.97} = 17.28\text{ (kW)}$$

对建筑卷扬机取 $K=1$,故

$$P = KP' = 1 \times 17.28 = 17.28\text{ (kW)}$$

查表 16-2 得:Y 系列 1 500 r/min 电动机,具体牌号为 Y180M-4-B3 型,额定功率为 18.5 kW,满载转速为 1 470 r/min。

5.1.3　传动比的计算与分配

(1) 总传动比

已知电动机满载转速 n 及工作机的转速 n' 时,总传动比等于

$$i = n/n' \tag{5-5}$$

其中工作机的转速 n' 可按下式计算:

对于带式输送机、起重机滚筒:

$$n'=60 \times 1\,000\,v/\pi D \quad \text{(r/min)} \tag{5-6}$$

对于刮板输送机的星轮:

$$n'=60 \times 1\,000v/Zp \quad \text{(r/min)} \tag{5-7}$$

式中,v 为滚筒线速度或星轮节线速度,m/s;D 为滚筒直径,mm;Z 为星轮齿数;p 为星轮节距,mm。

(2) 传动比分配

总传动比等于各级传动比的连乘积,即

$$i = i_1 \cdot i_2 \cdot i_3 \cdots i_n \tag{5-8}$$

传动比的分配非常重要。如果传动比分配合理,可设计出结构紧凑、重量轻、成本低、润滑条件好的传动系统;若分配不合理,则其结果正好相反。因此,分配传动比时要遵循以下几条原则:

① 各级传动比应在每一级传动所推荐的范围内,各类传动比允许的推荐值见表 9-2。

② 两级及以上的齿轮减速器,应尽可能使各级从动齿轮的浸油深度相近,以使各级齿轮得到良好的润滑,并降低搅油损失(图 5-3)。

③ 各级传动尺寸要协调、合理。如高速级外加的带传动比过大时,有可能使减速器上

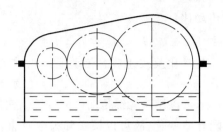

图 5-3　齿轮浸油深度

的从动带轮半径超过减速器中心高,使带轮与底座相碰(图 5-4);如减速器的高速级齿轮传动比过大时,大齿轮 1 与低速级轴 2 相碰,无法安装(图 5-5)。

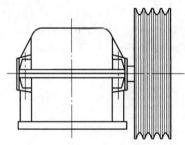
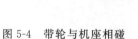

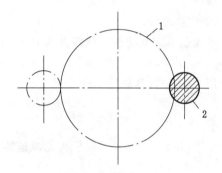

图 5-4　带轮与机座相碰　　　　　　　　　图 5-5　大齿轮与低速级轴相碰

因此,若想设计出较为合理的传动结构,传动比的分配可参考如下原则:

a. 外加带及链传动的传动比最好控制在 1.5～2.5 以内,以避免从动轮尺寸过大。

b. 对展开式二级齿轮减速器,为保证其高、低速级大齿轮浸油深度大致相近,其传动比要满足下式:

$$i_1 = (1.3 \sim 1.4)i_2 \tag{5-9}$$

式中　i_1——高速级传动比;

　　　i_2——低速级传动比。

c. 同轴式二级减速器两级传动比要满足:

$$i_1 \approx i_2 = \sqrt{i} \tag{5-10}$$

式中　i_1,i_2,i——高、低速级传动比及减速器总传动比。

d. 对圆锥-圆柱齿轮减速器,为使大锥齿轮尺寸不致过大,高速级传动比按下式计算:

$$i_1 \approx 0.25i \leqslant 3 \sim 4 \tag{5-11}$$

式中　i_1、i——高速级传动比及减速器总传动比。

e. 蜗杆-齿轮减速器的齿轮传动比 i_2:

$$i_2 \approx (0.03 \sim 0.06)i \tag{5-12}$$

式中　i_2、i——齿轮传动比及减速器总传动比。

f. 齿轮-蜗杆减速器的齿轮传动比 i_1:

$$i_1 \leqslant 2 \sim 2.5 \tag{5-13}$$

式中　i_1——齿轮传动比。

g. 二级蜗杆减速器的传动比：

$$i_1 \approx i_2 = \sqrt{i} \tag{5-14}$$

式中　i_1、i_2、i——高、低速级传动比及减速器总传动比。此时 $a_2 \approx 2a_1$（a_1，a_2 为高、低速级中心距）。

按照如上方法得到的 i_1、i_2 可以用于各级传动件的计算。实际的计算过程中，主从动轮齿数及直径圆整后 i_1、i_2 可能有些变化，故可以按实际齿数及直径重算 i_1 及 i_2，同时按实际的传动比重算工作机构的转速，其误差不超过设计要求即可。

（3）传动比分配示例

例 5-3　确定例 5-1 中建筑卷扬机二级减速器的总传动比，并分配传动比。

解

① 计算总传动比 i

前面已确定电动机满载转速为 $n=1\,470$ r/min，利用式（5-6）计算滚筒转速：

$$n' = 60 \times 1\,000v/\pi D = 60 \times 1\,000 \times 1/(\pi \times 350) = 54.57 \text{（r/min）}$$

用式（5-5）计算总传动比：

$$i = n/n' = 1\,470/54.57 = 26.938$$

② 分配传动比

减速器为二级展开式圆柱齿轮减速器，故：

$$i_1 = (1.3 \sim 1.4)i_2$$

取

$$i_1 = 1.3i_2$$

总传动比 $i=1.3i_2 \cdot i_2=1.3i_2^2$

$$i_2 = \sqrt{\frac{i}{1.3}} = \sqrt{\frac{26.938}{1.3}} = 4.55$$

$$i_1 = 1.3i_2 = 1.3 \times 4.55 = 5.915$$

5.1.4　传动装置运动参数的计算

从减速器的高速级输入轴开始将各轴命名为Ⅰ轴、Ⅱ轴、Ⅲ轴。

（1）各轴转速计算

第Ⅰ轴转速　　　　　　　$n_{\text{I}} = n/i_0(\text{r/min})$ 　　　　　　　　　　(5-15)

第Ⅱ轴转速　　　　　　　$n_{\text{II}} = n_{\text{I}}/i_1(\text{r/min})$ 　　　　　　　　(5-16)

第Ⅲ轴转速　　　　　　　$n_{\text{III}} = n_{\text{II}}/i_2(\text{r/min})$ 　　　　　　　(5-17)

式中　n——电动机转速，r/min；

　　　i_0——电动机至第Ⅰ轴传动比；

　　　i_1、i_2——第Ⅰ轴至第Ⅱ轴、第Ⅱ轴至第Ⅲ轴传动比。

（2）各轴功率计算

第Ⅰ轴功率　　　　　　　$P_{\text{I}} = P \cdot \eta_1 \cdot \eta_2(\text{kW})$ 　　　　　　(5-18)

第Ⅱ轴功率　　　　　　　$P_{\text{II}} = P_{\text{I}} \cdot \eta_2 \cdot \eta_3(\text{kW})$ 　　　　　(5-19)

第Ⅲ轴功率　　　　　　　$P_{\text{III}} = P_{\text{II}} \cdot \eta_2 \cdot \eta_3(\text{kW})$ 　　　　(5-20)

式中　η_1——联轴器或带传动效率；

　　　η_2——轴承效率；

η_3——齿轮或蜗杆传动效率。

（3）各轴扭矩计算

第Ⅰ轴扭矩 $\qquad T_{\text{I}} = 9\,550 P_{\text{I}} / n_{\text{I}}\,(\text{N} \cdot \text{m})$ (5-21)

第Ⅱ轴扭矩 $\qquad T_{\text{II}} = 9\,550 P_{\text{II}} / n_{\text{II}}\,(\text{N} \cdot \text{m})$ (5-22)

第Ⅲ轴扭矩 $\qquad T_{\text{III}} = 9\,550 P_{\text{III}} / n_{\text{III}}\,(\text{N} \cdot \text{m})$ (5-23)

最后，将以上计算结果列表汇总。

（4）运动参数计算示例

例 5-4 计算例 5-1 建筑卷扬机中各轴转速、功率及扭矩。

解

① 各轴转速计算

$$n_{\text{I}} = n / i_0 = 1\,470 / 1 = 1\,470\,(\text{r/min})$$

$$n_{\text{II}} = n_{\text{I}} / i_1 = 1\,470 / 5.915 = 248.52\,(\text{r/min})$$

$$n_{\text{III}} = n_{\text{II}} / i_2 = 248.52 / 4.55 = 54.62\,(\text{r/min})$$

② 各轴功率计算

$$P_{\text{I}} = P \cdot \eta_1 \cdot \eta_2 = 17.28 \times 0.99 \times 0.99 = 16.94\,(\text{kW})$$

$$P_{\text{II}} = P_{\text{I}} \cdot \eta_2 \cdot \eta_3 = 16.94 \times 0.99 \times 0.97 = 16.27\,(\text{kW})$$

$$P_{\text{III}} = P_{\text{II}} \cdot \eta_2 \cdot \eta_3 = 16.27 \times 0.99 \times 0.97 = 15.62\,(\text{kW})$$

③ 各轴扭矩计算

$$T_{\text{I}} = 9\,550 P_{\text{I}} / n_{\text{I}} = 9\,550 \times 16.94 / 1\,470 = 110.05\,(\text{N} \cdot \text{m})$$

$$T_{\text{II}} = 9\,550 P_{\text{II}} / n_{\text{II}} = 9\,550 \times 16.27 / 248.52 = 625.22\,(\text{N} \cdot \text{m})$$

$$T_{\text{III}} = 9\,550 P_{\text{III}} / n_{\text{III}} = 9\,550 \times 15.62 / 54.62 = 2\,731.07\,(\text{N} \cdot \text{m})$$

④ 将以上计算数据列表汇总，如表 5-2 所示。

表 5-2　　　　　　　　例 5-1 建筑卷扬机中各轴转速、功率及扭矩计算结果

轴　号	转　速 $n/(\text{r/min})$	输出功率 P/kW	输出扭矩 $T/\text{N} \cdot \text{m}$	传动比 i	效率 η
电机轴	1 470	17.28	112.26	1	0.98
Ⅰ	1 470	16.94	110.05		
Ⅱ	248.52	16.27	625.22	5.915	0.96
Ⅲ	54.62	15.62	2 731.07	4.55	0.96
卷筒轴	54.62	15.46	2 703.09	1	0.99

5.2　传动件设计计算

画装配图之前必须先设计计算传动件，以确定绘制装配图时所需要的必要的尺寸参数。传动件的计算包括减速器外部的带、链、开式齿轮等传动设计计算和减速器内的齿轮、蜗杆传动件的设计计算。这些传动件的设计计算方法可按主教材进行，这里仅对各种传动件设计时应注意的一些问题简略叙述。

5.2.1　带传动设计计算

（1）大小带轮半径在一般情况下应小于减速器及电动机中心高，以免造成安装困难（如图 5-4 所示）。

（2）带轮的轴孔直径应与电动机或减速器外伸轴直径相一致，轮毂长度与带轮结构形式有关（见第 12 章）。

（3）带使用一段时间后伸长，因此要考虑张紧装置。

（4）带的根数一般不超过 5～6 根，太多时电动机和减速器轴的悬臂较大，变形后每根带的受力不均匀。

5.2.2　链传动设计计算

（1）大链轮半径不要大于工作机中心高，否则链轮和底座相碰，造成安装上的困难（同上述带轮）。

（2）计算后若发现单列链节距或链轮尺寸过大时，可改为双列链。

5.2.3　齿轮传动设计计算

（1）闭式传动

① 随着热处理工艺的技术进步，为了减小尺寸、节省材料和延长齿轮的寿命，现代齿轮设计推荐采用硬齿面。

② 齿轮的结构与齿轮的尺寸有关。齿轮材料是根据齿轮尺寸决定的，尺寸小时采用锻钢（40、45 号钢），尺寸大时（如圆柱齿轮 $d>500$ mm），由于受到锻造设备能力的限制，采用铸钢；当毛坯的制造方法不同时，齿轮的结构也不同，也就是齿轮结构必须与毛坯的制造方法相适应。故不同尺寸的齿轮要视其材料而决定其结构。

③ 圆柱齿轮在强度计算中得到的齿宽 b 应作为大齿轮齿宽，而小齿轮宽度 b_1 应取大一些 $b_1=b+(5～10)$mm，这样可以补偿轴向安装误差，保证足够的齿宽接触。

④ 齿轮传动的部分参数及尺寸需分别进行标准化和圆整，而有的尺寸则即不能标准化，也不能圆整。例如，圆柱齿轮的模数、压力角、中心距应该标准化，而齿数、齿宽及其他结构尺寸应该圆整；齿顶圆直径、齿根圆直径、齿高、齿顶高、齿根高等则不能圆整，小数点后至少要保留 2 位准确数字，而啮合角、螺旋角等则应计算到度、分、秒。

⑤ 锥齿轮是以大端模数作为标准的，节锥角、齿顶角、齿根角、背锥角等必须计算到度、分、秒。锥顶距至少计算到小数点后两位数。

（2）开式传动

① 开式传动的主要失效形式是磨损，故按弯曲强度设计计算时，所得模数要增大 10%～20%，并取标准值，作为动力传动的齿轮，其最小模数不能小于 1.5 mm。

② 开式齿轮要采用耐磨性较好的材料。

③ 由于开式齿轮往往是悬臂布置，故刚度小，因此齿宽要小一些，以避免大的载荷集中。

5.2.4　蜗杆传动设计计算

（1）蜗杆传动副的材料与相对滑动速度有关，所选材料应与滑动速度相适应，以保证强度并减少贵重金属消耗。

（2）蜗杆轴向模数（即蜗轮端面模数）、直径系数、压力角等要取标准值,而齿数、结构尺寸要圆整,蜗轮螺旋角要计算到度、分、秒。

（3）蜗杆常采用右旋,以利于加工。

（4）蜗杆分度圆速度 $v \leqslant 4 \sim 5$ m/s 时,应采用下置蜗杆,以便于润滑。

（5）箱体尺寸确定之后要进行热平衡计算,若不能满足散热要求,应采取相关散热措施,如增加散热片、风扇或散热循环系统等。

6 课程设计第二阶段设计

6.1 装配图设计

6.1.1 装配草图设计第一阶段

在上述工作阶段完成之后,就应进入装配图草图设计的第一阶段。这一阶段主要任务是定出轴的支点跨距,以便进行轴及轴系零件的强度验算。在这一阶段内的绘图,所用的线条越少越好。

6.1.1.1 二级圆柱齿轮减速器草图设计的第一阶段

(1) 视图布置。首先是选择合理的表达方案,减速器装配图一般采用三个(剖)视图及必要的局部剖视图才能表达完整;对于结构简单的也可以用两个(剖)视图辅以必要的局部剖视图来表达。其次,根据传动零件尺寸的大小,参考结构类似的减速器的装配图,估计出待设计的减速器外部轮廓尺寸,并考虑标题栏、明细栏、零件序号及技术要求等的位置,选择合适的比例尺、图幅,合理布置图面,如图 6-1 所示。其中,绘图比例要首选国标中的第一系列,若有需要也可以采用第二系列。

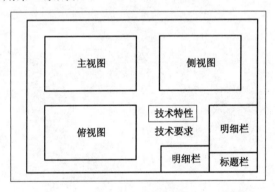

图 6-1 视图布置

(2) 在俯视图的位置绘制三根点划线作为传动轴 Ⅰ、Ⅱ、Ⅲ 的轴线(图 6-5),应用前面的计算结果绘制齿轮等传动零件的外廓。小齿轮宽度应大于大齿轮 5~10 mm,二级传动件之间的轴向间隙 $\Delta_3 = 8 \sim 15$ mm。

(3) 画出箱体内壁线及减速器中心线。在俯视图上大齿轮齿顶圆与箱壁之间间隙、齿轮端面与箱体内壁线之间间隙分别为 Δ_1、Δ_2,其值参见图 6-10 及表 15-1。

(4) 确定轴的跨距。为了确定轴的跨距,应先按轴受纯扭矩初步估算轴径,然后考虑轴上零件的定位需求对轴进行阶梯化,进而确定轴的跨距。

按纯扭矩计算轴径时,用降低许用扭转剪应力的方法来计入弯矩的影响(参见主教材)。

如果初估轴径是外伸轴且通过联轴器与电动机相连,应取轴端直径与电动机轴径相等或相近,以便于选用标准孔径的联轴器。

(5)轴的阶梯化。轴的结构设计是在初步估算轴径的基础上进行的,对轴阶梯化时应注意:轴的结构取决于轴的受力状态、轴上零件的布置和固定方式、毛坯类型、加工和装配工艺以及轴承类型等条件。轴的结构设计原则:应使其受力合理以提高其强度和刚度,应使轴上零件定位准确、可靠,便于拆卸和调整并具有良好的工艺性。具体方法如下:

① 径向尺寸

阶梯轴的径向尺寸变化取决于其上零件的受力情况、装拆、固定方式及对其表面粗糙度、尺寸精度的要求等。各段轴径按如下原则确定(图6-2)。

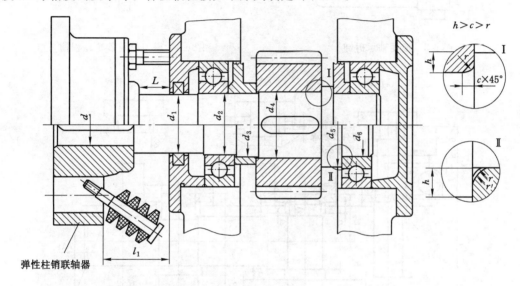

图6-2 轴的阶梯化

a. 在轴上传递扭矩的区段,最小的轴径 d 应大于等于按纯扭矩初步估算的圆整后的直径。

b. 联轴器的定位轴肩(d_1-d)为 6~12 mm,同时 d_1 应符合密封圈标准内径。

c. 为装拆轴承方便而设置的轴肩(d_2-d_1)为 1~3 mm,d_2 为轴承的内径。

d. 为减少装配轴承处的精加工面长度而设置的轴肩(d_3-d_2)为 1~3 mm。

e. 为装拆齿轮方便而设置的轴肩(d_4-d_3)为 1~5 mm。

f. 齿轮、带轮、链轮的轴向定位轴肩为 6~12 mm。

g. 滚动轴承轴向定位用轴肩(d_5-d_6)要查滚动轴承标准,单边轴肩高度应小于轴承内圈厚度,以便于拆卸轴承(图6-3)。

h. 如有退刀槽、砂轮越程槽(图6-4)时,其尺寸查本书中一般标准(表9-5)。

i. 一根轴的两端装轴承处的轴径最好相等,以使箱体上两轴承孔大小相同,便于一次镗孔。

② 轴向尺寸

轴向尺寸取决于轴上零件的位置、轮毂宽度及零部件的固定与装拆方式。轴向尺寸可以在草图设计第一阶段中画图决定(图6-5)。其中某些轴段的长度又受到轴承润滑方式及轴是否有外伸轴段的影响。

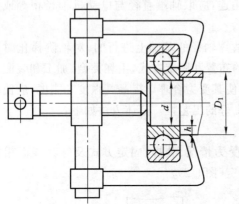

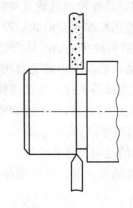

图 6-3　滚动轴承拆卸　　　　　　　　　　图 6-4　退刀槽及砂轮越程槽

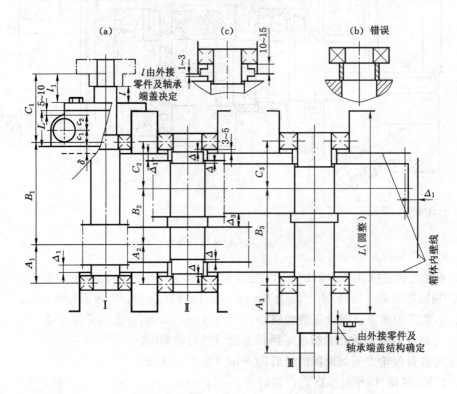

图 6-5　减速器装配草图设计第一阶段

当轴承与齿轮都用箱体内润滑油润滑时,轴承处无挡油环。该种设计方案的轴向尺寸确定见图 6-5 中第Ⅰ、Ⅱ、Ⅲ轴。

a. 画轴承外廓

前面已经把箱体内壁线确定了下来,从箱体内壁线再向外 3～5 mm 处画一条平行线,它就是轴承的内端面线,根据装轴承处轴径大小从表 13-1～13-6 查出轴承的外径和宽度尺寸,以此画出轴承外廓。

b. 轴向定位与固定方式的确定

高速级的从动齿轮与低速级的主动齿轮用轴肩隔开并定位,齿轮与轴承之间为套筒,套筒外径的确定与轴承处轴肩的确定方法相同。这样轴肩、齿轮、套筒、轴承依次限位,最后轴承用端盖轴向定位并固定。装配齿轮处的轴颈长度应比齿轮轮毂宽度小 $\Delta=2\sim5$ mm,这样,套筒才能可靠地顶住齿轮端面。为了保证轴承靠住套筒,套筒内轴的台阶也应缩进 Δ,图 6-5(b)的结构是错误的,如此,轴上的各段长度可通过作图获得。

当轴承与齿轮分别润滑,即轴承用油脂润滑、齿轮用润滑油润滑时,应设置挡油环如图 6-5(c)所示,挡油环具体尺寸见表 15-20。

当轴有外伸轴端时,可按下面方法确定轴的外伸处轴承座宽度和外伸端长度。

a. 轴外伸处轴承座宽度的确定

轴外伸处轴承座宽度(图 6-5 中第 I 轴)主要取决于箱体壁厚 δ 及扳手空间尺寸 c_1、c_2,轴承座宽度 L 应为:$L=c_1+c_2+(5\sim10)$ mm,式中 δ、c_1、c_2 查表 15-1、表 15-2 确定。利用查得的数据从箱体内壁线开始往外画箱体壁厚 δ、固定螺钉凸台及整个轴承座,同时把轴承及轴也画好。

b. 确定轴的外伸端长度

轴的外伸端一般装有联轴器或皮带轮、链轮等零件。作图时,首先画含有密封圈的端盖,端盖用螺钉连接于箱体轴承座外侧。为此,轴的外伸端上零件端面至端盖的距离 l 应大于螺钉长度,以便在不拆卸外伸端上零件的情况下装拆螺钉。如果是弹性柱销联轴器,l_1 应大于柱销的长度。在确定了 l 或 l_1 后,继续画外伸端上的连接零件。

(6)轴上力作用点及支承跨距的确定。在确定了齿轮、轴承的位置之后,力作用点及支点跨距可从图上获得。齿轮的力作用点在齿宽中点,轴承视类型而定。在图 6-5 中 II 轴跨距为 $A_2+B_2+C_2$。如果是圆锥滚子轴承,支点在图 6-6 所示的 A 处。

(7)轴的弯扭合成验算及安全系数验算。作图确定了轴上力作用点之后,即可画出弯矩图、扭矩图。根据轴径大小及弯矩变化找出危险断面,然后,验算此处的应力及安全系数。如果不满足条件,应加大此处轴径。

(8)验算轴承。根据已选好的轴承型号和支座反力验算轴承的寿命,如达不到减速器的寿命要求,可以更换轴承型号,或者取减速器的检修期作为轴承寿命,检修时更换。

更换大尺寸轴承后,跨距会发生变化,小型减速器如跨距变化大时应重算支座反力,变化不大时计算可不变。

(9)验算键的强度。

(10)按轴径大小选择联轴器并验算扭矩。

(11)若需要,可进行轴的刚度验算。

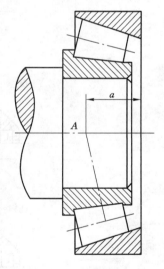

图 6-6　圆锥滚子轴承力
作用点的确定

6.1.1.2　锥齿轮轴的设计特点

锥齿轮-圆柱齿轮减速器的低速级轴设计方法与二级圆柱齿轮减速器各级轴设计方法相同。下面着重介绍高速级锥齿轮轴的结构设计特点,其他方面的问题仅作必要的补充说明。

(1)小锥齿轮轴在传递功率小于 100 kW 时常做成悬臂支承结构,如图 6-7(a)、(b)所示,其中(b)所示的支承刚度较大。设计时应尽量减小锥齿轮的悬臂长度 L_0,两轴承之间的距离一般取 $L=(2\sim2.5)L_0$,或取 $L\geqslant2.5d$,d 为按纯扭矩公式初估的轴径。

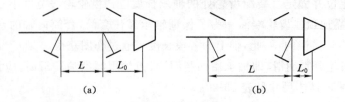

图 6-7 锥齿轮跨距及悬臂

(2) 由于支点跨距较小、轴承载荷大、小齿轮轴向位置精度要求高,所以,该齿轮轴的支座刚度必须足够大。为此,轴向刚度小的深沟球轴承一般是不采用的(传递很小的功率时除外)。而圆锥滚子轴承,它既可承受径向载荷,又可承受轴向载荷,承载能力强、刚度也大、价格较便宜,故最为常用。有时,也可用圆柱滚子轴承和深沟球轴承组合的结构。

(3) 对于图 6-8 所示的两种结构,图 6-8(b)的支座反力 F_{r1}、F_{r2} 分别比图 6-8(a)的小,但前者的缺点是锥齿轮的轴向分力 F_a 作用于承受较大径向分力的右边轴承上,致使右边轴承的寿命小于左边轴承的寿命。又因调整轴承间隙时要移动左边轴承内圈,为此,左边轴承与轴的配合不能太紧,这样,左边轴承内圈在循环负荷工况下使用是不利的。但由于图 6-8(b)的布置方式优点多于(a),故现代设计较多采用。

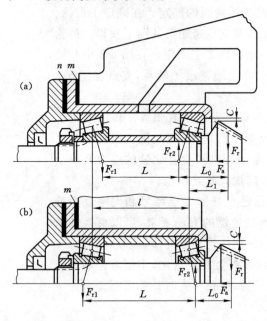

图 6-8 轴承正反安装两种结构

(4) 由于锥齿轮啮合传动必须调整大、小锥齿轮,使其分度圆锥顶重合才能正常工作。为此,锥齿轮必须轴向可调。通常小锥齿轮轴及其轴承都装在套杯内,套杯壁厚一般取 8～12 mm。当增减套杯端面垫片厚度 m 时,整个锥齿轮轴及套杯都做轴向移动,从而达到调整锥顶重合的目的(图 6-8)。而轴承间隙则利用套杯端面与端盖之间的垫片厚度 n 或者用轴上圆螺母来调节,如图 6-8(a)(b)所示。

(5) 为了便于装配,应使锥齿轮大端直径小于套杯的最小内径,即保证 $C \geqslant 0.5m$(图 6-8)。否则,如图 6-9(a)所示,装配轴承时,要把轴承同时压入轴颈与套杯右端,这样装配困难且易于破坏轴承精度。当不能保证 $C \geqslant 0.5m$ 时,小锥齿轮与轴做成装配式的,如图 6-9(b)所示。

(6) 在图 6-8(a)中,用圆螺母固定轴承内圈,此时,螺纹外径必须小于轴承内径,在螺母与轴承之间必须加一套筒,否则轴承的保持架将妨碍螺母的拧紧。图 6-8(b)中的圆螺母是调整轴承间隙的,但调节时必须把端盖拿下来,因此,轴承间隙的调整不太方便。

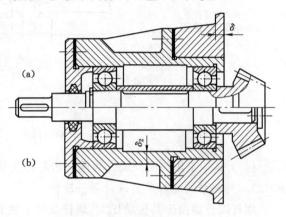

(7) 图 6-9 所采用的套杯结构可以减少箱体零件的长度。设计这种结构时,应使轴承座厚度 $\delta_2 \geqslant 1.5\delta$,$\delta$ 为箱体壁厚。

(8) 小锥齿轮轴上的轴承可用润滑脂润滑(低速轻载时),此时应在小锥齿轮与轴承之间加挡油环以免润滑脂漏出。当采用箱内油润滑时,在下箱体分箱面上开集油槽,将大齿轮甩至上箱体内壁上的油集入油槽里,然后经输油沟流入轴承套杯里润滑轴承,如图 6-8(a)所示。

图 6-9　两轴承不同轴向定位方式

(9) 轴上零件的力作用点及轴支点的确定。图 6-10 中确定了传动零件的中心线及其轮廓尺寸和箱体内壁位置。图 6-11 确定了力作用点及支点跨距。

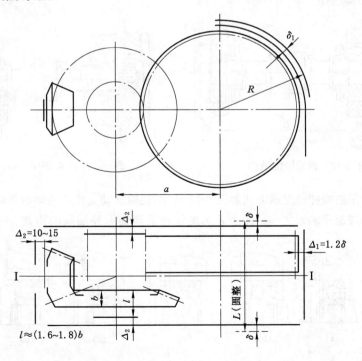

图 6-10　传动件中心线位置、外廓及箱体内壁位置的确定

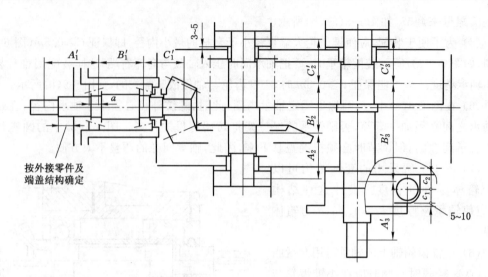

图 6-11 支点距离及力作用点位置的确定

（10）其他工作与展开式二级圆柱齿轮减速器相同。

6.1.1.3 蜗杆减速器草图设计第一阶段

蜗杆减速器由于其传动比大，蜗杆变成了细长轴，并承受很大的轴向力，又由于传动效率较低、齿面摩擦而温升较高。为此，蜗杆减速器的结构设计要点是合理地设计蜗杆传动及支座结构并注意散热。

（1）对于较短的蜗杆及工作温升不大的场合，可以采用图 6-12 所示的结构。此时支点跨距与轴径之比应小于表 6-1 中的推荐值。

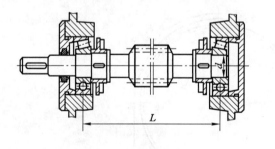

图 6-12 两端固定结构

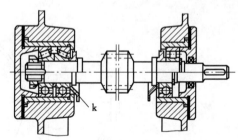

图 6-13 一端固定一端游动结构

（2）最常用的蜗杆轴支承方式如图 6-13 所示，此时活动支座里的轴承可以采用图 6-14 中的深沟球轴承或滚子轴承之一。图中 a 为轴承端盖距轴承外圈间的距离，一般为 2～5 mm。

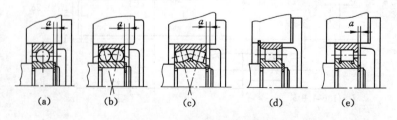

图 6-14 游动端支承结构方案

固定支座里的轴承可以采用图 6-15 中的某一种,但多采用图 6-15(g)、(h)、(i)所示三种。当蜗杆转速高($n \geqslant 1\ 500$ r/min)、旋转精度要求较高,或者功耗和温升大时,固定支座里的轴承可以采用图 6-15(c)~(f)所示四种。

表 6-1　　　　　　　　　　　　支点跨距与轴径之比 L/d

d /mm	角接触球轴承	圆锥滚子轴承
	L/d	
10~30	8	12
30~50	6	8
50~80	4	7

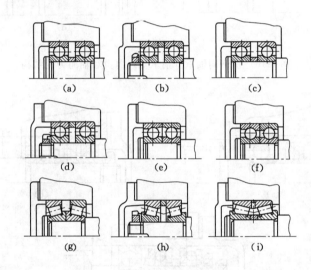

图 6-15　固定端支承结构方案

(3) 若要减小固定支座的径向尺寸,应使径向载荷和轴向载荷分别由不同的轴承来承担,如图 6-16 所示。轴承外圈与箱体孔之间留有径向间隙 Z 的轴承只承受轴向载荷,$Z=0.2$~0.4 mm。图 6-16 中的 C 为装配间隙,$C>2$ mm。轴承游隙或由增减垫片 I 来保证,或由磨配垫片 K 来实现。

(4) 如果轴向载荷很大($F_a/F_r \geqslant 4$),固定支座一端应采用推力球轴承和深沟球轴承的组合结构,如图 6-17 所示。此时,推力球轴承承受轴向载荷,深沟球轴承承受径向载荷。若蜗杆只作单方向转动,则只需采用单向推力球轴承即可。

(5) 图 6-13 中的 k 是挡油盘,作用是防止蜗杆转动时将热的润滑油压入轴承室而造成油温进一步升高。挡油盘应与箱体内壁隔开一定间隙,这样即能挡油,又有适量的油进出。

(6) 蜗杆减速器的有关结构尺寸可查表 15-1 及表 15-2。

(7) 为了提高蜗杆刚度,应尽量减小支点跨距,为此,轴承支座常伸到箱体内部(图 6-18)。

(8) 通过对轴、轴承支承结构的设计,可以定出支点跨距及零件上的力作用点,参见图

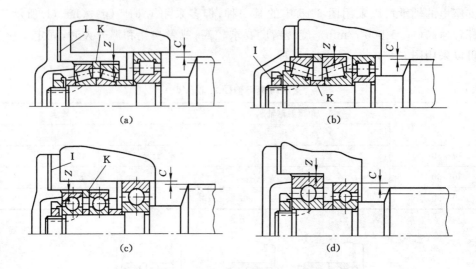

图 6-16 由不同轴承分别承受径向力和轴向力的结构

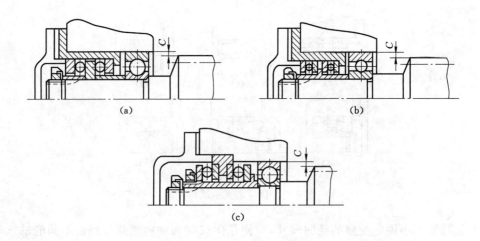

图 6-17 由推力球轴承和深沟球轴承分别承受轴向力和径向力的结构

6-18。该图确定了传动零件的中心线、轮廓尺寸和箱体内壁的位置。

（9）其余与展开式二级圆柱齿轮减速器相同。

6.1.2 装配草图设计第二阶段

本阶段的主要任务是在第一阶段的基础上进行轴上零件的结构设计。

6.1.2.1 传动零件的结构

传动零件指齿轮、蜗杆、蜗轮、带轮及链轮，它们的结构形状既与它们在装配图中的位置有关，也与它们的材料、毛坯大小及制造方法有关。这一阶段应绘出传动零件的轮毂、辐板、轮缘等全部结构。

（1）V 带轮的结构尺寸。V 带轮的轮槽尺寸可从表 12-1 和表 12-2 中查出，轮槽数取决于由计算得到的 V 带的根数，V 带轮的结构尺寸见表 12-3 及图 12-1。

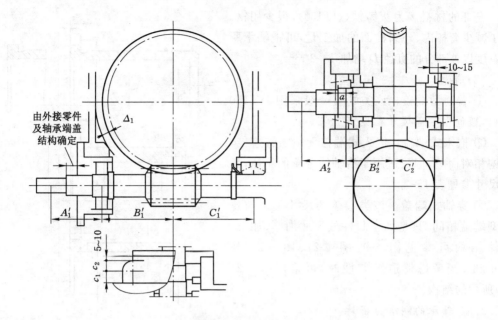

图 6-18　蜗杆减速器装配图草图设计第一阶段

(2) 齿轮的结构尺寸。齿轮的结构设计应先按齿轮的直径大小选择合适的结构形式，然后根据推荐的经验公式进行设计。当齿顶圆或齿根圆小于轴径或 $x<2.5m$(m 为模数)时，齿轮和轴做成整体结构，如图 6-19(a)、(b)所示。当 $x\geqslant2.5m$ 时，齿轮与轴可分为两个零件，其他结构见表 12-9～表 12-10。

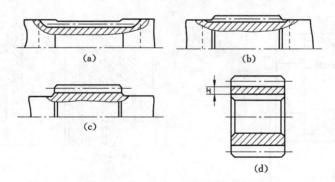

图 6-19　齿轮结构

(3) 蜗杆、蜗轮的结构尺寸。蜗杆螺旋部分的直径与其他部分相差不多，所以常做成蜗杆轴。其中，铣制蜗杆比车削蜗杆刚度大，弯曲疲劳寿命长。

蜗轮常做成两种材料的组合式，它们的结构、尺寸见图 12-3。

6.1.2.2　套杯与端盖的结构

(1) 套杯。小锥齿轮轴与其上的轴承等零件总与套杯组装在一起，根据轴承在套杯中的安装情况不同，其结构也不同，设计时可根据情况选图 6-20 所示的其中一种。当套杯以过盈配合装入箱体孔中时，它的凸缘可很小而无须螺钉连接。

套杯的材料多为灰铸铁(HT150),很少用钢。为了减少套杯内、外圆柱面的加工量,可把轴承所在宽度以外部分的直径 D 增加 $1\sim2$ mm。

(2) 端盖

① 普通型端盖。该类端盖一般采用 HT150 材料,普通型端盖尺寸参见表 15-3。

② 嵌入式端盖。嵌入式端盖无须螺钉连接,结构相对简单,但只适用于沿轴线分箱的箱体,具体尺寸参见表 15-4。

③ 穿轴式端盖。该类端盖的尺寸关系与普通型端盖相同,只是加密封件处尺寸加厚、加长,具体结构可参见图 6-9、图 6-21、图 6-25 与图 6-26。当考虑铸造工艺性时,可采用图 6-21 (a)所示的结构。

6.1.2.3　轴承的润滑与密封

(1) 油脂润滑。当滚动轴承转速较低时($d \cdot n \leqslant 2 \times 10^5$ mm · r/min),一般使用油脂润滑。该方法结构简单,易于密封。为了防止箱内润滑油浸入轴承并冲刷润滑脂,在靠近箱体内侧装设挡油环,如图 6-22 所示。挡油环尺寸见表 15-20。

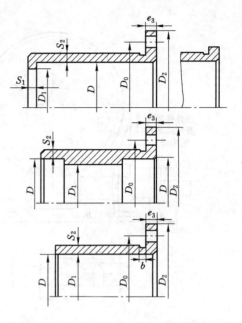

$$D_0 = D + 2.5d_3 + 2S_2 \qquad D_2 = D_0 + 2.5d_3$$

$$d_3\text{——螺钉直径}$$

$$S_1 = S_2 = e_3 = 7\sim12 \text{ mm}$$

图 6-20　套杯的结构及尺寸

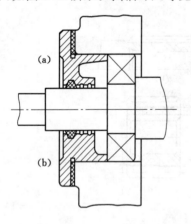

图 6-21　穿轴式端盖

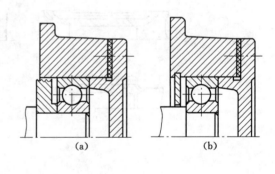

图 6-22　有挡油环结构

(2) 油润滑。当滚动轴承的转速较高时($d \cdot n \geqslant 4.0 \times 10^5$ mm · r/min),应采用油润滑。润滑轴承的油是靠传动零件(或者加设溅油环)甩油于上箱体上,再通过集油、输油获得的。图 6-8、图 6-23 与图 6-24 分别表示锥齿轮、圆柱齿轮及蜗轮轴上轴承的油润滑方法。蜗杆上的轴承直接使用箱内的油润滑,此时油池油面高度不应超过蜗杆齿根。蜗轮轴上的轴承通过装设刮油板刮取蜗轮侧面上附着的油来润滑。轴承润滑油的选择参见机械设计教材。

(3) 密封。对于穿轴式端盖,为了防止灰尘渗入箱体内以及阻止润滑油外漏,在轴与端盖孔之间应设置密封环。密封有接触式和非接触式两种。

① 接触式密封

该类密封(图 6-25)因摩擦生热,不宜用于轴表面粗糙及高速的场合。图 6-25(a)、(b)结构简单、低廉,但寿命短、密封效果差。图 6-25(c)、(e)为无骨架式油封,必须轴向定位,图 6-25(d)为骨架式油封,无须轴向定位。

② 非接触式密封

该类密封有油沟式及迷宫式,它们适用于高速、环境清洁的场合。图 6-26(b)、(c)结构简单,后者开有回油槽,效果优于前者,但密封效果均不太好。图 6-26(a)效果好,对油润滑或脂润滑的轴承都适用,若与接触式密封配合使用,效果更好,因此,常用于尘土较多的场合。

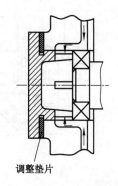

图 6-23 轴承的润滑油沟

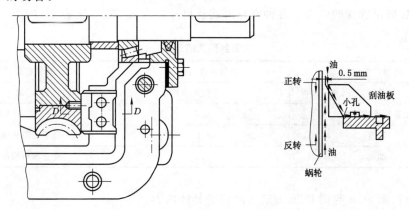

图 6-24 刮油板结构

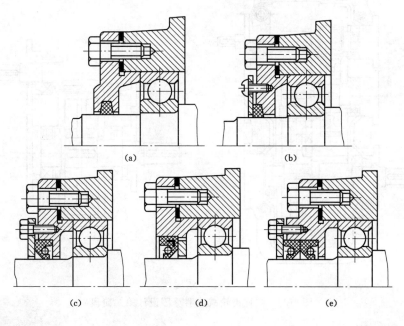

(a)   (b)

(c)   (d)   (e)

图 6-25 接触式密封

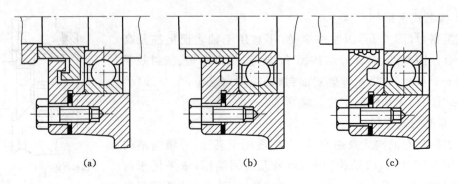

(a)   (b)   (c)

图 6-26 非接触式密封

密封形式的选择取决于密封件所处的轴表面速度、润滑剂的种类、工作温度等,表 6-2 中列出的数据供选择时参考。各种密封形式及尺寸可查表 15-15 至表 15-19。

表 6-2   密封形式的选择

密封件形式	圆周速度/(m/s)	环境温度/℃
毡圈	≤5	≤90
无骨架橡胶密封	≤7	−25～+80
迷宫	≤10	低于润滑脂滴点
油沟	≤5	低于润滑脂滴点

图 6-27、图 6-28 与图 6-29 为这一阶段的具体内容。

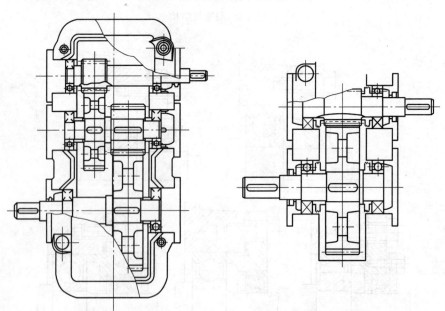

图 6-27 圆柱齿轮减速器草图设计第二阶段

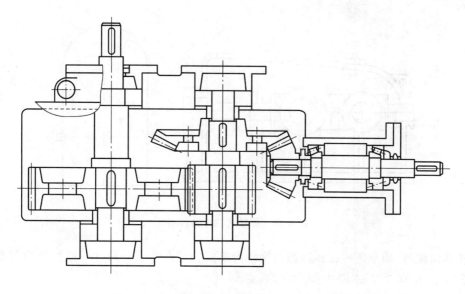

图 6-28　锥-圆柱齿轮减速器草图设计第二阶段

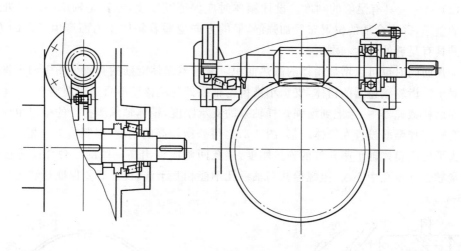

图 6-29　蜗杆减速器草图设计第二阶段

6.1.3　装配草图设计第三阶段

本阶段的任务是完成减速器箱体及其附件的设计。

箱体类零件用来支承轴系零件及附件,并保证它们之间的准确相对位置,承受运转时零件间的内力以及外部作用力。为此,箱体应具有足够的刚度以减少支承变形和轴的变形,还应具有良好的制造工艺性和装拆工艺性。

由于箱体零件复杂,一般采用铸铁铸造而成。铸铁箱体具有良好的抗震性和抗腐蚀性,并能降低传动噪音。如果是单件生产可以采用钢板焊接式箱体,它比铸造箱体轻 $1/4\sim 1/2$,如图 6-30 所示。

箱体广泛采用剖分式结构,剖分面通过齿轮轴线平面。一般减速器只设计一个分箱面,该面平行于箱体基面,如图 15-1、图 15-2 所示。

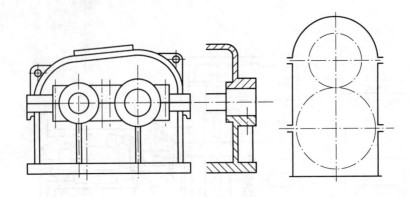

图 6-30　焊接式箱体结构型式

　　箱体由侧壁、轴承座腔、凸缘、筋板等结构要素构成。各部分尺寸一般按经验和设计资料(表 15-1、表 15-2 及图 15-3、图 15-4)确定。

6.1.3.1　减速器箱体的结构设计

　　(1) 箱体应具有足够的刚度。设计箱体时应保证其厚度,尤其是轴承座凸缘处应具有足够的壁厚,并在合适的位置布置加强筋,筋的方向应顺着箱体受力而产生变形的方向,以保证其具有足够的强度和刚度。

　　加强筋同时也可以增加箱体的散热面积。减速器箱体上筋的布置见图 15-1～图 15-4。

　　对于锥齿轮减速器的箱体,支承小锥齿轮轴系处的箱体壁厚可适当厚些。

　　在蜗杆减速器中,考虑到增强蜗杆轴系的支承刚度,箱体轴承座孔处的壁厚也应适当厚些。有时把加强筋设置在箱体内部(图 6-31),可获得较高的刚度,但制造工艺相对复杂。

　　为了提高箱体轴承座孔处的连接刚度,座孔两侧应铸出高一些的凸台并使螺栓孔中心线尽量靠近轴承孔中心线,但螺栓孔与轴承孔不能相互干涉,设计时要保证足够的扳手空间(图 6-32)。

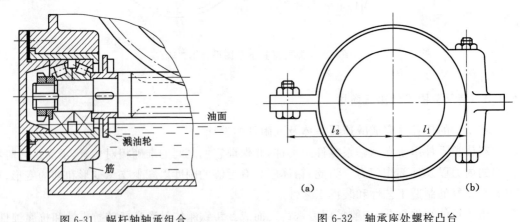

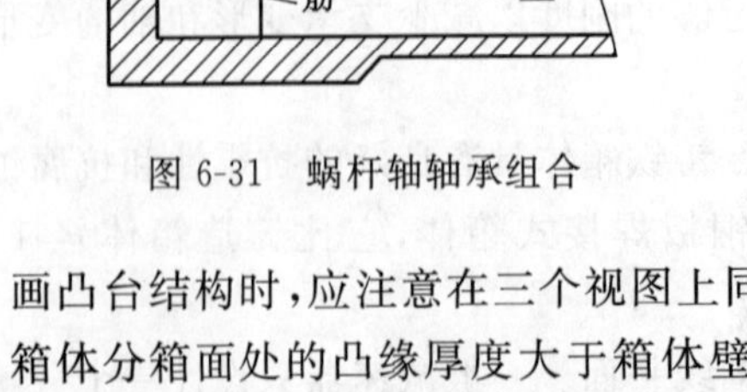

油面

溅油轮

筋

图 6-31　蜗杆轴轴承组合

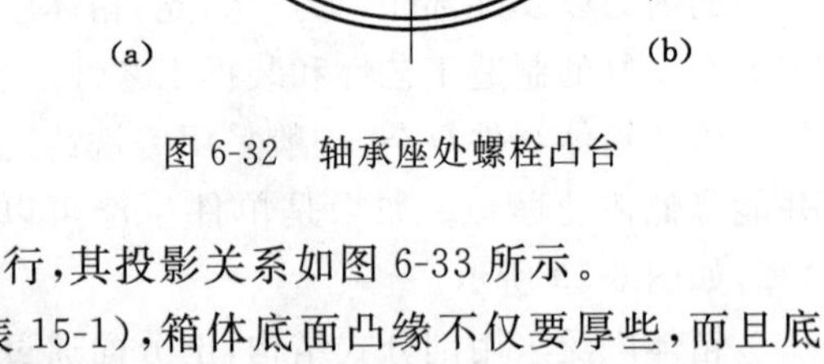

(a)　　　　　(b)

图 6-32　轴承座处螺栓凸台

　　画凸台结构时,应注意在三个视图上同时进行,其投影关系如图 6-33 所示。

　　箱体分箱面处的凸缘厚度大于箱体壁厚(表 15-1),箱体底面凸缘不仅要厚些,而且底面凸缘宽度 B 应超过箱体内壁(图 6-34)以提高支承强度与刚度。

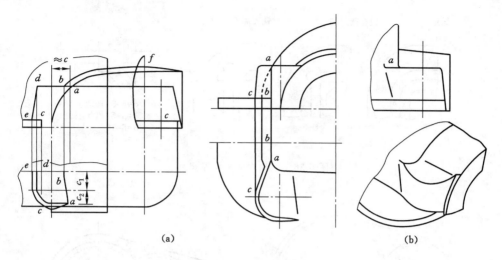

图 6-33　轴承座螺栓凸台投影关系

（2）箱体应考虑密封，并应便于箱体内零件的润滑。为了保证密封，箱体剖分面连接凸缘的宽度要稍大一些，剖分面应精刨或刮研，连接螺栓间距不应过大，对大型减速器可在下箱体分箱面上铸出或铣出回油沟，使进入分箱面间的油流回箱内（图 6-35），回油沟的形状及尺寸见图 6-36。

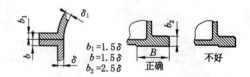

图 6-34　箱体连接凸缘及底座凸缘厚度

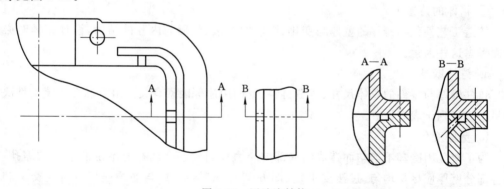

图 6-35　回油沟结构

箱体内应装有足够的润滑油以润滑传动零件与轴承，循环的润滑油还起着散热、带走磨损微粒的作用。下箱体的高度要根据油量多少和齿轮的浸油深度来确定，参见图 6-37。为了避免齿轮搅油时沉积的金属微粒泛起，齿顶到油池底部的距离应大于 $30 \sim 50$ mm。

对于蜗杆减速器，由于发热量大，箱体设计应考虑散热的需要，一般可在箱外加散热筋（图 6-38）以增加散热面积，其尺寸关系为 $b=d$；$a=(1.0 \sim 1.5)d$；$c=0.3d$；$H=(4 \sim 5)d$。

当利用箱体内润滑油润滑轴承时，应在下箱体凸缘平面上开出回油沟，使润滑油能回流入轴承，如图 6-35 所示。

（3）箱体结构应具有良好的工艺性。箱体的结构工艺性指毛坯制造、机械加工、热处理

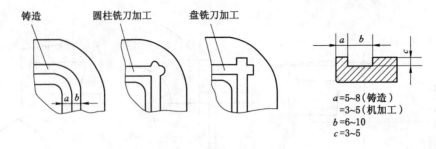

$a=5\sim8$（铸造）
$\ =3\sim5$（机加工）
$b=6\sim10$
$c=3\sim5$

图 6-36　回油沟的形状及尺寸

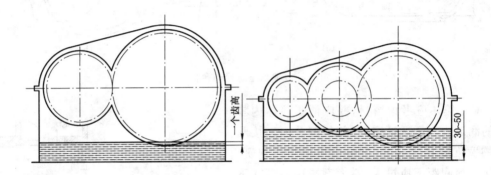

图 6-37　齿轮浸油深度及油面高度

及装配等环节的工艺性。

① 箱体的铸造工艺性

铸造工艺性包括铸件的壁厚与变化、筋壁的连接、外形与内腔的结构，设计箱体时必须全面考虑这些因素。

a. 铸件壁厚

铸件壁厚与零件的总体尺寸、铸造材料、壁的用途等因素有关。由液态金属流动性决定的最小壁厚列于表 9-8 中。

b. 壁厚变化

为了避免因冷却不均匀而造成的局部内应力和因液态金属补充不足而造成的缩孔，箱体各部分壁厚应尽量均匀、过渡要平缓（图 6-39）。壁与壁、壁与筋的连接应避免交叉和成锐角，铸造斜度、铸造过渡尺寸、铸造圆角参见表 9-10～表 9-12。

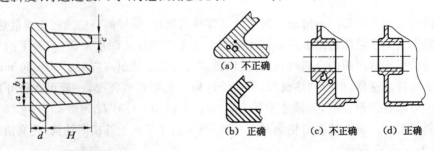

图 6-38　散热筋　　　　　图 6-39　铸件的过渡结构

c. 外形与内腔的结构

为了造型和拔模的便利,外形应力求平坦和光滑过渡(图 6-40);同时应避免出现狭缝(图 6-41),内腔孔凸台体应与壁或筋有一定的距离,否则会造成图 6-42 的情况。

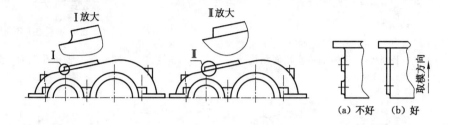

图 6-40　铸件拔模工艺性

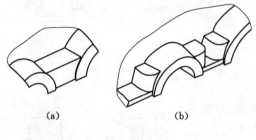

图 6-41　铸件砂型工艺性

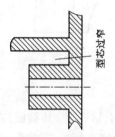

图 6-42　铸造型芯工艺性

② 箱体的机加工工艺性

箱体的机加工工艺性指在保证零件尺寸精度、位置精度以及表面粗糙度的前提下,要求安装定位方便、可靠且加工次数少,加工余量合理、进刀方便且加工面小,基准选择符合加工工序等。

对于箱体底面的结构,图 6-43(d)为较好的结构。

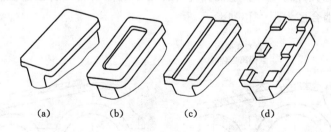

图 6-43　箱体座底面的结构形状

箱体轴承座端面应位于同一平面上,以便一次刨削出来(图 6-44)。

箱体上加工表面与非加工表面之间应有一定的距离,以保护刀具退刀、保证加工精度和装配精度(图 6-45)。

箱体上的螺钉凸台应铣平或锪平(图 6-46),图 6-46(c)、(d)表示刀具不能从下方进刀的加工方法。

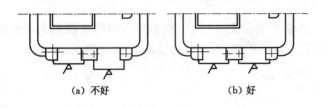

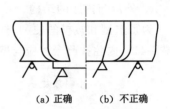

(a) 不好　　　　(b) 好

图 6-44　箱体轴承座端面结构

(a) 正确　　(b) 不正确

图 6-45　轴承孔端面凸起

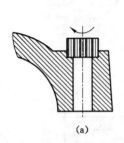 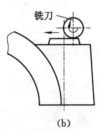 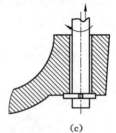 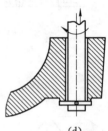

铣刀

(a)　　　　(b)　　　　(c)　　　　(d)

图 6-46　凸台及沉头座的加工方法

　　箱体上钻孔时,其轴线应垂直于该处表面,攻螺纹时,应避免端面倾斜于轴线,尤其要避免钻半个孔,如图 6-47 所示。

(a) 不正确　　(b) 正确

图 6-47　吊环螺钉孔结构

6.1.3.2　减速器附件的结构设计

　　为了观测传动零件的啮合情况、注油、放油、油面高度、换气、拆装吊运等,减速器上常设置以下几种零件,统称为减速器附件。

　　(1) 窥视孔盖。减速器上箱体顶部开设窥视孔,用以观测传动零件的啮合情况、润滑状态,并向箱内注入润滑油。因此,窥视孔应开在便于观测齿轮啮合区的位置,其面积大小以双目能清楚观察啮合区为限(图 6-48)。

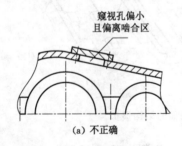

窥视孔偏小
且偏离啮合区

(a) 不正确　　　　　　(b) 正确

图 6-48　窥视孔的结构

　　窥视孔盖可用铸铁、钢板或有机玻璃制成,它与窥视孔之间加入密封垫片,其尺寸参见表 15-8。

　　(2) 放油螺塞。箱体底部应设置放油螺塞,用于定期排放使用后的污油(图 6-49)。

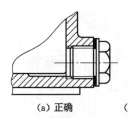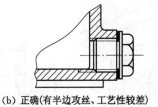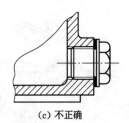

(a) 正确   (b) 正确(有半边攻丝、工艺性较差)   (c) 不正确

图 6-49 放油螺塞位置

放油孔应设在油池最低处,螺塞要便于装拆,装螺塞处箱体应铸出凸台以便于加工。螺塞与箱体之间应加封油圈密封,螺塞结构尺寸见表 15-12。

(3) 油标。设置油标用以检查箱体内油面高度,具体类型、结构和尺寸见表 15-9～表 15-11。

(4) 通气器。减速器运转时,箱体内油温上升而气压增大,容易把油从密封处挤出,所以多在箱盖顶部或窥视孔盖上设置通气器来换气。通气器的结构尺寸见表 15-5～表 15-7。

(5) 启盖螺钉。由于分箱面粗糙度小,装配时又涂密封胶,在大气压作用下,分开上下箱体十分困难。所以,要设置启盖螺钉,用以顶开箱盖。

启盖螺钉的螺纹长度应大于该处凸缘厚度,其端部做成直径小一些的圆柱形或半圆头形,其直径与凸缘连接螺栓相同(图 6-50)。

(6) 定位销。为了确定上下箱体的相互位置,保证轴承座孔的镗孔精度与装配精度,应在箱体连接凸缘上相距较远之处设置二到三个定位销。

定位销孔是在上下箱体剖分面加工完毕、上下箱体用螺栓连接之后,镗制轴承座孔之前配钻和配铰而成的。选择定位销位置时,应考虑钻孔的方便。

定位销的直径一般取 $d = (0.7 \sim 0.8)d_2$,d_2 为上下箱体凸缘连接螺栓直径,其长度略大于该处的总厚度。定位销的结构尺寸见表 11-8、表 11-9。

(7) 起吊装置

起吊装置包括吊环螺钉、吊耳和吊钩,用于拆卸及搬运减速器。

吊环螺钉为标准件,参照表 10-4 选取,它与该处箱体的结构如图 6-51 所示。

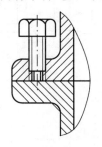   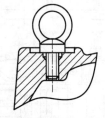

图 6-50 启盖螺钉结构   图 6-51 吊环螺钉结构

采用吊环螺钉增加了机加工量,为此常在箱体上直接铸出吊耳或吊钩,参见表 15-13。图 6-52 至图 6-55 为第三阶段设计的具体内容。

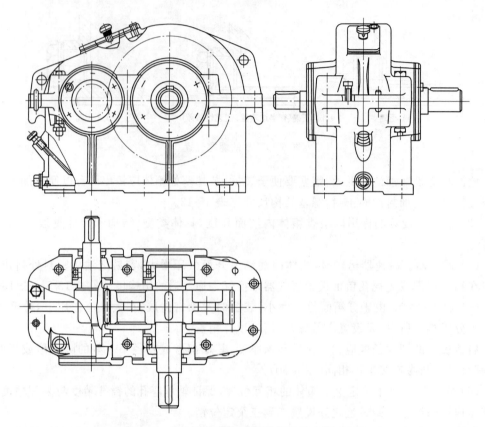

图 6-52　单级圆柱齿轮减速器草图设计第三阶段

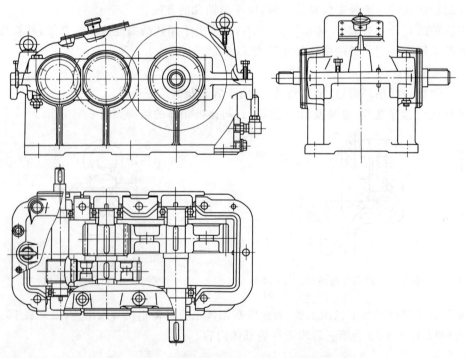

图 6-53　二级圆柱齿轮减速器草图设计第三阶段

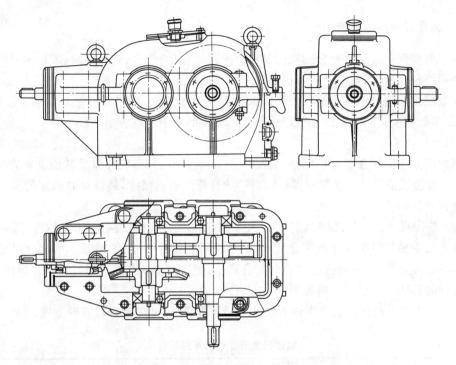

图 6-54 锥-圆柱齿轮减速器草图设计第三阶段

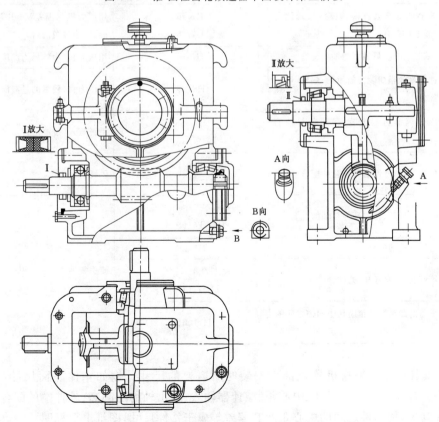

图 6-55 蜗杆减速器草图设计第三阶段

6.1.4　完成减速器的装配图

完整的装配图必须有充分的视图及必要的尺寸标注、配合、技术要求、零件编号、标题栏和零件明细栏。所以,本节进一步讲述以上诸方面的要求。

绘装配图时应严格遵守机械制图国家标准各项规定,并贯彻国标中规定的各项简化画法,例如多处完全相同螺栓,可以只画一个,其余的用中心线表示其位置等。

6.1.4.1　标注尺寸

装配图上应标注性能规格尺寸、装配尺寸、安装尺寸、外形尺寸以及其他重要的尺寸。

(1) 性能规格尺寸。说明机器(或部件)的性能规格的尺寸,是设计时确定的尺寸,也是用户选择产品的依据。

(2) 装配尺寸。零件之间具有配合关系的配合尺寸,保证零件之间相对位置的尺寸。例如减速器中轴与传动零件的配合尺寸、轴与套筒的配合尺寸、轴与轴承的配合尺寸、轴承与箱体孔的配合尺寸、轴承孔与端盖的配合尺寸、套杯与箱体孔的配合尺寸等。标注这些尺寸时应同时标明配合代号及精度等级。

表 6-3 给出了减速器主要零件的配合与精度等级,供标注配合尺寸时参考。

表 6-3　　　　　　　　　　　　　　减速器主要零件的荐用配合

配　合　零　件	荐　用　配　合	装　拆　方　法
大中型减速器的低速级齿轮(蜗轮)与轴的配合,轮缘与轮芯的配合	H7/r6 H7/s6	用压力机或温差法(中等压力的配合,小过盈配合)
一般齿轮、蜗轮、带轮、联轴器与轴的配合	H7/r6	用压力机(中等压力的配合)
要求对中性良好及很少装拆的齿轮、蜗轮、联轴器与轴的配合	H7/n6	用压力机(较紧的过渡配合)
小锥齿轮及较常装拆的齿轮、联轴器与轴的配合	H7/m6 H7/k6	手锤打入(过渡配合)
滚动轴承内孔与轴,外圈与箱座孔的配合	k6、m6(与轴) H7(与孔)	手锤打入
轴套、溅油轮、封油环、挡油环等与轴的配合	H7/h6、E7/js6、E7/k6 D11/k6、F9/m6	徒手装拆
轴承套杯与箱座孔的配合	H7/h6	徒手装拆
轴承盖与箱座孔(或套杯孔)的配合	H7/h8、H7/f9 J7/f7、M7/f9	徒手装拆
嵌入式轴承盖的凸缘厚与箱座孔中凹槽之间的配合	H11/h11	徒手装拆

(3) 安装尺寸。是指机器或部件安装时所需要的尺寸。例如箱体底面尺寸(长、宽、高);地脚螺栓孔与其位置尺寸、中心距、减速器输入、输出轴的中心高、外伸端的配合长度与直径等。其中,传动件之间的中心距及其偏差等属于特性尺寸,图纸上要标明。

(4) 外形尺寸。考虑到包装、运输等需要,标注机器或部件的总体尺寸。例如减速器的总体长、宽、高。

标注尺寸时，应注意标注尺寸的完整性、清晰性和合理性。例如应使尺寸标注线布置匀称，尺寸应尽量标注在视图外面，且最好集中标注在反映主要结构的视图上。

6.1.4.2 填写减速器的技术特性

装配图上应填写减速器的技术特性。其具体内容及格式见表6-4。

表 6-4   **减速器的技术特性**

输入功率 /kW	输入转速 /(r/min)	效率 η	总传动比 i	传 动 特 性							
				第 一 级				第 二 级			
				m_n	Z_2/Z_1	β	精度等级	m_n	Z_4/Z_3	β	精度等级

6.1.4.3 编写技术要求

装配图技术要求指用文字说明那些在视图上无法表述的有关装配、调整、检验、润滑、维护等方面的内容，它与图面表达的内容一样重要。正确制定这些技术要求将能长期保证减速器的各种工作性能，技术要求主要包括以下几个方面。

（1）零件方面。在装配前所有的零件要用煤油或汽油清洗，箱体内壁及零件非加工面应涂上防锈油漆。

（2）润滑剂方面。减速器必须润滑，因此，在技术要求中应标明传动件与轴承所使用润滑剂的品种、用量及更换时间。

传动件与轴承采用同一种润滑剂润滑时，应优先满足传动件的要求兼顾轴承的需要。

（3）轴承的轴向间隙及其调整。在调整滚动轴承时，必须保证一定的轴向游隙，技术要求中应提出游隙的大小。

若两端固定的轴承结构采用不可调轴向游隙的轴承（深沟球轴承），可在端盖与轴承外圈端面之间留有适当的轴向间隙 Δ（$\Delta = 0.25 \sim 0.4$ mm）。轴向游隙值应标注在技术要求中。

图 6-56 是用垫片组调整轴承的轴向间隙。先把端盖压紧，直到转动轴比较吃力，此时端盖与箱体轴承座端面之间有间隙 δ，用 $\Delta + \delta$ 的一组垫片放入上述间隙之中，即获得了要求的轴向间隙 Δ。

图 6-57 是采用螺纹调整轴承的轴向间隙。先将螺钉或螺母拧紧至基本消除轴向间隙，然后再退转一角度（$\varphi = 360\Delta/s$，s 为螺距），最后锁紧即获得了要求的轴向间隙 Δ。

（4）齿轮、蜗杆传动侧隙和接触斑点。传动侧隙和接触斑点是齿轮传动中两项影响工作性能的重要指标。

侧隙是齿轮副装配后自然形成的，其大小视齿轮工作条件而定，与齿轮精度等级无关。齿轮副的最小侧隙值应能足以补偿齿轮传动时受力和温升所引起的轮齿

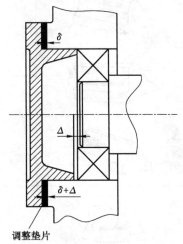

图 6-56 用垫片调整轴向间隙

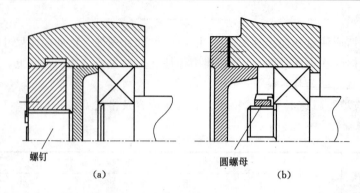

螺钉　　　　　　　　　　　　　圆螺母

(a)　　　　　　　　　　　　　　(b)

图 6-57　用螺纹调整轴向间隙

变形、保证正常的润滑、补偿齿轮的加工及安装误差。

齿轮、蜗杆传动侧隙可按工差与配合有关内容来确定。

检查法向侧隙 j_n 可用塞尺,不推荐采用压铅法;圆周侧隙则把一个齿轮固定,在另一个齿轮分度圆附近安装指示表,使测头移动方向垂直于半径方向,指示表最大晃动量即为 j_t。测量蜗杆副侧隙时把蜗杆固定,蜗轮自由转动,此时可在蜗轮分度圆周上测得 j_t。

接触斑点是减速器的一项重要指标,它是减速器加工、组装质量的综合反映,应十分重视接触斑点的大小与分布位置。当接触斑点不满足要求时,调整传动件的啮合位置或对齿面进行跑合,接触斑点部位的调整方法见表 6-5。

表 6-5　　　　　　　　　　　　接触斑点部位及调整方法

接　触　部　位	原　因　分　析	调整、改进方法
	正常接触	
	中心距偏大	对机体进行返修
	中心距偏小	对机体进行返修
	两齿轮轴线歪斜	对机体进行返修等方法
L　$\dfrac{2}{3}L$	两齿轮锥顶正常接触	

接触部位	原因分析	调整、改进方法
a轮	两齿轮锥顶不重合,a轮小端接触	调整大小齿轮位置,使锥顶重合
a轮	两齿轮锥顶不重合,a轮大端接触	调整大小齿轮位置,使锥顶重合
	两齿轮过分分离,侧隙过大	调整大小齿轮位置,使锥顶重合
	两齿轮过分靠近,侧隙太小	调整大小齿轮位置,使锥顶重合
	正常接触蜗轮中心面与蜗杆主平面重合 (接触斑点偏向啮合出口端)	
	蜗轮主平面与蜗杆中心面不重合	调整蜗轮位置,使蜗轮主平面与蜗杆中心面重合

接触斑点的检查是在主动轮齿面上涂以齿轮接触涂料 CT1 或 CT2 进行,不能用红丹粉。当其转动 2～3 圈后,观察从动轮齿面上的着色情况,由此分析、估算接触区位置及接触面积的大小。

对于多级传动,当各级的侧隙和接触斑点不同时,应分别在技术要求中写明。

(5)密封。减速器箱体的剖分面、端盖处均不允许漏油。底座和箱盖合箱后,在螺栓不紧固的情况下,用 0.05 mm 塞尺检查剖分面,塞入量不得大于凸缘宽度的 1/3,表面粗糙度 $R_a \leqslant 3.2$。剖分面上涂上 601 或 7302 密封胶可有效密封。普通端盖与轴承孔端盖之间垫上石棉橡胶板可有效密封,镶嵌式端盖较易漏油,可用 O 型圈或密封胶密封。

(6)试验。减速器装配好后应做空载试验,正反转 1 h,要求运转平稳,振动噪声小,连接螺栓不得松动。齿轮减速器在做负载试验时,油池温升不得超过 45 ℃,轴承温升不超过 40 ℃;而蜗杆减速器油池温升一般不超过 50～60 ℃。

(7)外观、包装和运输。箱体表面应涂漆,外伸轴及其上零件应涂油并包装严密,运输和装卸不得倒置等。

6.1.4.4　零件编号

按机械制图标准规定编号。装配图上标注零件编号时应顺时针或逆时针依次排列,并且保证编号横、竖各平齐;指引线只能弯折一次,并且避免引出线相交。

6.1.4.5　编制明细栏和标题栏

标题栏和明细栏已有国标,图 6-58 为 GB 10609.1—2008 标题栏附录 A 格式举例和 GB 10609.2—2009 明细栏格式举例。

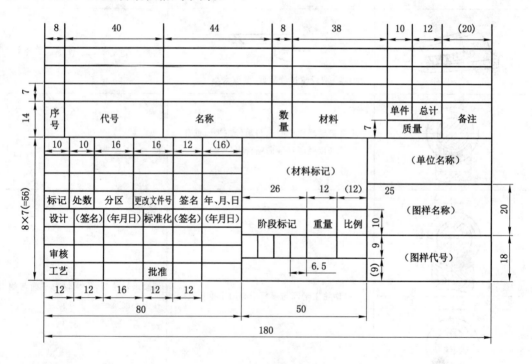

图 6-58　标题栏与明细栏

标准规定装配图中不能布置明细栏时,可以用 A4 图面单独给出,但应从上而下填写,并在明细栏下边紧接与装配图内容相同的标题栏。

6.1.4.6　检查装配图

画好装配图之后,应仔细检查图纸的正确性、全面性,检查的主要内容如下:

(1)视图是否已清楚地表达了减速器的工作原理和装配关系,投影关系是否正确。

(2)尺寸标注是否全面,配合与精度的选择是否合适。

（3）技术要求和技术性能是否完善与正确。

（4）零件编号是否齐全，标题栏与明细表是否符合要求。

（5）图面是否符合国家制图标准。

6.2 零件工作图设计

减速器中的零件主要有轴类零件、齿轮类零件和箱体零件。零件工作图是零件制造、检验与制定工艺流程的基本技术文件。因此，各类零件工作图应包含制造与检验所需的全部信息——图形、尺寸及其公差、表面粗糙度、材料及热处理方式、技术要求和标题栏等内容。

6.2.1 视图选择

每一个零件都应单独画在一张标准幅面的图纸上，尽量使用 $1 : 1$ 的比例以加强真实感，可以采用各种视图表达零件的结构形状，必要时还可以用局部放大图。

箱体类零件一般需要三个视图，多数情况下还要有一些局部视图或向视图以反映内、外结构及其尺寸。轴类及齿轮类零件视图可少些，视具体情况而定。

零件的结构及尺寸应与装配图一致，当零件工作图上作某些修改时，装配图也应作相应的修改。

6.2.2 尺寸与偏差的标注

标注尺寸要符合机械制图的规定。尺寸标注的基本原则是：

（1）为了保证设计要求及制造测量的需要，应正确地选择尺寸基准。

（2）对制造、检验所需的尺寸应标注齐全，同时不应有重复的尺寸。

（3）大部分尺寸应尽量标注在最能反映零件特征的视图上。

（4）配合尺寸及要求精确的尺寸均应标注尺寸的极限偏差。

6.2.3 表面粗糙度的标注

零件的所有表面（包括非加工的毛坯表面）都应标注表面粗糙度，并优先选用 R_a 参数。当较多表面要求同一粗糙度时，则可统一标注在图样标题栏附近，此时，表面结构要求的符号后面应有在圆括号内给出的无任何其他标注的基本符号。在保证正常工作的条件下，应选取较大的数值以减少加工成本。

表 6-6 为轴加工表面粗糙度 R_a 的推荐值。

表 6-6	轴加工表面粗糙度 R_a 推荐值	μm
加工表面	表面粗糙度 R_a
与传动件及联轴器等轮毂相配合的表面	$3.2;1.6\sim0.80;0.4$
与普通级滚动轴承相配合的表面	$d\leqslant80$ 时取 $1;d>80$ 时取 1.6
与传动件及联轴器相配合的轴肩端面	$6.3;3.2;1.6$
与普通级滚动轴承相配合的轴肩端面	$d\leqslant80$ 时取 $2;d>80$ 时取 2.5

加工表面	表面粗糙度 R_a		
平键键槽	工作面:6.3;3.2;1.6　非工作面:12.5;6.3		
密封处的表面	毡封油圈	橡胶油封	间隙及迷宫
	与轴接触处的圆周速度/(m/s)		
	≤3	>3~6	>5~10	6.3;3.2;1.60
	3.2;1.6; 1.0;0.8	1.6;0.8; 0.4	0.8;0.4; 0.2	

圆柱齿轮、锥齿轮、蜗轮蜗杆等 R_a 值参见表 6-7。

表 6-7　　　　　　　　　　　**表面粗糙度 R_a 选用值**　　　　　　　　　　μm

				基本尺寸/mm		
	公差等级	表面		~50	>50~500	
配合表面	6	轴		0.4	0.8	
		孔		0.4~0.8	0.8~1.6	
	7	轴		0.4~0.8	0.8~1.6	
		孔		0.8	1.6	
	8	轴		0.8	1.6	
		孔		0.8~1.6	1.6~3.2	
过盈配合	压入装配	6~7	轴	0.4	0.8	1.6
			孔	0.8	1.6	1.6
		8	轴	0.8	0.8~1.6	1.6~3.2
			孔	1.6	1.6~3.2	1.6~3.2
	热装	—	轴	1.6		
			孔	1.6~3.2		

	表面	公　差　等　级		流体润滑
		IT6~IT9	IT10~IT12	
滑动轴承表面	轴孔	0.4~0.8 0.8~1.6	0.8~3.2 1.6~3.2	0.1~0.4 0.2~0.8

	密封材料	速度/(m/s)		
		<3	>3~5	>5
密封材料处 的孔轴表面	橡胶	0.8~1.6 抛光	0.4~0.8 抛光	0.2~0.4 抛光
	毛毡	0.8~1.6 抛光		
	迷宫式	3.2~6.3		
	涂油槽	3.2~6.3		

	类型	有垫片	无垫片
箱体分界面 (减速箱)	密封的	3.2~6.3	0.8~1.6
	不密封的	6.3~12.5	6.3~12.5

和其他零件接触但不是配合面		3.2～6.3						

圆锥结合工作面		密封结合		对中结合		其他		
		0.1～0.4		0.4～1.6		1.6～6.3		

键结合	类型		键	轴上键槽		毂上键槽		
	不动结合	工作面	3.2	1.6～3.2		1.6～3.2		
		非工作面	6.3～12.5	6.3～12.5		6.3～12.5		
	用导向键	工作面	1.6～3.2	1.6～3.2		1.6～3.2		
		非工作面	6.3～12.5	6.3～12.5		6.3～12.5		

V带轮和平带轮工作表面		带轮直径/mm						
		<120		>120～315		>315		
		1.6		3.2		6.3		

螺纹结合	类型	螺纹精度等级						
		4,5		6,7		8,9		
	丝杠和起重螺纹	0.2		0.4		0.8		
	丝杠螺母和起重螺母	0.4		0.8		1.6		

齿轮和蜗轮传动	类型	精　度　等　级								
		3	4	5	6	7	8	9	10	11
	直齿、斜齿、人字齿、蜗轮(圆柱)齿面	0.1～0.2	0.2～0.4	0.2～0.4	0.4	0.4～0.8	1.6	3.2	6.3	6.3
	锥齿轮齿面			0.2～0.4	0.4～0.8	0.4～0.8	0.8～1.6	1.6～3.2	3.2～6.3	6.3
	蜗杆牙型面	0.1	0.2	0.2	0.4	0.4～0.8	0.8～1.6	1.6～3.2		
	根圆	和工作面相同或接近的更粗些的优先数								
	顶圆	3.2～12.5								

齿轮、链轮和蜗轮的非工作端面	3.2～12.5			<180	1.6～3.2
孔和轴的非工作表面	6.3～12.5	影响零件平衡的表面	直径/mm	>180～500	6.3
倒角、倒圆、退刀槽等	3.2～12.5			>500	12.5～25
螺栓、螺钉等用的通孔	25	光学读数的精密刻度尺			0.025～0.05

6.2.4　几何公差的标注

零件图上还要标注形状公差、跳动公差与位置公差,以保证减速器的装配质量和工作性能。

轴类零件几何公差的推荐项目及说明见表 6-8。

表 6-8 轴类零件几何公差的推荐项目

内　容	项　目	符　号	精度等级	对工作性能影响
形状公差	与传动零件相配合直径的圆度	○	7～8	影响传动零件与轴配合的松紧及对中性
	与传动零件相配合直径的圆柱度	⌭		
	与普通级轴承相配合直径的圆柱度	⌭	3，4，5，6，8，10（μm）	影响轴承与轴配合松紧及对中性
跳动公差	齿轮的定位端面相对轴心线的端面圆跳动	↗	6～8	影响齿轮和轴承的定位及其受载均匀性
	轴承的定位端面相对轴心线的端面圆跳动		8，10，12，15，20（μm）	
	与传动零件配合的直径相对于轴心线的径向圆跳动	↗	6～8	影响传动件的运转偏心
	与轴承相配合的直径相对于轴心线的径向圆跳动		5～6	影响轴和轴承的运转偏心
位置公差	键槽对轴中心线的对称度（要求不高时不注）	═	7～9	影响键受载的均匀性及装拆的难易

公差值的选择原则为：在同一要素上给出的形状公差值应小于位置公差值；圆柱形零件的形状公差值应小于其尺寸公差值；平行度公差值应小于其相应的距离公差值。

6.2.5　零件工作图的技术要求

对那些无法采用图形、符号加以表示，而在制造过程中又必须保证的条件则以技术要求的形式列出。它的内容视零件类型而定。

6.2.6　零件工作图的标题栏

零件工作图标题栏格式与装配图一样，参见图 6-58。且标题栏的尺寸不受图纸幅面大小的影响，应统一采用国标规定的格式、尺寸。

6.2.7　零件工作图的格式

轴类及箱体类零件工作图无固定的格式，绘图时可参考第 18 章图例。
圆柱齿轮、锥齿轮、蜗杆及蜗轮零件工作图格式参见图 18-8～图 18-14。

7　课程设计第三阶段设计

7.1　编写计算说明书

计算说明书是设计工作与计算工作的汇总与总结,应包括方案选择及技术设计的全部结论性的内容。计算说明书是审核设计工作的技术文件,是检查设计结果正确与否的重要依据。所以,编写计算说明书是设计工作的一个重要组成部分。

7.1.1　计算说明书内容

(1) 目录;

(2) 设计任务书;

(3) 传动方案的拟定;

(4) 电动机的选择及传动系统运动学、动力学参数的计算;

(5) 传动零件的设计计算;

(6) 轴的设计计算;

(7) 键的选择与强度验算;

(8) 滚动轴承的选择与寿命计算;

(9) 联轴器的选择;

(10) 减速器润滑与密封;

(11) 减速器的结构和附件设计;

(12) 热平衡计算;

(13) 参考文献。

说明书还可以包括一些其他技术说明。

7.1.2　要求和注意事项

说明书要用蓝色或黑色墨水在规定幅面、格式的纸上书写或计算机输入打印,并标出页次。要求计算正确、文字简练、书写认真、插图工整。

(1) 对于计算部分,首先给出已知数据和计算公式,其次把数据对应地代入公式中,计算出结果(标明单位)。

(2) 标注计算公式与已知数据的资料来源。

(3) 对计算结果作简单的评价(安全/满足强度需求/小于许用应力或高于预期寿命等)。

(4) 为了清楚、有效地表达计算内容,应附有必要的插图(传动方案图、轴的受力图、弯矩图、扭矩图等)。

(5) 大小标题,层次清楚。

（6）对所选的主要参数、尺寸、规格以及主要计算结果应写在当页右侧的一栏里，以利于查找。

7.1.3 书写格式举例

例：

计　　　算	结　果
1. ······ ······ 6. 按疲劳强度条件精确校核轴 ······ $$S_{ca} = \frac{\sigma_{-1}}{K_\sigma \sigma_a + \psi_\sigma \sigma_m}$$ $$= \frac{60}{1.237 \times 36 + \psi_\sigma \times 0}$$ $$= 1.346$$ ······	$d_{min} = 50$ mm $S_{ca} > 1.3$，安全

7.2 课程设计总结与答辩题目

在设计进程各阶段，要经常对照所附题目进行认真思考，加深理解，提高设计质量，在准备答辩阶段中，要集中按照各题目要求进行系统性复习与准备，进一步提高设计能力。答辩时，由下列题目中随机抽取题目，作为答辩的必答题。

7.2.1 总体设计阶段

（1）常用齿轮减速器有哪几种主要类型？其特点如何？你选用的是哪一种类型？理由是什么？

（2）二级圆柱齿轮减速器有哪几种类型？有何特点？如何选用？

（3）单级蜗杆减速器，蜗杆有哪几种布置方式？各有什么特点？在你的方案中是如何考虑的？

（4）二级锥-圆柱齿轮减速器传动比范围多大？对锥齿轮传动比有何限制？为什么锥齿轮常布置在高速级？

（5）蜗杆传动有何特点？在你的传动方案中选用蜗杆传动有何利弊？若不用蜗杆传动，能否用其他方案代替？试绘图说明代替方案。

（6）你所确定的传动方案有哪些特点？有何优缺点？

（7）减速器常用何种类型的轴承？你是如何选用的？

（8）在你的方案设计中减速器高速和低速端选用何种类型的联轴器？为什么？

（9）说明你所选择的电动机代号的含义，并说明为什么选用这种类型的电动机。

（10）电动机功率和转速是如何确定的？试分析电动机转速选择对传动方案的结构尺寸及经济性的影响。

(11) 你是如何分配传动装置各级传动比的？考虑有哪些原则？试从设计结果反过来分析一下你的传动比分配方案的合理性和存在的问题。若给你时间你准备如何进行改进？

(12) 在你的设计中传动功率是怎样计算的？你是根据电动机的额定功率还是电动机实际输出功率计算的？两种算法在计算结果和使用方面有何差别？

(13) 在各轴转速计算中，你是选择同步转速还是满载转速作为后续设计计算依据？在以后的传动零件设计计算中是否调整过各轴转速和各级传动比？误差为多大？

7.2.2　传动件设计计算阶段

(14) 带传动的设计准则是什么？在你的设计中是怎样体现的？

(15) 带轮直径是如何确定的？它的大小对带传动有什么影响？

(16) 为缩小带传动的径向尺寸，应从哪些参数着手修改？

(17) 你所设计的带轮选用哪一种结构类型？如何选用的？

(18) 链轮齿数是怎样选择的？齿数对传动性能、结构尺寸有何影响？

(19) 在你的设计中，是怎样确定链条节距大小的？链节数为什么一般取偶数？

(20) 链传动的主要失效形式有哪几种？设计准则是什么？在设计中是怎样体现的？

(21) 为缩小链传动的径向尺寸，应从哪些方面入手解决？

(22) 减速器的齿轮传动设计时，选用直齿或斜齿应从哪些方面考虑？你是如何选定的？

(23) 闭式齿轮传动有哪些主要失效形式？如何防止？设计准则是什么？

(24) 开式齿轮传动有哪些失效形式？设计准则是什么？设计方法步骤如何？

(25) 齿面材料软硬是怎样划分的？对闭式齿轮传动，软、硬齿面齿轮传动的失效形式有何不同？在什么情况下选用硬齿面？

(26) 你设计的齿轮传动都选用了哪些材料？为什么？大小齿轮材料是怎样搭配的？其许用应力是怎样确定的？对齿轮设计结果有何影响？

(27) 齿轮传动设计中，齿宽系数应如何选取？其值大小对齿轮设计结果有何影响？

(28) 为什么大小齿轮齿宽不同？哪个大些？设计时一对齿轮的齿面软硬应如何搭配？在你的设计中，齿轮的材料（热处理）是如何选择的？是怎样考虑的？

(29) 在设计齿轮时，可以采取哪些措施、改变哪些参数来提高齿面接触疲劳强度？

(30) 你设计的减速箱内，哪对齿轮强度较弱？而其中又以哪个齿轮最弱？如果要进行调整设计，你准备采取什么办法使各齿轮强度均衡？

(31) 计算一对齿轮的接触应力和弯曲应力时，应按哪个齿轮的转矩进行计算？其中齿宽系数应怎样计算才较为合理？为什么？

(32) 在一对齿轮传动的中心距已定的情况下，如减少齿数，可以提高齿面强度还是可以提高齿根强度？为什么？

(33) 齿轮传动中，齿数是如何选取的？取值大小对传动有何影响？最大、最小受什么限制？

(34) 齿轮传动中，模数是怎样确定的？它的大小对传动性能、结构尺寸、加工及承载能力有何影响？减速器高速级和低速级齿轮模数哪个大些？为什么？

(35) 设计齿轮时，怎样确定参数来使中心距符合标准值？你在设计中是如何处理这一问题的?

(36) 斜齿圆柱齿轮设计与直齿圆柱齿轮设计有什么不同? 采用斜齿轮对承载能力有什么影响?

(37) 斜齿轮螺旋线方向应如何确定?

(38) 对两级斜齿圆柱齿轮减速器,中间轴上两斜齿轮旋向如何确定? 螺旋角 β 应如何选取? 螺旋角 β 对传动有什么影响? 为什么在设计时要求取值较为精确?

(39) 齿轮传动设计中,所取模数的大小对齿面强度和齿根强度有什么影响?

(40) 在齿轮设计时,怎样提高轮齿的弯曲强度?

(41) 齿轮传动的参数和几何尺寸中哪些需进行标准化? 哪些要圆整? 哪些应求出精确值?

(42) 齿轮变位有什么意义? 对提高承载能力有何影响? 你设计的齿轮是哪种类型的变位传动? 是怎样确定的?

(43) 选择变位系数时应考虑哪些因素? 有哪些选择方法? 你在设计中变位系数是怎样确定的?

(44) 正角度变位传动和标准传动从齿轮传动几何尺寸计算及强度计算两方面比较有何特点?

(45) 在设计齿轮减速器时应该怎样圆整中心距? 你在设计中是怎样圆整的?

(46) 在两轴交角为 90°的锥齿轮传动中,为什么分度圆锥角不能圆整?

(47) 在锥齿轮传动的几何尺寸计算和强度计算中,以哪个模数为计算依据? 为什么?

(48) 蜗杆与蜗轮轮齿的螺旋方向是如何确定的? 蜗杆头数如何选择? 蜗杆升角与蜗轮螺旋角大小是怎样计算的?

(49) 蜗杆传动有哪些主要失效形式? 进行蜗杆传动承载能力计算时,为什么只考虑蜗轮? 蜗杆的强度如何考虑? 在什么情况下,需进行蜗杆刚度计算?

(50) 在蜗杆传动设计时,为什么要进行接触疲劳强度计算? 许用应力是怎样确定的?

(51) 蜗轮齿数是怎样确定的? 受什么限制?

(52) 蜗杆传动的材料应怎样选择? 你选用了什么材料? 是如何考虑的?

7.2.3　装配草图设计阶段

(53) 在轴的设计中,你根据哪个公式初步估算直径? 初估的直径是指轴的哪个部位?

(54) 按扭矩估算转轴轴径时,如何考虑弯曲应力的影响? 初估轴径尺寸与联轴器的孔径尺寸应如何协调一致?

(55) 轴的结构设计要考虑哪些问题? 以你设计的减速器中一根轴为例说明轴上零件的定位和固定问题,并说明各段轴直径是如何确定的?

(56) 试以你所设计的一根轴系为例,说明轴系和轴上零件的装拆过程。结构设计中如何使轴上零件便于装拆?

(57) 轴系是如何在箱体中定位和固定的? 试以你所设计的一个轴系为例,说明所选定位、固定方式,并说明其优缺点。

(58) 你所设计的轴系中,轴向力是如何从传动件传到机座上的? 轴向力(若有的话)由哪个支承承受? 若电动机反转,轴向力又是怎样传到机座上的? 这时对轴和轴承计算有无影响？

（59）分析你所选用的齿轮结构型式,小齿轮在什么情况下采用齿轮轴结构？

（60）在轴系支承结构方案中:① 两端固定;② 一端固定,另一端游动。试比较这两种方案的结构特点,你在设计中采用哪种结构方案？试说明选择的依据。

（61）在你设计的轴系结构中,如何保证轴在受热伸长的情况下仍能正常工作？

（62）在轴承组合设计中,你是如何考虑游隙调整问题的？

（63）试分析小锥齿轮轴系结构中,向心推力轴承的正装和反装两种结构方案各有何特点？你是怎样选定的(从轴的强度、轴承寿命、支承刚性、组合结构、装拆等方面分析)？

（64）你所设计的小锥齿轮轴系结构中,轴是怎样定位的？锥齿轮的啮合间隙和正确啮合位置是如何保证的？轴承间隙是否需要调整？如何调整？轴系零件是怎样装配的？

（65）试分析减速器轴承用油润滑和脂润滑在结构上有何不同？挡油环和封油环有何作用？润滑油是怎样进入轴承的？润滑脂是如何充填的？

（66）结合你所设计的蜗杆轴系说明零件的装拆、定位、固定、轴承的润滑和密封等问题。

（67）在你的蜗杆传动的轴系设计中,采取了哪些措施来保证蜗杆和蜗轮的正确啮合？

（68）你设计的轴承选用何种精度？轴承与相关零件(轴、轴承座孔)配合性质是怎样确定的？所选各配合的松紧程度如何？应怎样装配和拆卸？

（69）为进行轴的弯曲强度计算,需要确定轴上力作用点距离、轴的跨距等横向尺寸,你是怎样确定的？

（70）减速器中的轴按弯扭合成强度计算时,计算应力是如何确定？许用应力按哪种应力循环性质选取？

（71）为什么要进行轴的安全系数校核？设计过程中应在何时进行？危险剖面应如何选取？若安全系数不够,应从哪些方面考虑修改？

（72）你选用的键可能有哪些失效形式？怎样进行强度校核？若强度不足时,可采取哪些措施？

（73）使用一个平键强度不足时,应如何解决？应如何布置？强度计算有何特点？

（74）在键连接的强度校核中,许用应力是如何选取的？

（75）你的滚动轴承型号是如何确定的？轴承寿命是怎样计算的？说明你所设计的各轴承计算寿命。各轴承的计算寿命与其实际寿命应该保持什么样关系？

（76）滚动轴承有哪些主要失效形式？为什么要进行轴承的寿命计算、静载荷计算及转速校验,是分别针对哪种失效形式的？你是否进行了静载荷计算？为什么？

（77）你所设计的轴承当量动载荷与基本额定动载荷是如何确定的？举例说明向心推力轴承的轴向载荷是如何计算的。

（78）你的联轴器型号是怎样选择的？进行了哪些计算？

（79）减速器箱体壁厚是怎样确定的？为什么要大于某一最小数值？

（80）减速器箱体内壁到传动件的距离是如何确定的？受哪些因素影响？

（81）减速器的分箱面凸缘宽度是如何确定的？

（82）减速器中轴承两侧连接螺栓的长度是怎样确定的？

（83）减速器箱体轴承孔的宽度是如何确定的？这个尺寸与轴承固定、润滑、密封及箱体连接螺栓的结构尺寸有何关系？

（84）减速器箱体采用什么材料？毛坯是怎样制造的？若采用铸造,在结构设计时,你是怎样考虑铸造加工工艺的？

（85）减速器箱体的哪些部位需要密封？如何保证密封性能？在箱体剖分面处应怎样保证密封？加垫片是否合适？

（86）在轴承透盖处的密封有哪几种类型？各有何特点？你是如何选择的？

（87）箱体各表面是如何进行切削加工的？你在设计中是如何考虑减少箱体的切削加工量的？

（88）减速器箱体上的轴承座孔是如何加工的？怎样保证其同轴度？

（89）箱体上的螺栓孔周围为什么要设计鱼眼坑或凸台？它们是怎样加工的？

（90）在你的设计中,减速器中心高是怎样确定的？该尺寸与齿轮润滑及箱外传动零件（或电动机）的安装有何关系？

（91）蜗杆传动为什么要进行热平衡计算？你是怎样计算的？结果如何？若不满足热平衡条件,可采取哪些措施？

（92）在你设计的减速器中,哪些地方使用了螺纹？用的是哪一类螺纹？为什么要用这种螺纹？

（93）在你设计的减速器中采用了哪些螺纹连接件？都用了哪些防松措施？

（94）在你设计的减速器中,螺纹连接件的参数（直径和长度）是如何选取的？螺纹用的是细牙还是粗牙？为什么？

（95）轴承盖有什么作用？有哪几种型式？你是如何选用和设计的？

（96）窥视孔的作用是什么？它的尺寸大小如何确定？位置是如何确定的？

（97）通气器有何作用？如何防止灰尘进入？

（98）放油螺塞的位置如何确定？其密封性是如何保证的？

（99）你设计的减速器,需要装入多少润滑油量？过多过少有何不好？油量多少怎样检测？

（100）油标的作用是什么？你选用的是哪种类型的油标？设计时油标应放在什么位置？

（101）减速器中润滑油是如何装入的？当需要更换润滑油时,应如何排放？

（102）启盖螺钉的作用是什么？对它的头部有什么要求？

（103）定位销有何作用？是如何布置的？在箱体加工时销孔是何时加工出的？如何加工？

（104）减速器箱盖如何起吊？整体减速器又是如何起吊的？起吊用的吊环（或吊耳、吊钩）是怎样设计的？

（105）你所设计的减速器,在装配时哪些部位需要调整？如何调整？

7.2.4　完成装配图阶段

（106）装配图作用是什么？应包括哪些内容？

（107）装配图上应标注哪些尺寸？你是怎样标注的？

（108）在装配图上齿轮（或蜗轮）与轴、轴承内圈和轴承外圈与座孔的配合你是如何选择的？

（109）为什么要控制齿轮中心距尺寸精度？其误差对传动精度有何影响？该尺寸偏差是如何确定的？

（110）减速器中哪些零件需要润滑？润滑剂及润滑方式是如何选择的？润滑剂牌号如何？

（111）减速器中，滚动轴承用油脂润滑时，轴承室中润滑脂是否要填满？填多少？为什么要限制轴承室中油脂的装入量？

（112）减速器装配图中，为什么对齿轮提出侧隙要求？如何检验？数值是怎样确定的？在减速器制造过程中应控制哪些零件的什么参数的公差来保证所要求的侧隙指标？

（113）减速器在装配时，为什么要检验齿轮接触斑点？怎样检验？接触斑点指标数值是如何查取的？若不合格应如何调整？

（114）为了保证齿轮接触精度要求，在加工中应控制哪些零件、什么尺寸的何种加工误差？

（115）对照你的装配图的明细栏，说明各零件所用的材料，并小结选择材料的原则。

（116）对照你的设计，说明哪些零件是标准件？哪些是非标准件？在设计中，为什么尽量选用标准件？

（117）在减速器装配图中，你标注了哪些技术要求？各项技术要求中的数值限制是怎样的？

7.2.5 零件工作图设计阶段

（118）零件图功用是什么？应包括哪些内容？

（119）对照你所设计的轴的零件图，说明其尺寸是如何标注的？为什么尺寸链不能封闭？

（120）说明你所设计的轴的加工过程。

（121）在轴的零件图上应标注哪些几何公差？你所设计的轴零件图上，各几何公差是怎样选定的？各代号是什么含义？数据是怎样确定的？

（122）试分析说明，轴上键槽都要标注哪些尺寸公差和几何公差？公差值怎样确定？

（123）你设计的齿轮精度是如何确定的？在零件图上是怎样标注的？三个公差组精度各表示什么意义？

（124）对照你所设计的齿轮（或蜗轮）零件图，说明齿轮（或蜗轮）的尺寸是如何标注的？对哪些部位提出了尺寸公差和几何公差要求？公差数值是怎样查取的？

（125）对照图纸上啮合特性表，分析说明你所设计的齿轮（或蜗轮）的各公差组精度是通过哪些公差来保证的？这些公差是如何查取的？生产中是如何测量的？

（126）在你所设计的齿轮（或蜗轮）中，对齿轮毛坯有何公差要求？为什么提出这些要求？它们的数值是怎样确定的？

（127）为保证新设计的齿轮（或蜗轮）副的精度，在齿轮（或蜗轮）零件图中选用的检验项目有哪些？为什么？你是如何考虑的？

（128）你所设计的齿轮（或蜗轮）的接触精度是如何保证的？接触斑点位置和大小是如何检验和控制的？在装配图上提出了哪些要求？还要在箱体零件上提出哪些要求来达到接

触精度的指标？

(129) 为实现你所设计的齿轮(或蜗轮)的侧隙要求,在齿轮(或蜗轮)零件图上做了哪些标注？这些标注含义是什么？是怎么确定的？

(130) 什么是齿轮的公法线？为什么要测量齿轮的公法线？什么是公法线长度变动公差？什么是公法线平均长度极限公差？二者有何不同？它们各控制齿轮的哪个精度或要求？

(131) 对照零件图说明你设计的齿轮的加工工艺过程(包括毛坯、热处理、加工和检验)。

(132) 轴与齿轮表面的粗糙度是如何选择的？对于你所设计的零件图上不同粗糙度表面,是如何进行加工的？

(133) 在你所设计的齿轮的零件图和轴的零件图中,标注了哪些技术要求？说明标注的理由。

8 课程设计训练题目与要求

机械设计课程设计任务书

学生姓名_____ 专业班级_____ 完成日期_____ 指导教师_____

题目 A.带式输送机传动装置设计

(1) 设计条件

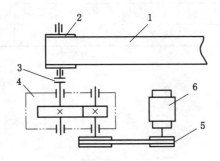

图 8-1 带式输送机

1——输送带;2——滚筒;3——联轴器;4——减速器;5——V带传动;6——电动机

① 机器功用 由输送带运送物料,如:砂石、砖、煤炭、谷物等;

② 工作情况 单向运输,载荷轻度振动,环境温度不超过 40 ℃;

③ 运动要求 输送带运动速度误差不超过 7%;

④ 使用寿命 8 年,每年 350 天,每天 8 小时;

⑤ 检修周期 一年小修,三年大修;

⑥ 生产厂型 中小型机械制造厂;

⑦ 生产批量 单件小批生产。

(2) 原始数据 见表 A

(3) 设计任务 由指导教师选定

① 设计内容 a. 电动机选型;b. 带传动设计;c. 减速器设计;d. 联轴器选型设计;e. 其他。

② 设计工作量 设计最终结果完成下列文件:a. 传动系统安装图 1 张;b. 减速器装配图 1 张;c. 零件图 2 张(具体零件由教师指定);d. 设计计算说明书 1 份。

(4) 设计要求 由指导教师选定

① 减速器中齿轮设计成 a. 直齿轮;b. 斜齿轮;c. 直齿、斜齿由设计者自定。

② 减速器中齿轮设计成 a. 变位齿轮;b. 标准齿轮;c. 变位与否设计者自定。

③ 减速器中传动件采用计算机辅助设计完成。

表 A

题 号	A1	A2	A3	A4	A5	A6	A7	A8	A9	A10
输送带拉力/kN	5	5	5	5	5	6	6	6	6	6
输送带速度/(m/s)	1.0	1.1	1.2	1.3	1.4	1.0	1.1	1.2	1.3	1.4
滚筒直径/mm	180	180	180	180	200	200	200	200	220	220
题 号	A11	A12	A13	A14	A15	A16	A17	A18	A19	A20
输送带拉力/kN	7	7	7	7	7	8	8	8	8	8
输送带速度/(m/s)	1.0	1.1	1.2	1.3	1.4	1.0	1.1	1.2	1.3	1.4
滚筒直径/mm	220	220	240	240	240	240	250	250	250	250
题 号	A21	A22	A23	A24	A25	A26	A27	A28	A29	A30
输送带拉力/kN	9	9	9	9	9	10	10	10	10	10
输送带速度/(m/s)	1.0	1.1	1.2	1.3	1.4	1.0	1.1	1.2	1.3	1.4
滚筒直径/mm	250	250	250	250	250	260	260	260	260	260

机械设计课程设计任务书

学生姓名_____ 专业班级_____ 完成日期_____ 指导教师_____

题目 **B.** 混料机传动装置设计

（1）设计条件

① 机器功用 混料机主轴上装有搅拌叶片，叶片转动使物料混合均匀；

② 工作情况 双向转动，载荷不甚平稳，有轻微振动，环境温度不超过 35 ℃；

③ 运动要求 混料机主轴转速误差不超过 7%；

④ 使用寿命 10 年，每年 300 天，每天 8 小时；

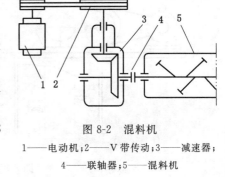

图 8-2 混料机

1——电动机；2——V 带传动；3——减速器；
4——联轴器；5——混料机

⑤ 检修周期 半年小修，二年大修；

⑥ 生产厂型 中小型机械制造厂；

⑦ 生产批量 成批生产。

（2）原始数据 见表 B

（3）设计任务 由指导教师选定

① 设计内容 a. 电动机选型；b. 带传动设计；c. 减速器设计；d. 联轴器选型设计；e. 其他。

② 设计工作量 完成下列文件：a. 传动系统安装图 1 张；b. 减速器装配图 1 张；c. 零件图 2 张（具体零件由指导教师指定）；d. 设计计算说明书 1 份。

（4）设计要求 由指导教师选定

减速器中传动件采用计算机辅助设计完成。

表 B

题 号	B1	B2	B3	B4	B5	B6	B7	B8	B9	B10
混料机主轴扭矩/N·m	160	160	160	160	160	180	180	180	180	180
混料机主轴转速/(r/min)	100	120	140	160	180	100	120	140	160	180
题 号	B11	B12	B13	B14	B15	B16	B17	B18	B19	B20
混料机主轴扭矩/N·m	200	200	200	200	200	250	250	250	250	250
混料机主轴转速/(r/min)	100	120	140	160	180	100	120	140	160	180

机械设计课程设计任务书

学生姓名_____　专业班级_____　完成日期_____　指导教师_____

题目 C. 垂直斗式提升机传动装置设计

（1）设计条件

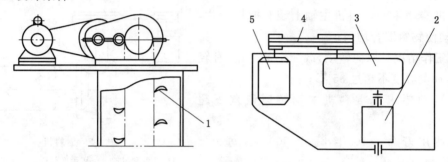

图 8-3　垂直斗式提升机

1——料斗；2——滚筒；3——减速器；4——带传动；5——电动机

① 机器功用　由料斗把散状物料提升到一定高度。散状物料包括：谷物、煤炭、水泥、砂石等。

② 工作情况　单向工作，轻度振动；

③ 运动要求　滚筒转速误差不超过 7%；

④ 使用寿命　8 年，每年 300 天，每天 16 小时；

⑤ 检修周期　半年小修，二年大修；

⑥ 生产厂型　中型机械制造厂；

⑦ 生产批量　中批生产。

（2）原始数据　见表 C。

（3）设计任务　由指导教师选定

① 设计内容　a. 电动机选型；b. 带传动设计；c. 减速器设计；d. 联轴器选型设计；e. 其他。

② 设计工作量　a. 传动系统安装图 1 张；b. 减速器装配图 1 张；c. 零件图 2 张（具体零件由指导教师指定）；d. 设计计算说明书 1 份。

（4）设计要求　由指导教师选定

① 减速器设计成　a. 二级开式减速器；b. 二级同轴式减速器；c. 行星齿轮减速器；d. 设计者选定减速器型式。

② 对所设计的减速器　a. 要有一对斜齿轮传动；b. 要有二对斜齿轮传动；c. 要有一对变位齿轮传动；d. 要有两对变位齿轮传动；e. 直齿或斜齿、变位与否设计者自定。

③ 减速器中传动件采用计算机辅助设计完成。

表 C

题　号	C1	C2	C3	C4	C5	C6	C7	C8	C9	C10
滚筒圆周力/kN	8	8	8	8	10	10	10	10	12	12
滚筒圆周速度/(m/s)	0.9	1.1	1.3	1.5	0.9	1.1	1.3	1.5	0.9	1.1
滚筒直径/mm	350	350	350	350	360	360	360	360	370	370
题　号	C11	C12	C13	C14	C15	C16	C17	C18	C19	C20
滚筒圆周力/kN	12	12	14	14	14	14	15	15	15	15
滚筒圆周速度/(m/s)	1.3	1.5	0.9	1.1	1.3	1.5	0.9	1.1	1.3	1.5
滚筒直径/mm	370	370	380	380	380	380	400	400	400	400

机械设计课程设计任务书

学生姓名_____　专业班级_____　完成日期_____　指导教师_____

题目 D.机械厂装配车间输送带传动装置设计

（1）设计条件

① 机器功用　由输送带传送机器的零、部件；

② 工作情况　单向运输、轻度振动、环境温度不超过 35 ℃；

③ 运动要求　输送带运动速度误差不超过 5 %；

④ 使用寿命　10 年，每年 350 天，每天 16 小时；

⑤ 检修周期　一年小修，二年大修；

⑥ 生产批量　单件小批生产；

⑦ 生产厂型　中型机械厂。

（2）原始数据　见表 D

（3）设计任务　由指导教师选定

① 设计内容　a. 电动机选型；b. 带传动设计；c. 减速器设计；d. 联轴器选型设计；e. 其他。

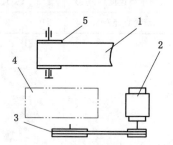

图 8-4　输送带传送机

1——输送带；2——电动机；
3——V 带传动；4——减速器；
5——主动滚筒

② 设计工作量　a. 传动系统安装图 1 张；b. 减速器装配图 1 张；c. 零件图 2 张（具体零件由指导教师指定）；d. 设计计算说明书 1 份。

（4）设计要求　由指导教师选定

① 减速器设计成　a. 展开式二级减速器；b. 同轴式二级减速器；c. 行星齿轮减速器；d. 设计者自选减速器型式。

② 对所设计的减速器　a. 要求有一对斜齿轮传动；b. 要求有两对斜齿轮传动；c. 要求有一对变位齿轮传动；d. 要求有两对变位齿轮传动；e. 直齿或斜齿、变位与否设计者自定。

③ 减速器中传动件采用计算机辅助设计完成。

表 D

题　号	D1	D2	D3	D4	D5	D6	D7	D8	D9	D10
主动滚筒扭矩/N·m	1000	1000	1000	1000	1100	1100	1100	1100	1200	1200
主动滚筒速度/(m/s)	0.6	0.7	0.8	0.9	0.6	0.7	0.8	0.9	0.6	0.7
主动滚筒直径/mm	300	300	300	300	320	320	320	320	340	340
题　号	D11	D12	D13	D14	D15	D16	D17	D18	D19	D20
主动滚筒扭矩/N·m	1200	1200	1300	1300	1300	1300	1500	1500	1500	1500
主动滚筒速度/(m/s)	0.8	0.9	0.6	0.7	0.8	0.9	0.6	0.7	0.8	0.9
主动滚筒直径/mm	340	340	360	360	360	360	380	380	380	380

机械设计课程设计任务书

学生姓名_____　专业班级_____　完成日期_____　指导教师_____

题目E.悬挂式输送机传动装置设计

（1）设计条件

①　机器功用　通用生产线中传送半成品、成品用，被运送物品悬挂在输送链上；

②　工作情况　单向连续运输，轻度振动；

③　运动要求　输送链速度误差不超过5%；

④　使用寿命　8年，每年350天，每天16小时；

⑤　检修周期　一年小修，三年大修；

⑥　生产批量　中批生产；

⑦　生产厂型　中、大型通用机械厂。

（2）原始数据　见表E

（3）设计任务　由指导教师选定

①　设计内容　a.电动机选型；b.链传动设计；c.减速器设计；d.联轴器选型设计；e.其他。

②　设计工作量　a.传动系统安装图1张；b.减速器装配图1张；c.零件图2张（具体零件由指导教师指定）；d.设计计算说明书1份。

（4）设计要求　由指导教师选定

①　减速器设计成　a.展开式二级减速器；b.同轴式二级减速器；c.行星齿轮减速器；d.单级圆柱或锥齿轮减速器；e.设计者自选减速器的型式。

②　对所设计的减速器　a.要有一对斜齿轮；b.要有两对斜齿轮；c.要有一对变位齿轮；d.要有两对变位齿轮；e.变位与否、直齿或斜齿由设计者自定。

③　减速器中传动件采用计算机辅助设计完成。

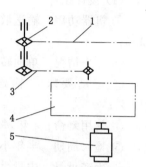

图8-5　悬挂式输送机

1——输送链；2——主动星轮；

3——链传动；4——减速器；

5——电动机

表E

题　号	E1	E2	E3	E4	E5	E6	E7	E8	E9	E10
主动星轮圆周力/kN	6	6	6	6	8	8	8	8	8	10
主动星轮速度/(m/s)	0.9	1.0	1.1	0.9	1.0	1.1	0.9	1.0	1.1	0.9
主动星轮齿数	7	9	11	7	9	11	7	9	11	7
主动星轮节距/mm	80	80	80	80	80	86	86	86	86	86
题　号	E11	E12	E13	E14	E15	E16	E17	E18	E19	E20
主动星轮圆周力/kN	10	10	12	12	12	12	14	14	16	16
主动星轮速度/(m/s)	1.0	1.1	0.8	0.9	1.0	0.8	0.9	1.0	0.8	0.9
主动星轮齿数	9	11	7	9	11	7	9	11	7	9
主动星轮节距/mm	92	92	92	92	92	100	100	100	100	100

机械设计课程设计任务书

学生姓名＿＿＿＿ 专业班级＿＿＿＿ 完成日期＿＿＿＿ 指导教师＿＿＿＿

题目 F. 螺旋输送机传动装置设计

（1）设计条件

① 机器功用 输送散装物料,如砂、灰、谷物、煤粉等;

② 工作情况 单向转动,连续工作,工作平稳;

③ 运动要求 输送机主轴转速误差不超过 7%;

④ 使用寿命 5 年,每年 300 天,每天 8 小时;

⑤ 检修周期 半年小修,二年大修;

⑥ 生产批量 中批生产;

⑦ 生产厂型 中、小型机械制造厂;

⑧ 生产批量 成批生产。

（2）原始数据 见表 F

（3）设计任务 由指导教师选定

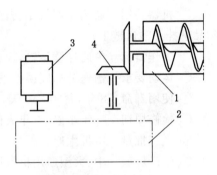

图 8-6 螺旋输送机
1——螺旋输送机;2——减速器;
3——电动机;4——开式齿轮传动

① 设计内容 a. 电动机选型;b. 传动件设计;c. 减速器设计;d. 联轴器选型设计;e. 其他。

② 设计工作量 a. 传动系统安装图 1 张;b. 减速器装配图 1 张;c. 零件图 2 张(具体零件由指导教师指定);d. 设计计算说明书 1 份。

（4）设计要求 由指导教师选定

① 减速器设计成 a. 展开式二级减速器;b. 同轴式二级减速器;c. 行星齿轮减速器;d. 蜗杆减速器;e. 单级减速器(圆锥或圆柱齿轮);f. 由设计者选定减速器型式。

② 设计时,减速器中齿轮 a. 要有一对斜齿轮;b. 要有两对斜齿轮;c. 至少要有一对变位齿轮;d. 变位与否、直齿或斜齿由设计者确定。

③ 对开式锥齿轮传动 a. 要做齿轮传动设计计算;b. 对主动齿轮轴系要进行结构设计。

④ 减速器中传动件采用计算机辅助设计完成。

表 F

题 号	F1	F2	F3	F4	F5	F6	F7	F8	F9	F10
输送机主轴功率/kW	8	8	8	8	9	9	9	9	10	10
输送机主轴转速/(r/min)	90	100	110	120	90	100	110	120	90	100
题 号	F11	F12	F13	F14	F15	F16	F17	F18	F19	F20
输送机主轴功率/kW	10	10	12	12	12	12	14	14	14	14
输送机主轴转速/(r/min)	110	120	90	100	110	120	90	100	110	120

机械设计课程设计任务书

学生姓名＿＿＿＿＿　专业班级＿＿＿＿＿　完成日期＿＿＿＿＿　指导教师＿＿＿＿＿

题目 G. 矿用链板输送机传动装置设计

（1）设计条件

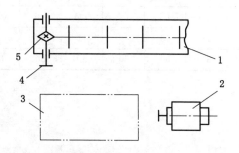

图 8-7　链板运输机

1——链板运输机；2——电动机；3——减速器；4——运输机主轴；5——运输机主动星轮

① 机器功用　井下煤矿运输；

② 工作情况　单向运输，中等冲击；

③ 运动要求　链板输送机运动误差不超过 7%；

④ 工作能力　储备余量 15%；

⑤ 使用寿命　10 年，每年 300 天，每天 8 小时；

⑥ 检修周期　半年小修，一年大修；

⑦ 生产批量　小批量生产；

⑧ 生产厂型　矿务局中心机厂、中型机械厂。

（2）原始数据　见表 G

（3）设计任务　由指导教师选定

① 设计内容　a. 电动机选型；b. 传动件设计；c. 减速器设计；d. 联轴器选型设计；e. 其他。

② 设计工作量　a. 传动系统安装图 1 张；b. 减速器装配图 1 张；c. 零件图 2 张（具体零件由指导教师指定）；d. 设计计算说明书 1 份。

（4）设计要求　由指导教师选定

① 传动系统设计成　a. 二级锥-圆柱齿轮减速器加一级挠性传动；b. 蜗杆减速器；c. 蜗杆减速器加一级挠性传动；d. 齿轮-蜗杆减速器；e. 二级锥-圆柱齿轮减速器；f. 设计者自定的传动型式。

② 对所设计的减速器　a. 至少要有一对斜齿轮传动；b. 至少要有一对变位齿轮传动；c. 直齿或斜齿、变位与否由设计者自定。

③ 减速器中传动件采用计算机辅助设计完成。

表 G

题 号	G1	G2	G3	G4	G5	G6	G7	G8	G9	G10
运输机链条拉力/kN	16	16	16	18	18	18	24	24	24	26
运输机链条速度/(m/s)	0.5	0.6	0.7	0.5	0.6	0.7	0.5	0.6	0.7	0.5
主动星轮齿数	9	11	13	9	11	13	9	11	13	9
主动星轮节距/mm	50	50	50	50	50	50	64	64	64	64
题 号	G11	G12	G13	G14	G15	G16	G17	G18	G19	G20
运输机链条拉力/kN	16	16	16	18	18	18	24	24	24	26
运输机链条速度/(m/s)	0.5	0.6	0.7	0.5	0.6	0.7	0.5	0.6	0.7	0.5
主动星轮齿数	9	11	13	9	11	13	9	11	13	9
主动星轮节距/mm	50	50	50	50	50	50	64	64	64	64

机械设计课程设计任务书

学生姓名_____ 专业班级_____ 完成日期_____ 指导教师_____

题目 H. 塔式起重机行走部减速装置设计

（1）设计条件

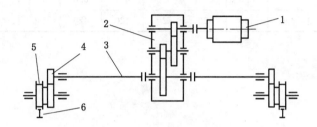

图 8-8 塔式起重机行走部
1——电动机；2——减速器；3——传动轴；4——齿轮传动；5——车轮；6——轨道

① 机器功用 塔式起重机有较大工作空间，用于高层建筑施工和安装工程起吊物料用，起重机可在专用钢轨上水平行走；

② 工作情况 减速装置可以正反转，载荷平稳，环境温度不超过 40 ℃；

③ 运动要求 运动速度误差不超过 5％；

④ 工作能力 启动系数 k_d＝1.3～1.6；

⑤ 使用寿命 忙闲程度中等，工作类型中等，传动零件工作总时数 10^4 小时，滚动轴承寿命 4 000 小时；

⑥ 检修周期 500 小时小修，2 000 小时大修；

⑦ 生产批量 单件小批量生产；

⑧ 生产厂型 中型机械制造厂。

（2）原始数据 见表 H

（3）设计任务 由指导教师选定

① 设计内容 a. 电动机选型；b. 减速器设计；c. 开式齿轮传动设计；d. 传动轴设计；e. 联轴器选型设计；f. 车轮及其轴系结构设计。

② 设计工作量 a. 传动系统安装图 1 张；b. 减速器装配图 1 张；c. 零件图 2 张（具体零件由指导教师指定）；d. 设计计算说明书 1 份。

（4）设计要求 由指导教师选定

① 减速器中齿轮设计成 a. 直齿轮；b. 斜齿轮；c. 直齿、斜齿设计者自定；

② 减速器中齿轮设计成 a. 变位齿轮；b. 标准齿轮；c. 变位与否由设计者自定。

③ 减速器中传动件采用计算机辅助设计完成。

表 H

题　号	H1	H2	H3	H4	H5	H6	H7	H8	H9	H10
运行阻力/kN	2.0	2.0	2.0	2.0	2.4	2.4	2.4	2.4	2.6	2.6
运行速度/(m/s)	0.5	0.6	0.7	0.8	0.5	0.6	0.7	0.8	0.5	0.6
车轮直径/mm	350	350	350	350	380	380	380	380	400	400
题　号	H11	H12	H13	H14	H15	H16	H17	H18	H19	H20
运行阻力/kN	2.4	2.4	2.6	2.6	2.6	2.6	2.8	2.8	2.8	2.8
运行速度/(m/s)	0.7	0.8	0.5	0.6	0.7	0.8	0.5	0.6	0.7	0.8
车轮直径/mm	400	400	420	420	420	420	450	450	450	450

机械设计课程设计任务书

学生姓名_____ 专业班级_____ 完成日期_____ 指导教师_____

题目 I.矿用耙斗装岩设备传动装置设计

(1) 设计条件

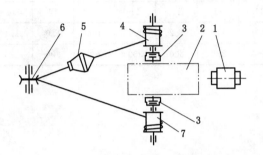

图 8-9 矿用耙斗装岩设备

1——电动机;2——减速器;3——离合器;4——主动滚筒;
5——耙斗;6——换向滑轮;7——返回滚筒

① 机器功用 将开采的散块岩石用耙斗装到运输机上;

② 工作情况 通过离合器控制耙斗的工作和返回,工作中载荷不均,有中等冲击;

③ 运动要求 耙斗运动速度误差不超过 7%;

④ 工作能力 储备余量 15%;

⑤ 使用寿命 8 年,每年 300 天,每天 8 小时,主动滚筒、返回滚筒定期交换;

⑥ 检修周期 半年小修,二年大修;

⑦ 生产批量 单件、小批量生产;

⑧ 生产厂型 中型机械厂。

(2) 原始数据 见表 I

(3) 设计任务 由指导教师选定

① 设计内容 a. 电动机选型;b. 传动件设计;c. 减速器设计;d. 离合器选型设计;e. 滚筒轴系设计;f. 滚筒设计;g. 其他。

② 设计工作量 a. 传动系统安装图 1 张;b. 减速器装配图 1 张;c. 零件图 2 张(具体零件由指导教师指定);d. 设计计算说明书 1 份。

(4) 设计要求 由指导教师选定

① 减速器设计成 a. 圆锥-圆柱齿轮减速器;b. 蜗杆减速器;c. 锥齿轮-蜗杆传动减速器;d. 单级锥齿轮减速器;e. 由设计者选定的减速器。

② 设计时,减速器中 a. 要有一对变位齿轮;b. 要有两对变位齿轮;c. 要有一对斜齿轮;d. 若包括蜗杆传动,设计成阿基米德蜗杆;e. 若包括蜗杆传动,设计成圆弧齿圆柱蜗杆。

③ 减速器中传动件采用计算机辅助设计完成。

表 I

题 号	I1	I2	I3	I4	I5	I6	I7	I8	I9	I10
主滚筒工作拉力/kN	8	8	8	8	8	9	9	9	9	9
主滚筒圆周速度/(m/s)	1.0	1.1	1.2	1.3	1.4	1.0	1.1	1.2	1.3	1.4
主滚筒工作直径/mm	240	240	240	240	260	260	260	260	280	280
题 号	I11	I12	I13	I14	I15	I16	I17	1I8	I19	I20
主滚筒工作拉力/kN	11	11	11	11	11	14	14	14	14	14
主滚筒圆周速度/(m/s)	1.0	1.1	1.2	1.3	1.4	1.0	1.1	1.2	1.3	1.4
主滚筒工作直径/mm	280	280	300	300	300	300	320	320	320	320

机械设计课程设计任务书

学生姓名_____　专业班级_____　完成日期_____　指导教师_____

题目 J.矿用回柱绞车传动装置设计

（1）设计条件

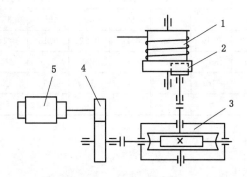

图 8-10　矿用回柱绞车

1——绞车绳筒；2——内齿轮传动；3——蜗杆减速器；4——齿轮传动；5——电动机

① 机器功用　煤矿井下回收支柱用的慢速绞车；

② 工作情况　工作平稳，间歇工作（工作与停歇时间比为 1∶2），绳筒转向定期变换；

③ 运动要求　绞车绳筒转速误差不超过 8%；

④ 工作能力　储备余量 10%；

⑤ 使用寿命　10 年，每年 350 天，每天 8 小时；

⑥ 检修周期　一年小修，五年大修；

⑦ 生产批量　小批生产；

⑧ 生产厂型　中型机械厂。

（2）原始数据　见表 J

（3）设计任务　由指导教师选定

① 设计内容　a. 电动机选型；b. 开式齿轮设计；c. 减速器设计；d. 联轴器选型设计；e. 滚筒轴系设计；f. 其他。

② 设计工作量　a. 传动系统安装图 1 张；b. 减速器装配图 1 张；c. 零件图 2 张（具体零件由指导教师指定）；d. 设计计算说明书 1 份。

（4）设计要求　由指导教师选定

① 蜗杆减速器设计成　a. 阿基米德蜗杆减速器；b. 圆弧齿圆柱蜗杆减速器；c. 设计者自定的型式。

② 第一级开式齿轮与蜗杆传动合并设计成齿轮-蜗杆减速器。

③ 减速器中传动件采用计算机辅助设计完成。

表 J

题　号	J1	J2	J3	J4	J5	J6	J7	J8	J9	J10
钢绳牵引力/kN	50	50	50	50	50	55	55	55	55	55
钢绳最大速度/(m/s)	0.13	0.15	0.18	0.20	0.22	0.13	0.15	0.18	0.20	0.22
绳筒直径/mm	250	250	250	250	250	280	280	280	280	280
钢绳直径/mm	15	15	15	15	15	15	15	15	15	15
最大缠绕层数	4	5	5	6	6	4	5	5	6	6
题　号	J11	J12	J13	J14	J15	J16	J17	J18	J19	J20
钢绳牵引力/kN	60	60	60	60	60	66	66	66	66	66
钢绳最大速度/(m/s)	0.13	0.15	0.18	0.20	0.22	0.13	0.15	0.18	0.20	0.22
绳筒直径/mm	300	300	300	300	300	320	320	320	320	320
钢绳直径/mm	16	16	16	16	16	16	16	16	16	16
最大缠绕层数	4	5	5	6	6	4	5	5	6	6

注:绳筒容绳量 120 m。

第 三 篇

机械设计资料

9 常用设计数据

9.1 常用数据

9.1.1 机械传动和轴承的效率

表 9-1   机械传动和轴承的效率概略值

种 类		效率 η	种 类		效率 η
圆柱齿轮传动	很好跑合的 6 级精度和 7 级精度齿轮传动(油润滑)	0.98~0.99	丝杆传动	滑动丝杆	0.30~0.60
	8 级精度的一般齿轮传动(油润滑)	0.97		滚动丝杆	0.85~0.95
	9 级精度的齿轮传动(油润滑)	0.96	复滑轮组	滑动轴承($i=2\sim6$)	0.90~0.98
	加工齿的开式齿轮传动(脂润滑)	0.94~0.96		滚动轴承($i=2\sim6$)	0.95~0.99
	铸造齿的开式齿轮传动	0.90~0.93	联轴器	浮动联轴器(十字沟槽联轴器)	0.97~0.99
圆锥齿轮传动	很好跑合的 6 级和 7 级精度的齿轮传动(油润滑)	0.97~0.98		齿式联轴器	0.99
	8 级精度的一般齿轮传动(油润滑)	0.94~0.97		挠性联轴器	0.99~0.995
	加工齿的开式齿轮传动(脂润滑)	0.92~0.95		万向联轴器($\alpha\leqslant3°$)	0.97~0.98
	铸造齿的开式齿轮传动	0.88~0.92		万向联轴器($\alpha>3°$)	0.95~0.97
蜗杆传动	自锁蜗杆(油润滑)	0.40~0.45		梅花形弹性联轴器	0.97~0.98
	单头蜗杆(油润滑)	0.70~0.75	滑动轴承	润滑不良	0.94(一对)
	双头蜗杆(油润滑)	0.75~0.82		润滑正常	0.97(一对)
	三头和四头蜗杆(油润滑)	0.80~0.92		润滑特好(压力润滑)	0.98(一对)
	圆弧面蜗杆传动(油润滑)	0.85~0.95		液体摩擦	0.99(一对)
带传动	平带无压紧轮的开式传动	0.98	滚动轴承	球轴承(稀油润滑)	0.99(一对)
	平带有压紧轮的开式传动	0.97		滚子轴承(稀油润滑)	0.98(一对)
	平带交叉传动	0.90		油池内油的飞溅和密封摩擦	0.95~0.99
	V 带传动	0.96	减(变)速器[1]	单级圆柱齿轮减速器	0.97~0.98
	同步齿形带传动	0.96~0.98		双级圆柱齿轮减速器	0.95~0.96
链传动	焊接链	0.93		单级行星圆柱齿轮减速器(NGW 类型负号机构)	0.95~0.98
	片式关节链	0.95		单级圆锥齿轮减速器	0.95~0.96
	滚子链	0.96		双级圆锥-圆柱齿轮减速器	0.94~0.95
	齿形链	0.97		无级变速器	0.92~0.95
摩擦传动	平摩擦传动	0.85~0.92		摆线-针轮减速器	0.90~0.97
	槽摩擦传动	0.88~0.90		轧机人字齿轮座(滑动轴承)	0.93~0.95
	卷绳轮	0.95		轧机人字齿轮座(滚动轴承)	0.94~0.96
卷筒		0.96		轧机主减速器(包括主接手和电机接手)	0.93~0.96

注:[1] 滚动轴承的损耗考虑在内。

9.1.2 常用传动型式的性能

表 9-2　　　　　　　　　　　常用传动型式的性能

性能指标＼传动型式	V带传动	同步齿形带传动	链传动	阿基米德蜗杆传动（ZA闭式）	圆弧圆柱蜗杆传动（ZC）	齿轮传动	NGW型传动
传动功率/kW	中(≤100)	中(≤100)	中(≤100)	偏小(≤50)	中(≤100)	大(达50 000)	大(达50 000)
常用单级传动比（最大值）	2～4(15)	≤10(20)	2～5(10)	10～40(80)	8～50(80)	圆柱 3～5(10)　锥 2～3(6～10)	3～9
容许速度/(m/s)	≤25～30	≤40	≤10	15～35	15～35	直齿≤18　6级非直齿≤36　5级非直齿≤100	基本同齿轮传动
工作平稳性	好	好	较差	较好	较好	一般	一般
缓冲吸振能力	好	好	中等	差	差	差	差

9.1.3 锥度与锥角系列

表 9-3　　　　　　　　一般用途圆锥的锥度与锥角（摘自 GB/T 157—2001）

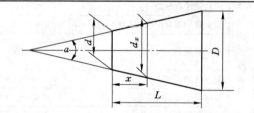

$$C = \frac{D-d}{L}$$

$$C = 2\tan\frac{\alpha}{2} = 1 : \frac{1}{2}\cot\frac{\alpha}{2}$$

d_x——给定截面圆锥直径

基本值		推算值		备注
系列1	系列2	圆锥角 α	锥度 C	
120°	—	—	1:0.288 675	螺纹孔内倒角,填料盒内填料的锥度
90°	—	—	1:0.500 000	沉头螺钉头,螺纹倒角,轴的倒角
	75°	—	1:0.651 613	沉头带榫螺栓的螺栓头
60°	—	—	1:0.866 025	车床顶尖,中心孔
45°	—	—	1:1.207 107	用于轻型螺旋管接口的锥形密合
30°	—	—	1:1.866 025	摩擦离合器
1:3	18°55′28.7″	18.924 644°	—	具有极限扭矩的摩擦圆锥离合器
	1:4	14°15′0.1″	14.250 033°	—
1:5	11°25′16.3″	11.421 186°	—	易拆零件的锥形连接,锥形摩擦离合器
	1:6	9°31′38.2″	9.527 283°	—
	1:7	8°10′16.4″	8.171 234°	—	重型机床顶尖,旋塞
	1:8	7°9′9.6″	7.152 669°	—	联轴器和轴的圆锥面连接
1:10	5°43′29.3″	5.724 810°	—	受轴向力及横向力的锥形零件的接合面,电动机及其他机械的锥形轴端
	1:12	4°46′18.8″	4.771 888°	—	固定球及滚子轴承的衬套
	1:15	3°49′5.9″	3.818 305°	—	受轴向力的锥形零件的接合面,活塞与其杆的连接
1:20	2°51′51.1″	2.864 192°	—	机床主轴的锥度,刀具尾柄,公制锥度铰刀,圆锥螺栓

基 本 值		推 算 值			备　注
系列 1	系列 2	圆锥角 α		锥度 C	
1:30		1°54′34.9″	1.909 682°	—	装柄的铰刀及扩孔钻
1:50		1°8′45.2″	1.145 877°	—	圆锥销,定位销,圆锥销孔的铰刀
1:100		0°34′22.6″	0.572 953°	—	承受陡振及静、变载荷的不需拆开的连接零件,楔键
1:200		0°17′11.3″	0.286 478°	—	承受陡振及冲击变载荷的需拆开的连接零件,圆锥螺栓
1:500		0°6′52.5″	0.114 591°	—	—

注:优先选用系列 1,当不能满足需要时选用系列 2。

9.2　一般标准和规范

9.2.1　中心孔

表 9-4　　　　　　　　　60°中心孔(摘自 GB/T 145—2001)　　　　　　　　　mm

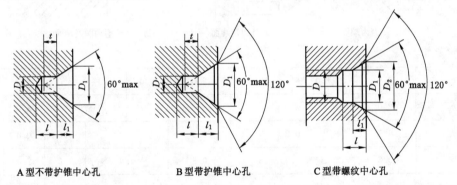

A 型不带护锥中心孔　　　　　　　　B 型带护锥中心孔　　　　　　　　C 型带螺纹中心孔

A、B 型						C 型				选择中心孔参考数据		
	A 型			B 型						原料端部	轴状原料	工件最大
D	D_1	参考		D_1	参考		D	D_1	D_2	l	参考	最小直径	最大直径	质量 t
		l_1	t		l_1	t					l_1	D_0	D_c	
2	4.25	1.95	1.8	6.3	2.54	1.8						8	>10~18	0.12
2.5	5.30	2.42	2.2	8.0	3.20	2.2						10	>18~30	0.2
3.15	6.70	3.07	2.8	10.0	4.03	2.8	M3	3.2	5.8	2.6	1.8	12	>30~50	0.5
4	8.50	3.90	3.5	12.5	5.05	3.5	M4	4.3	7.4	3.2	2.1	15	>50~80	0.8
(5)	10.60	4.85	4.4	16.0	6.41	4.4	M5	5.3	8.8	4.0	2.4	20	>80~120	1
6.3	13.20	5.98	5.5	18.0	7.36	5.5	M6	6.4	10.5	5.0	2.8	25	>120~180	1.5
(8)	17.00	7.79	7.0	22.4	9.36	7.0	M8	8.4	13.2	6.0	3.3	30	>180~220	2
10	21.20	9.70	8.7	28.0	11.66	8.7	M10	10.5	16.3	7.5	3.8	35	>180~220	2.5

注:(1) A 型与 B 型中心孔的尺寸 l 取决于中心钻的长度,此值不应小于 t 值。

(2) 括号内的尺寸尽量不采用。

(3)"选择中心孔参考数据"不属于 GB/T 145—2001 中内容,仅供参考。

9.2.2 砂轮越程槽

表 9-5 **砂轮越程槽（摘自 GB/T 6403.5—2008）** mm

回转面及端面砂轮越程槽的形式及尺寸

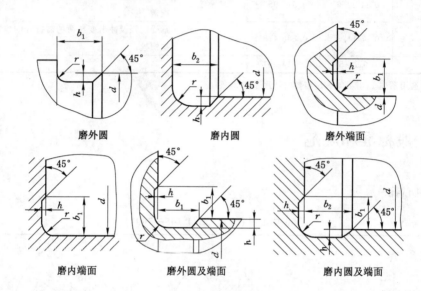

磨外圆　　　　　磨内圆　　　　　磨外端面

磨内端面　　　磨外圆及端面　　　磨内圆及端面

b_1	0.6	1.0	1.6	2.0	3.0	4.0	5.0	8.0	10
b_2	2.0	3.0		4.0		5.0		8.0	10
h	0.1	0.2		0.3		0.4	0.6	0.8	1.2
r	0.2	0.5		0.8		1.0	1.6	2.0	3.0
d	<10			>10～50		>50～100		>100	

平面砂轮及 V 形砂轮越程槽

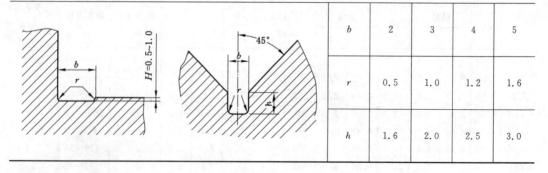

b	2	3	4	5
r	0.5	1.0	1.2	1.6
h	1.6	2.0	2.5	3.0

9.2.3 零件倒圆与倒角

表 9-6   **零件倒圆与倒角(摘自 GB/T 6403.4—2008)**   mm

倒圆、倒角形式	倒圆、倒角(45°)的装配形式

倒圆、倒角尺寸

R 或 C	0.1	0.2	0.3	0.4	0.5	0.6	0.8	1.0	1.2	1.6	2.0	2.5	3.0
	4.0	5.0	6.0	8.0	10	12	16	20	25	32	40	50	—

与直径 φ 相应的倒角 C、倒圆 R 的推荐值

φ	<3	>3 ~6	>6 ~10	>10 ~18	>18 ~30	>30 ~50	>50 ~80	>80 ~120	>120 ~180	>180 ~250	>250 ~320	>320 ~400	>400 ~500	>500 ~630	>630 ~800	>800 ~1 000	>1 000 ~1 250	>1 250 ~1 600
C 或 R	0.2	0.4	0.6	0.8	1.0	1.6	2.0	2.5	3.0	4.0	5.0	6.0	8.0	10	12	16	20	25

内角倒角、外角倒圆时 C_{max} 与 R_1 的关系

R_1	0.1	0.2	0.3	0.4	0.5	0.6	0.8	1.0	1.2	1.6	2.0	2.5	3.0	4.0	5.0	6.0	8.0	10	12	16	20	25
$C_{max}(C<0.58R_1)$	—		0.1		0.2		0.3	0.4	0.5	0.6	0.8	1.0	1.2	1.6	2.0	2.5	3.0	4.0	5.0	6.0	8.0	10	12

注:α 一般采用45°,也可以采用30°或60°。

9.2.4 圆形零件自由表面过渡圆角半径和静配合连接轴用倒角

表 9-7   **圆形零件自由表面过渡圆角半径和静配合连接轴用倒角**   mm

圆角半径		$D-d$	2	5	8	10	15	20	25	30	35	40	50	55	65	70	90	100
		R	1	2	3	4	5	8	10	12	12	16	16	20	20	25	25	30
		$D-d$	130	140	170	180	220	230	290	300	360	370	450	460	540	550	650	660
		R	30	40	40	50	50	60	60	80	80	100	100	125	125	160	160	200
静配合连接轴倒角		D	≤10	>10~8		>18 ~30	>30 ~50	>50 ~80	>80 ~120		>120 ~180		>180 ~260		>260 ~360		>360 ~500	
		a	1	1.5		2	3	5	5		8		10		10		12	
		C	0.5	1		1.5	2	2.5	3		4		5		6		8	
		α		30°					10°									

注:尺寸 $D-d$ 是表中数值的中间值时,则按较小尺寸来选取 R。例如 $D-d=98$ mm,则按 90 选 $R=25$ mm。

9.3　铸件设计规范

表 9-8 铸件最小壁厚(不小于) mm

铸造方法	铸件尺寸	铸钢	灰铸铁	球墨铸铁	可锻铸铁	铝合金	镁合金	铜合金
砂型	＜200×200	8	6	6	5	3	—	3～5
	＞200×200～500×500	10～12	6～10	12	8	4	3	6～8
	＞500×500	15～20	15～20	—	—	6	—	—
金属型	＜70×70	5	4	—	2.5～3.5	2～3	—	3
	＞70×70～150×150	—	5	—	3.5～4.5	4	2.5	4～5
	＞150×150	10	6	—	—	5	—	6～8

注:(1) 一般铸件条件下,各种灰铸铁的最小允许壁厚 δ(mm)。

HT100,HT150,$\delta=4\sim6$;HT200,$\delta=6\sim8$;HT250,$\delta=8\sim15$;HT300,HT350,$\delta=15$;HT400,$\delta\geqslant20$。

(2) 如有特殊需要,在改善铸造条件下,灰铸铁最小壁厚可达 3 mm,可锻铸铁可小于 3 mm。

表 9-9 外壁、内壁与肋的厚度 mm

零件质量 /kg	零件最大外形尺寸 mm	外壁厚度	内壁厚度	肋的厚度	零件举例
～5	300	7	6	5	盖,拨叉,杠杆,端盖,轴套
6～10	500	8	7	5	盖,门,轴套,挡板,支架,箱体
11～60	750	10	8	6	盖,箱体,罩,电动机支架,溜板箱体,支架,托架,门
61～100	1 250	12	10	8	盖,箱体,镗模架,液压缸体,支架,溜板箱体
101～500	1 700	14	12	8	油盘,盖,床鞍箱体,带轮,镗模架
501～800	2 500	16	14	10	镗模架,箱体,床身,缘盖,滑座
801～1 200	3 000	18	16	12	小立柱,箱体,滑座,床身,床鞍,油盘

9.4 铸造斜度

表 9-10 铸造斜度及过渡斜度

铸造斜度(摘自 JB/ZQ 4257—1997)				铸造过渡斜度(摘自 JB/ZQ 4254—2006)				

铸造斜度部分：

斜度 $b:h$	角度 β	使用范围
1:5	11°30′	$h<25$ mm 的钢和铁铸件
1:10 1:20	5°30′ 3°	$h=25\sim500$ mm 的钢和铁铸件
1:50	1°	$h>500$ mm 时的钢和铁铸件
1:100	30′	有色金属铸件

不同壁厚的铸件在转折点处的斜角最大可增大到 30°～45°

铸造过渡斜度部分：适用于减速器箱体、连接管、汽缸及其他连接法兰的过渡处

铸铁和铸钢件的壁厚 δ	K	h	R
		mm	
>10～15	3	15	5
>15～20	4	20	
>20～25	5	25	
>25～30	6	30	8
>30～35	7	35	
>35～40	8	40	10
>40～45	9	45	
>45～50	10	50	
>50～55	11	55	
>55～60	12	60	15
>60～65	13	65	
>65～70	14	70	
>70～75	15	75	

9.5 铸造圆角半径

表 9-11 铸造外圆角半径(摘自 JB/ZQ 4256—2006) mm

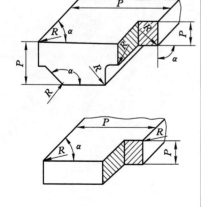

表面的最小边尺寸 P	外圆角半径 R 值					
	外圆角 α					
	≤50°	51°～75°	76°～105°	106°～135°	136°～165°	>165°
≤25	2	2	2	4	6	8
>25～60	2	4	4	6	10	16
>60～160	4	4	6	8	16	25
>160～250	4	6	8	12	20	30
>250～400	6	8	10	16	25	40
>400～600	6	8	12	20	30	50
>600～1 000	8	12	16	25	40	60
>1 000～1 600	10	16	20	30	50	80
>1 600～2 500	12	20	25	40	60	100
>2 500	16	25	30	50	80	120

注:如果铸件不同部位按上表可选出不同的圆角 R 数值时,应尽量减少或只取一适当的 R 数值,以求统一。

表 9-12　　　　　　　**铸造内圆角半径(摘自 JB/ZQ 4255—2006)**　　　　　mm

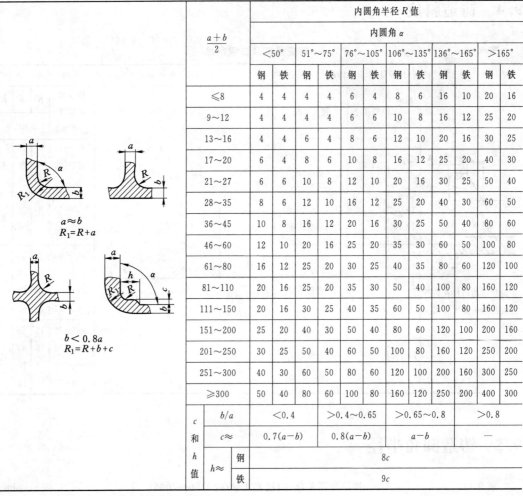

$a \approx b$
$R_1 = R + a$

$b < 0.8a$
$R_1 = R + b + c$

$\dfrac{a+b}{2}$	内圆角半径 R 值											
	内圆角 α											
	<50°		51°~75°		76°~105°		106°~135°		136°~165°		>165°	
	钢	铁	钢	铁	钢	铁	钢	铁	钢	铁	钢	铁
≤8	4	4	4	4	6	4	8	6	16	10	20	16
9~12	4	4	4	4	6	6	10	8	16	12	25	20
13~16	4	4	6	4	8	6	12	10	20	16	30	25
17~20	6	4	8	6	10	8	16	12	25	20	40	30
21~27	6	6	10	8	12	10	20	16	30	25	50	40
28~35	8	6	12	10	16	12	25	20	40	30	60	50
36~45	10	8	16	12	20	16	30	25	50	40	80	60
46~60	12	10	20	16	25	20	35	30	60	50	100	80
61~80	16	12	25	20	30	25	40	35	80	60	120	100
81~110	20	16	25	20	35	30	50	40	100	80	160	120
111~150	20	16	30	25	35	30	60	50	100	80	160	120
151~200	25	20	40	30	50	40	80	60	120	100	200	160
201~250	30	25	50	40	60	50	100	80	160	120	250	200
251~300	40	30	60	50	80	60	120	100	200	160	300	250
≥300	50	40	80	60	100	80	160	120	250	200	400	300

c	b/a	<0.4		>0.4~0.65		>0.65~0.8		>0.8	
和	$c \approx$	$0.7(a-b)$		$0.8(a-b)$		$a-b$		—	
h	$h \approx$ 钢	8c							
值	铁	9c							

注:对于高锰钢铸件,R 值应比表中数值增大 1.5 倍。

10　螺纹与螺纹连接

10.1　螺纹

10.1.1　普通螺纹

表 10-1　　　　　　　　　　　　**普通螺纹基本尺寸(摘自 GB/T 196—2003)**

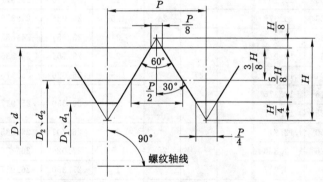

基本尺寸

$D = d$

$D_2 = d_2 = d - 2 \times \dfrac{3}{8} H$

$ = d_1 - 0.649\,52P$

$D_1 = d_1 = d - 2 \times \dfrac{5}{8} H = d - 1.082\,53P$

$H = \dfrac{\sqrt{3}}{2} P = 0.866\,025\,404P$

(mm)

公称直径 D、d			螺距 P	中径 D_2 或 d_2	小径 D_1 或 d_1	公称直径 D、d			螺距 P	中径 D_2 或 d_2	小径 D_1 或 d_1
第一系列	第二系列	第三系列				第一系列	第二系列	第三系列			
1			0.25	0.838	0.792		3.5		0.6	3.110	2.850
			0.2	0.870	0.783				0.35	3.273	3.121
	1.1		0.25	0.938	0.829	4			0.7	3.545	3.242
			0.2	0.970	0.883				0.5	3.675	3.459
1.2			0.25	1.038	0.929		4.5		(0.75)	4.013	3.688
			0.2	1.070	0.983				0.5	4.175	3.959
	1.4		0.3	1.205	1.075	5			0.8	4.480	4.134
			0.2	1.270	1.183				0.5	4.675	4.459
1.6			0.35	1.373	1.221			5.5	0.5	5.175	4.959
			0.2	1.470	1.383	6			1	5.350	4.917
	1.8		0.35	1.573	1.421				0.75	5.513	5.188
			0.2	1.670	1.583		7		1	6.350	5.917
2			0.4	1.740	1.567				0.75	6.513	6.188
			0.25	1.838	1.729				1.25	7.188	6.647
	2.2		0.45	1.908	1.713	8			1	7.350	6.917
			0.25	2.038	1.929				0.75	7.250	6.917

公称直径 D、d 第一系列	第二系列	第三系列	螺距 P	中径 D_2或d_2	小径 D_1或d_1	公称直径 D、d 第一系列	第二系列	第三系列	螺距 P	中径 D_2或d_2	小径 D_1或d_1
2.5			0.45	2.208	2.013			9	(1.25)	8.188	7.647
			0.35	2.273	2.121			9	1	8.350	7.917
3			0.5	2.675	2.459			9	0.75	8.513	8.188
			0.35	2.773	2.621	10			1.5	9.026	8.376
10			1.25	9.188	8.647	24			3	22.051	20.752
			1	9.350	8.917				2	22.701	21.835
			0.75	9.350	8.917				1.5	23.026	22.917
		11	(1.5)	10.026	9.376				1	23.350	22.917
		11	1	10.350	9.917			25	2	23.701	22.835
		11	0.75	10.513	10.188			25	1.5	24.026	23.376
12			1.75	10.863	10.106			25	1	24.350	23.917
			1.5	11.026	10.376			26	1.5	25.026	24.376
			1.25	11.188	10.647		27		3	25.051	24.835
			1	11.350	10.917		27		2	25.701	24.835
	14		2	12.701	11.835		27		1.5	26.026	25.376
	14		1.5	13.026	12.376		27		1	26.350	25.917
	14		(1.25)①	13.188	12.647			28	2	26.701	25.835
	14		1	13.350	12.917			28	1.5	27.026	26.376
		15	1.5	14.026	13.376			28	1	27.350	26.917
		15	(1)	14.350	13.917	30			3.5	27.727	26.211
16			2	14.701	13.835				(3)	28.051	16.752
			1.5	15.026	14.376				2	28.701	27.835
			1	15.350	14.917				1.5	29.026	28.376
		17	1.5	16.026	15.376				1	29.350	28.917
		17	(1)	16.350	15.917			32	2	30.701	29.835
	18		2.5	16.376	15.294			32	1.5	31.026	30.376
	18		2	16.701	15.835		33		3.5	30.727	29.211
	18		1.5	17.026	16.376		33		(3)	31.051	29.752
	18		1	17.350	16.917		33		2	31.051	29.752
20			2.5	18.376	17.294		33		1.5	32.026	31.376
			2	18.701	17.835			35②	1.5	34.026	33.376
			1.5	19.026	18.376	36			4	33.402	31.670
			1	19.350	18.917				3	34.051	32.752
	22		2.5	20.376	19.294				2	34.701	33.835
	22		2	20.701	19.835				1.5	35.026	34.376
	22		1.5	21.036	20.376			38	1.5	37.026	36.376
	22		1	21.350	20.917						

公称直径 D、d			螺距 P	中径 D_2 或 d_2	小径 D_1 或 d_1	公称直径 D、d			螺距 P	中径 D_2 或 d_2	小径 D_1 或 d_1
第一系列	第二系列	第三系列				第一系列	第二系列	第三系列			
			4	36.402	34.670				5.5	52.428	50.046
	39		3	37.051	35.752	56			4	53.402	51.670
			2	37.701	36.835				3	54.051	52.752
			1.5	38.026	37.376				2	54.701	53.835
		40	3	38.051	36.752				1.5	55.026	54.376
			2	38.701	37.835				4	55.402	53.670
			1.5	39.026	38.376		58		3	56.051	54.752
42			4.5	39.077	37.129				2	56.701	55.835
			4	39.402	37.670				1.5	57.026	56.376
			3	40.051	38.752				5.5	56.428	54.046
			2	40.701	39.835				4	57.402	55.670
			1.5	41.026	40.376		60		3	58.051	56.752
			4.5	42.077	40.129				2	58.701	57.835
	45		4	42.402	40.670				1.5	59.026	58.376
			3	43.051	41.752				4	59.402	57.670
			2	43.701	42.835			62	3	60.051	58.752
			1.5	47.026	46.376				2	62.701	59.835
48			5	44.752	42.587				1.5	61.026	60.376
			4	45.402	43.670				6	60.103	57.505
			3	46.051	44.752				4	61.402	59.670
			2	46.701	45.835	64			3	62.051	60.752
			1.5	47.026	46.376				2	62.701	61.835
		50	3	48.351	46.752				1.5	63.026	62.376
			2	48.701	47.835				4	62.402	60.670
			1.5	49.026	48.376			65	3	63.051	61.752
	52		5	48.752	46.587				2	63.701	62.835
			4	49.402	47.670				1.5	64.026	63.376
			3	50.051	48.752				6	64.103	61.505
			2	50.701	49.835				4	65.406	63.670
			1.5	51.026	50.376		68		3	66.051	64.752
		55	4	52.402	50.670				2	66.701	65.835
			3	53.051	51.752				1.5	67.026	66.376
			2	53.701	52.835		70		6	66.103	63.505
			1.5	54.026	53.376				4	67.402	65.670

公称直径 D、d			螺距	中径	小径	公称直径 D、d			螺距	中径	小径
第一系列	第二系列	第三系列	P	D_2 或 d_2	D_1 或 d_1	第一系列	第二系列	第三系列	P	D_2 或 d_2	D_1 或 d_1
		70	3	68.051	66.752	100			6	96.103	93.505
			2	68.701	67.835				4	97.402	95.670
			1.5	69.026	68.376				3	98.051	96.752
72			6	68.103	65.505				2	98.701	97.835
			4	69.402	67.670		105		6	101.103	98.505
			3	70.051	68.752				4	102.402	100.670
			2	70.701	69.835				3	103.701	102.835
			1.5	71.026	70.376				2	103.701	102.835
		75	4	72.402	70.670	110			6	106.103	103.505
			3	73.051	71.752				4	107.402	105.670
			2	73.701	72.835				3	108.51	106.752
			1.5	74.026	74.376				2	113.701	112.835
	76		6	72.103	69.505		115		6	111.103	108.505
			4	73.402	71.670				4	112.402	110.670
			3	74.051	72.752				3	113.051	111.752
			2	74.701	73.835				2	113.701	112.835
			1.5	75.026	74.376		120		6	116.103	113.505
		78	2	76.701	75.835				4	117.402	115.670
80			6	76.103	73.505				3	118.051	116.752
			4	77.402	75.670				2	118.701	117.835
			3	78.051	76.752	125			8	119.804	116.340
			2	78.701	77.835				6	121.103	118.505
			1.5	79.026	78.376				4	122.402	120.670
		82	2	80.701	79.835				3	123.051	121.752
	85		6	81.103	78.505				2	123.701	122.835
			4	82.402	80.670		130		8	134.804	121.340
			3	83.051	81.752				6	126.103	123.505
			2	83.701	82.835				4	127.402	125.670
90			6	86.103	83.505				3	128.051	126.752
			4	87.402	85.670				2	128.701	127.835
			3	88.051	83.752			135	6	131.103	128.505
			2	88.701	87.835				4	132.402	130.670
	95		6	91.103	88.505				3	133.051	131.752
			4	92.402	90.670				2	133.701	132.835
			3	93.051	91.752	140			8	134.804	131.340
			2	93.701	92.835				6	136.103	133.505

公称直径 D、d			螺距 P	中径 D_2 或 d_2	小径 D_1 或 d_1	公称直径 D、d			螺距 P	中径 D_2 或 d_2	小径 D_1 或 d_1
第一系列	第二系列	第三系列				第一系列	第二系列	第三系列			
140			4	137.402	135.670			185	4	182.402	180.670
			3	138.051	136.752				3	183.051	181.752
			2	138.701	137.835				8	184.804	181.340
		145	6	141.103	138.505			190	6	186.103	183.505
			4	142.402	140.670				4	187.402	185.670
			3	143.051	141.752				3	188.051	186.752
			2	143.701	142.835				6	191.103	188.505
	150		8	144.804	144.340			195	4	192.402	190.670
			6	146.103	143.505				3	193.051	191.752
			4	147.402	145.670		200		8	194.804	191.340
			3	148.051	146.752				6	196.103	193.505
			2	148.701	147.835				4	197.402	195.670
		155	6	151.103	148.505				3	198.051	196.752
			4	152.402	150.670			205	6	201.103	198.505
			3	153.051	151.752				4	202.402	200.670
160			8	154.804	151.340				3	203.051	201.752
			6	156.103	153.505		210		8	204.804	201.340
			4	157.402	155.670				6	206.103	203.505
			3	158.051	156.752				4	207.402	205.670
		165	6	161.103	158.505				3	208.051	206.752
			4	162.402	160.670			215	6	211.103	208.505
			3	163.051	151.752				4	212.402	210.670
			2	163.701	162.835				3	213.051	211.752
	170		8	164.804	161.340		220		8	214.804	211.340
			6	166.103	163.505				6	216.103	213.505
			4	167.402	165.670				4	217.402	215.670
			3	168.051	166.752				3	218.051	216.752
		175	6	171.103	168.505			225	6	221.103	218.505
			4	172.402	170.670				4	222.402	220.670
			3	173.051	171.752				3	223.051	221.752
180			8	174.804	171.340			230	8	224.804	221.340
			6	176.103	173.505				6	226.103	223.505
			4	177.402	175.670				4	227.402	225.670
			3	178.051	176.752				3	228.051	226.752
		185	6	181.103	178.505			235	6	231.103	228.505

续表 10-1

第一系列	第二系列	第三系列	螺距 P	中径 D_2或d_2	小径 D_1或d_1	第一系列	第二系列	第三系列	螺距 P	中径 D_2或d_2	小径 D_1或d_1
		235	4	232.402	23.670			265	4	262.402	260.670
			3	233.051	231.752				8	264.804	261.340
	240		8	234.804	231.340		270		6	266.103	263.505
			6	236.103	233.505				4	267.402	265.670
			4	237.402	235.670			275	6	271.103	268.505
			3	238.051	236.752				4	272.402	270.670
		245	6	241.103	238.505	280			8	274.804	271.340
			4	242.402	240.670				6	276.103	273.505
			3	243.051	241.752				4	277.402	275.670
250			8	244.804	241.340			285	6	281.103	278.505
			6	246.103	243.505				4	282.402	280.670
			4	247.402	245.670		290		8	284.804	281.340
			3	248.051	246.752				6	283.103	283.505
		255	6	251.103	248.505				4	287.402	285.670
			4	252.402	250.670			295	6	291.103	288.505
	260		8	254.804	251.340				4	292.402	290.670
			6	256.103	253.505	300			8	294.804	291.340
			4	257.402	255.670				6	296.103	293.505
		265	6	261.103	258.505				4	297.402	295.670

注：① M14×1.25 仅用于火花塞。

　② M35×1.5 仅用于滚动轴承锁紧螺母。

10.1.2　梯形螺纹

这种梯形螺纹不适应于对传动精度有特殊要求的场合，如机床的丝杠。这类精密梯形螺纹应按 JB/T 2886—2008《机床梯形丝杠、螺母技术条件》中的有关规定。

表 10-2　　　　梯形螺纹牙型尺寸（摘自 GB/T 5796.1～5796.3—2005）

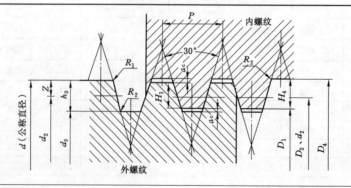

$H_1 = 0.5P$

$h_3 = H_4 = H_1 + a_c$

$d_3 = d - 2h_3$

$Z = 0.25P = H_1/2$

$D_2 = d_2 = d - 0.5P$

$R_{1max} = 0.5a_c$

$D_4 = d + 2a_c$

$R_{2max} = a_c$

$D_1 = d - P$

a_c——牙顶间隙

（mm）

续表 10-2

公称直径		螺距 P	公称直径		螺距 P	公称直径		螺距 P	公称直径		螺距 P
第一系列	第二系列		第一系列	第二系列		第一系列	第二系列		第一系列	第二系列	
8		1.5*	32	30	10,6*,3	70	65	16,10*,4	160	170	28,16*,6
10	9	2*,1.5	36	34		80	75		180		28,18*,8
	11	3,2*	40	38	10,7*,3	90	85	18,12*,4	200	190	32,18*,8
12	14	3*,2		42			95		220	210	36,20*,8
16		4*,2	44		12,7*,3	100	110	20,12*,4		230	36,20*,8
20	18		48	46	12,8*,3	120	130	22,14*,6	240		36,22*,8
24	22	8,5*,3	52	50	12,8*,3	140		24,14*,6	260	250	40,22*,12
28	26		60	55	14,9*,3		150	24,16*,6	280	270	40,24*,12

注：(1) 牙顶间隙：$P=1.5$,$a_c=0.15$；$P=2\sim5$,$a_c=0.25$；$P=6\sim12$,$a_c=0.5$；$P=14\sim40$,$a_c=1$。

(2) 应优先选择第一系列的直径，在每个直径所对应的诸螺距中优先选择加 * 的螺距。

10.1.3 锯齿形螺纹

表 10-3 直径、螺距系列与牙型尺寸(摘自 GB/T 13576.2～13576.3—2008)

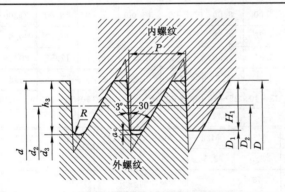

$H_1 = 0.75P$;

$D_2 = d_2 = D - H_1 = D - 0.75P$

$a_c = 0.117\,767P$;

$d_3 = d - 2h_3 = d - 1.735\,534P$

$h_3 = H_1 + a_c = 0.867\,767P$;

$D_1 = d - 1.5P$

$R = 0.124\,271P$

(mm)

公称直径 d		螺距 P	公称直径 d		螺距 P	公称直径 d		螺距 P
第一系列	第二系列		第一系列	第二系列		第一系列	第二系列	
10		2*	60	55	14,9*,3	200	190	32,18*,8
12	14	3*,2	70,80	65,75	16,10*,4	220	210,230	36,20*,8
16,20	18	4*,2	90	85,95	18,12*,4	240		36,22*,8
24,28	22,26	8,5*,3	100	110	20,12*,4	260	250	40,22*,12
32,36	30,34	10,6*,3	120	130	22,14*,6	280	270	40,24*,12
40	38,42	10,7*,3	140		24,14*,6	300	290	44,24*,12
44		12,7*,3	160	170	28,16*,8	340	320	44,12
48,52	46,50	12,8*,3	180		28,18*,8	380	360,400	12

10.2 螺栓

表 10-4   **粗牙六角头螺栓(摘自 GB/T 5782—2016)**

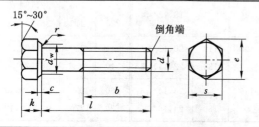

标记示例:

螺纹规格为 M12、公称长度 $l=80$ mm、性能等级为 8.8 级、表面不经处理、A 级六角头螺栓的标记:

螺栓 GB/T 5782   M12×80

(mm)

螺纹规格 d			M3	M4	M5	M6	M8	M10	M12	(M14)	M16
螺距 P			0.5	0.7	0.8	1	1.25	1.5	1.75	2	2
b参考	l≤125		12	14	16	18	22	26	30	34	38
	125<l≤200		18	20	22	24	28	32	36	40	44
	l>200		31	33	35	37	41	45	49	53	57
e_{min}	A 级		6.01	7.66	8.79	11.05	14.38	17.77	20.03	23.36	26.75
	B 级		5.88	7.50	8.63	10.89	14.20	17.59	19.85	22.78	26.17
s	公称=max		5.50	7.00	8.00	10.00	13.00	16.00	18.00	21.00	24.00
	min	A 级	5.32	6.78	7.78	9.78	12.73	15.73	17.73	20.67	23.67
		B 级	5.20	6.64	7.64	9.64	12.57	15.57	17.57	20.16	23.16
k	公称		2	2.8	3.5	4	5.3	6.4	7.5	8.8	10
l[①]长度范围	A 级		20~30	25~40	25~50	30~60	40~80	45~100	50~120	60~140	65~150
	B 级		—	—	—	—	—	—	—	—	160

螺纹规格 d			(M18)	M20	(M22)	M24	(M27)	M30	(M33)	M36
螺距 P			2.5	2.5	2.5	3	3	3.5	3.5	4
b参考	l≤125		42	46	50	54	60	66	—	—
	125<l≤200		48	52	56	60	66	72	78	84
	l>200		61	65	69	73	79	85	91	97
e_{min}	A 级		30.14	33.53	37.72	39.98	—	—	—	—
	B 级		29.56	32.95	37.29	39.55	45.20	50.85	55.37	60.79
s	公称=max		27.00	30.00	34.00	36.00	41	46	50	55.0
	min	A 级	26.67	29.67	33.38	35.38	—	—	—	—
		B 级	26.16	19.16	33	35	40	45	49	53.8
k	公称		11.5	12.5	14	15	17	18.7	21	22.5
l[①]长度范围	A 级		70~150	80~150	90~150	90~150	—	—	—	—
	B 级		160~180	160~200	160~220	160~240	100~260	110~300	130~320	140~360

续表 10-4

螺纹规格 d			(M39)	M42	(M45)	M48	(M52)	M56	(M60)	M64
螺距 P			4	4.5	4.5	5	5	5.5	5.5	6
b 参考	l≤125		—	—	—	—	—	—	—	—
	125<l≤200		90	96	102	108	116	—	—	—
	l>200		103	19	115	121	129	137	145	153
e_{min}	B 级		66.44	71.3	76.95	82.6	88.25	93.56	99.21	104.86
s	公称=max		60.0	65.0	70.0	75.0	80.0	85.0	90.0	95.0
	min	B 级	58.8	63.1	68.1	73.1	78.1	82.8	87.8	92.8
k	公称		25	26	28	30	33	35	38	40
$l^①$长度范围	B 级		150~380	160~440	180~440	180~480	200~480	220~500	240~500	260~500

注:(1) ①长度系列为 20~70(5 进位)、70~160(10 进位)、160~400(20 进位)。

(2) 括号内为非优选的螺纹规格,尽可能不采用。

(3) 表面处理:钢——不经处理;不锈钢——简单处理,钝化处理技术要求按 GB/T 5267.4;有色金属——简单处理,电镀技术要求按 GB/T 5267.1。

(4) 性能等级:

	M8~M24	(M27)~(M39)	M42~M64
钢	5.6、8.8、10.9		按协议
不锈钢	A2-70、A4-70	A2-50、A4-50	按协议

表 10-5 螺杆带孔(摘自 GB/T 31.1—2013)、头部带孔(摘自 GB/T 32.1—1988)六角头螺栓

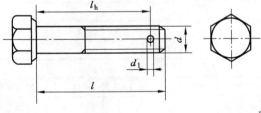

标记示例:

螺纹规格 d=M12、公称长度 l=80 mm、性能等级为 8.8 级、氧化、A 级六角头螺杆带孔螺栓的标记:

螺栓 GB/T31.1 M12×80

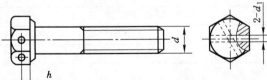

(mm)

螺纹规格 d		M6	M8	M10	M12	(M14)	M16	(M18)	M20	(M22)	M24	(M27)	M30	M36	M42	M48
d_{1min}	GB/T 31.1	1.6	2	2.5	3.2		4			5			6.3		8	
	GB/T 32.1	1.6		2				3				4				
h		2	2.6	3.2	3.7	4.4	5	5.7	6.2	7	7.5	8.5	9.3	11.2	13	15

续表 10-5

螺纹规格 d		M6	M8	M10	M12	(M14)	M16	(M18)	M20	(M22)	M24	(M27)	M30	M36	M42	M48
$l-l_h$		3	4		5		6				7		8	9	10	12
性能等级	钢	5.6、8.8、10.9													按协议	
	不锈钢	A2-70、A4-70									A2-50、A4-50					
表面处理	钢	氧化；电镀技术条件按 GB/T 5267.1；非电解锌片涂层按 GB/T 5267.2														
	不锈钢	简单处理														

注：(1) 其他尺寸见表 10-4。

(2) 尽可能不采用括号内的规格。

表 10-6　　　　　　细牙螺杆带孔(摘自 GB/T 31.3—1988)、细牙头部带孔
(摘自 GB/T 32.3—1988) 六角头螺栓

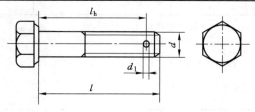
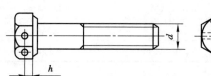

标记示例：

螺纹规格 $d=$M12×1.5、公称长度 $l=80$ mm、细牙螺纹、性能等级为 8.8 级、表面氧化、A 级六角头螺杆带孔螺栓的标记：

螺栓 GB/T 31.3　M12×1.5×80

(mm)

螺纹规格 d×P		M8×1	M10×1.25	M12×1.5	(M14×1.5)	M16×1.5	(M18×2)①	M20×2
d_{1min}	GB/T 31.3	2	2.5	3.2			4	
	GB/T 32.3	2					3	
$l-l_h$		4		5			6	
$h\approx$		2.6	3.2	3.7	4.4	5.0	5.7	6.2
性能等级	钢	5.6、8.8、10.9						
	不锈钢	A2-70、A4-70						

螺纹规格 d×P		(M22×2)	M24×2	M27×2	M30×2	M36×3	M42×3	M48×3
d_{1min}	GB/T 31.3	5			6.3		8	
	GB/T 32.3	3				4		
$l-l_h$		7		8	9	10	12	
$h\approx$		7.0	7.5	8.5	9.3	11.2	13	15
性能等级	钢	5.6、8.8、10.9					按协议	
	不锈钢	A2-70、A4-70		A2-50、A4-50				
表面处理	钢	不经处理；电镀技术条件按 GB/T 5267.1；非电解锌片涂层按 GB/T 5267.2						
	不锈钢	简单处理；钝化处理技术要求按 GB/T 5267.4						

注：(1) 其他尺寸见表 10-4。

(2) 尽可能不采用括号内的规格。

(3) 性能等级与表面处理按 GB/T 5785—2016 中规定。

(4) ①GB/T 32.3—1988 中该值为 M18×1.5。

表 10-7　　　　　　　　　**六角头螺栓全螺纹（摘自 GB/T 5783—2016）**

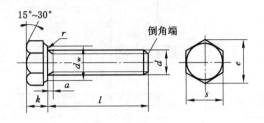

标记示例：

螺纹规格 d＝M12、公称长度 l＝80 mm、性能等级为 8.8 级、表面不经处理、全螺纹、A级六角头螺栓标记：

螺栓 GB/T 5783 M12×80

（mm）

螺纹规格 d			M3	M4	M5	M6	M8	M10	M12	(M14)	M16
a_{max}			1.5	2.10	2.40	3.00	4.00	4.50	5.30	6.00	6.00
e_{min}		A 级	6.01	7.66	8.79	11.05	14.38	17.77	20.03	23.36	26.75
		B 级	5.88	7.50	8.63	10.89	14.20	17.59	19.85	22.78	26.17
s	max		5.5	7	8	10	13	16	18	21	24
	min	A 级	5.32	6.78	7.78	9.78	12.73	15.73	17.73	20.67	23.67
		B 级	5.20	6.64	7.64	9.64	12.57	15.57	17.57	20.16	23.16
k 公称			2	2.8	3.5	4	5.3	6.4	7.5	8.8	10
$l^{①}$ 长度范围			6～30	8～40	10～50	12～60	16～80	20～100	25～120	30～140	30～150
性能等级	钢		5.6、8.8、10.9								
	不锈钢		A2-70、A4-70								
表面处理	钢		不经处理；电镀技术要求按 GB/T 5267.1；非电解锌片涂层技术要求按 GB/T 5267.2								
	不锈钢		简单处理；钝化处理技术要求按 GB/T 5267.4								

螺纹规格 d			(M18)	M20	(M22)	M24	(M27)	M30	(M33)	M36
a_{max}			7.5	7.5	7.5	9	9	10.5	10.5	12
e_{min}		A 级	30.14	33.53	37.72	39.98	—	—	—	—
		B 级	29.56	32.95	37.29	39.55	45.2	50.85	55.37	60.79
s	max		27	30	34	36	41	46	50	55
	min	A 级	26.67	29.67	33.38	35.38	—	—	—	—
		B 级	26.16	29.16	33.00	35.00	40.00	45.00	49.00	53.80
k 公称			11.5	12.5	14	15	17	18.7	21	22.5
$l^{①}$ 长度范围			35～150	40～150	45～200	50～150	55～200	60～200	65～200	70～200
性能等级	钢		5.6、8.8、10.9							
	不锈钢		A2-70、A4-70				A2-50、A4-50			
表面处理	钢		不经处理；电镀技术要求按 GB/T 5267.1；非电解锌片涂层技术要求按 GB/T 5267.2							
	不锈钢		简单处理；钝化处理技术要求按 GB/T 5267.4							

续表 10-7

螺纹规格 d		(M39)	M42	(M45)	M48	(M52)	M56	(M60)	M64
a_{max}		12	13.5	13.5	15	15	16.5	16.5	18
e_{min}	B级	66.44	71.03	76.95	82.6	88.25	93.56	99.21	104.86
s	max	60	65	70	75	80	85	90	95
	min B级	58.8	63.1	67.1	73.1	78.1	82.8	87.8	92.8
k 公称		25	24	28	30	33	35	38	40
$l^{①}$ 长度范围		80～200	80～200	90～200	100～200	100～200	110～200	110～200	120～200
性能等级	钢	5.6、8.8、10.9	按协议						
	不锈钢	A2-50、A4-50							
表面处理	钢	不经处理;电镀技术要求按 GB/T 5267.1;非电解锌片涂层技术要求按 GB/T 5267.2							
	不锈钢	简单处理;钝化处理技术要求按 GB/T 5267.4							

注:(1) ①长度系列为 6、8、10、12、16、20～70(5 进位)、70～160(10 进位)、160～200(20 进位)。

(2) 括号内为非优选的螺纹规格。

表 10-8　　　细牙全螺纹六角头螺栓(摘自 GB/T 5786—2016)(图同表 10-7)　　mm

螺纹规格 $d×P$		M8×1	M10×1	M12×1.5	(M14×1.5)	M16×1.5	(M18×1.5)	(M20×2)
			(M10×1.25)	(M12×1.25)				M20×1.5
a_{max}		3	3(4)②	4.5(4)②	4.5	4.5	4.5	4.5(6)②
e_{min}	A级	14.38	17.77	20.03	23.36	26.75	30.14	33.53
	B级	14.20	17.59	19.85	22.78	26.17	29.56	32.95
s	max	13	16	18	21	24	27	30
	min A级	12.73	15.73	17.73	20.67	23.67	26.67	29.67
	min B级	12.57	15.57	17.57	20.16	23.16	26.16	29.16
k 公称		5.3	6.4	7.5	8.8	10	11.5	12.5
$l^{①}$	A级	16～80	20～100	25～120	30～140	35～150	35～150	40～150
	B级	—	—	—	—	160	160～180	160～200
性能等级	钢	5.6、8.8、10.9						
	不锈钢	A2-70、A4-70						
表面处理	钢	不经处理;电镀技术要求按 GB/T 5267.1;非电解锌片涂层技术要求按 GB/T 5267.2						
	不锈钢	简单处理;钝化处理技术要求按 GB/T 5267.4						

续表 10-8

螺纹规格 $d \times P$		(M22×1.5)	M24×2	(M27×2)	M30×2	(M33×2)	M36×3	(M39×3)
a_{max}		4.5	6	6	6	6	9	9
e_{min}	A 级	37.52	39.98	—	—	—	—	—
	B 级	37.29	39.55	45.2	50.85	55.37	60.79	66.44
s	max	34	36	41	46	50	55	60
	min A 级	33.38	35.38	—	—	—	—	—
	min B 级	33	35	40	45	49	53.8	58.8
k 公称		14	15	17	18.7	21	22.5	25
$l^{①}$ 长度范围	A 级	45～150	40～150	—	—	—	—	—
	B 级	160～220	160～200	55～280	40～200	65～360	40～200	80～380
性能等级	钢	5.6、8.8、10.9						
	不锈钢	A2-70、A4-70		A2-50、A4-50				
表面处理	钢	不经处理；电镀技术要求按 GB/T 5267.1；非电解锌片涂层技术要求按 GB/T 5267.2						
	不锈钢	简单处理；钝化处理技术要求按 GB/T 5267.4						
螺纹规格 $d \times P$		M42×3	(M45×3)	M48×3	(M52×4)	M56×4	(M60×4)	M64×4
a_{max}		9	9	9	12	12	12	12
e_{min}	B 级	71.3	76.95	82.6	88.25	93.56	99.21	104.86
s	max	65	70	75	80	85	90	95
	min B 级	63.1	68.1	73.1	78.1	82.8	87.8	92.8
k 公称		26	28	30	33	35	38	40
$l^{①}$ 长度范围	B 级	90～420	90～440	100～480	100～500	120～500	110～500	130～500
性能等级	钢	按协议						
	不锈钢							
表面处理	钢	不经处理；电镀技术要求按 GB/T 5267.1；非电解锌片涂层技术要求按 GB/T 5267.2						
	不锈钢	简单处理；钝化处理技术要求按 GB/T 5267.4						

注：(1) ① 长度系列为 16、20～70(5 进位)、70～160(10 进位)、160～500(20 进位)。

　　　② 括号内的值为该列非优选螺纹规格对应的值。

　　(2) 括号内为非优选的螺纹规格。

　　(3) 标记示例：

　　　螺纹规格 d＝M12×1.5、公称长度 l＝80 mm、细牙螺纹、全螺纹、性能等级为 8.8 级、表面不经处理、产品等级为 A 级的六角头螺栓的标记：螺栓 GB/T 5786 M12×1.5×80。

表 10-9　　　　　　　　　　六角头带槽螺栓(摘自 GB/T 29.1—2013)

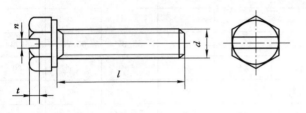

标记示例:

螺纹规格 d＝M12、公称长度 l＝80 mm、机械性能等级为 8.8 级、表面氧化处理、A 级六角头带槽螺栓的标记:

螺栓　GB/T29.1　M12×80

(mm)

螺纹规格 d		M3	M4	M5	M6	M8	M10	M12
n 公称		0.8	1.2	1.2	1.6	2	2.5	3
t_{min}		0.7	1	1.2	1.4	1.9	2.4	3
l 公称		6～30	8～40	10～50	12～60	16～80	20～100	25～120
性能等级	钢	5.6、8.8、10.9						
	不锈钢	A2-70、A4-70						
	有色金属	CU2、CU3、AL4						

注:其余的型式尺寸见表 10-7。

表 10-10　　　　　　　　　**双头螺柱**

[摘自 GB/T 897—1988(b_m = 1d),GB/T 898—1988(b_m = 1.25d),

GB/T 899—1988(b_m = 1.5d),GB/T 900—1988(b_m = 2d)]

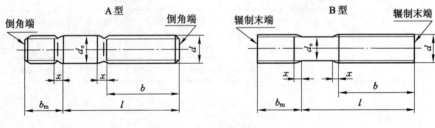

$x≈1.5P$(粗牙螺距)

标记示例:

两端均为粗牙普通螺纹,d＝10 mm、l＝50 mm、性能等级为 4.8、表面不处理、型号为 B、b_m＝1d mm,标记:螺柱 GB/T 897 M10×50

旋入机体一端为粗牙普通螺纹,旋螺母一端为螺距 P＝1 mm 的细牙普通螺纹、d＝10 mm、l＝50 mm、性能等级为 4.8、表面不处理、型号为 A、b_m＝1d mm,标记:螺柱 GB/T 897 A M10-M10×1×50

旋入机体一端为过渡配合螺纹的第一种配合,旋螺母一端为粗牙普通螺纹、d＝10 mm、l＝50 mm、性能等级为 8.8、表面镀锌钝化、型号为 B、b_m＝1d mm,标记:螺柱 GB/T 897 G M10-M10×50-8.8-Zn・D

旋入机体一端为过渡配合螺纹,旋螺母一端为粗牙普通螺纹、d＝10 mm、l＝50 mm、性能等级为 8.8、表面镀锌钝化、型号为 A、b_m＝2d mm,标记:螺柱 GB/T 900 A Y M10-M10×50-8.8-Zn・D

(mm)

续表 10-10

螺纹规格 d		5	6	8	1	1	(14)	1	(18)	2	(22)	24	(27)	30
b_{m}	GB/T 897	5	6	8	10	12	14	16	18	20	20	24	27	30
	GB/T 898	6	8	10	12	15	—	20	—	25	—	30	—	38
	GB/T 899	8	10	12	15	18	21	24	27	30	33	36	40	45
	GB/T 900	10	12	16	20	24	28	32	36	40	44	48	54	60

l	5	6	8	1	1	(14)	1	(18)	2	(22)	24	(27)	30	l
12														140
(14)														150
16						36	40							160
(18)								44	48	52	56	60	72	170
20	10							44	48	52	56	60	72	180
(22)		10	12											190
25				14										200
(28)		14	16	14	16									210
30	16					18	20							220
(32)				16	18		20						85	230
35					20			22	25					240
(38)								22	25					250
40					25					30				260
45							30				30			280
50		18				35	35				30			300
(55)			22							35			
60									40			40	
(65)									45				
70				26							50		
(75)		26			30	34						50	
80							38						
(85)								42	46		50		
90											54		
(95)										60		66	
100													
110													
120			32										

注：(1) 左边的 l 系列查左边两粗黑线之间的 b 值，右边的 l 系列查右边两粗黑线上方的 b 值。

(2) 当 $(b-b_{\mathrm{m}}) \leqslant 5$ mm 时，旋螺母一端应制成倒圆端。

(3) 允许采用细牙螺纹和过渡配合螺纹。

(4) GB/T 898—1998 $d=$ M5～M20 为商品规格，其余均为通用规格。

(5) $b_{\mathrm{m}}=d$ 一般用于钢对钢，$b_{\mathrm{m}}=(1.25\sim1.5)d$ 一般用于钢对铸铁；$b_{\mathrm{m}}=2d$ 一般用于钢对铝合金。

(6) 末端按 GB/T 2 规定。

10.3　螺钉

10.3.1　机器螺钉

表 10-11　开槽圆柱头螺钉(摘自 GB/T 65—2016)、开槽盘头螺钉(摘自 GB/T 67—2016)
开槽沉头螺钉(摘自 GB/T 68—2016)、开槽半沉头螺钉(摘自 GB/T 69—2016)

开槽圆柱头螺钉

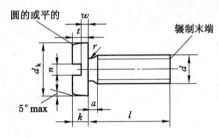

标记示例：

螺纹规格为 M5、公称长度 $l = 20$ mm、性能等级为 4.8 级、表面不经处理的 A 级开槽圆柱头螺钉标记为：

螺钉 GB/T 65 M5×20

开槽盘头螺钉

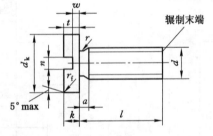
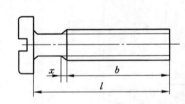

开槽沉头螺钉

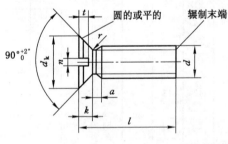
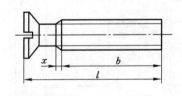

开槽半沉头螺钉

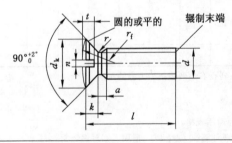
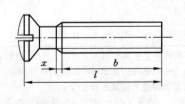

(mm)

续表 10-11

螺纹规格 d		M1.6	M2	M2.5	M3	(M3.5)	M4	M5	M6	M8	M10
螺距 P		0.35	0.4	0.45	0.5	0.6	0.7	0.8	1	1.25	1.5
a_{max}		0.7	0.8	0.9	1.0	1.2	1.4	1.6	2.0	2.5	3.0
b_{min}		25				38					
n 公称		0.4	0.5	0.6	0.8	1	1.2	1.2	1.6	2	2.5
x_{max}		0.9	1	1.1	1.25	1.5	1.75	2	2.5	3.2	3.8
d_k 公称=max	GB/T 65	3.00	3.80	4.50	5.50	6.00	7.00	8.50	10.00	13.00	16.00
	GB/T 67	3.2	4	5	5.6	7	8	9.5	12	16	20
	GB/T 68	3	3.8	4.7	5.5	7.3	8.4	9.3	11.3	15.8	18.3
	GB/T 69	3.6	4.4	5.5	6.3	8.2	9.4	10.4	12.6	17.3	20
k 公称=max	GB/T 65	1.10	1.40	1.80	2.00	2.4	2.6	3.3	3.9	5	6
	GB/T 67	1	1.3	1.5	1.8	2.1	2.4	3	3.6	4.8	6
	GB/T 68 GB/T 69	1	1.2	1.5	1.65	2.35	2.7		3.3	4.65	5
t_{min}	GB/T 65	0.45	0.6	0.7	0.85	1	1.1	1.3	1.6	2	2.4
	GB/T 67	0.35	0.5	0.6	0.7	0.8	1	1.2	1.4	1.9	2.4
	GB/T 68	0.32	0.4	0.5	0.6	0.9	1	1.1	1.2	1.8	2
	GB/T 69	0.64	0.8	1	1.2	1.4	1.6	2	2.4	3.2	3.8
r_{min}	GB/T 65 GB/T 67	0.1					0.2		0.25	0.4	
r_{max}	GB/T 68 GB/T 69	0.4	0.5	0.6	0.8	0.9	1	1.3	1.5	2	2.5
r_f 参考	GB/T 67	0.5	0.6	0.8	0.9	1	1.2	1.5	1.8	2.4	3
$r_f \approx$	GB/T 69	3	4	5	6	8.5	9.5	9.5	12	16.5	19.5
w_{min}	GB/T 65	0.4	0.5	0.7	0.75	1	1.1	1.3	1.6	2	2.4
	GB/T 67	0.3	0.4	0.5	0.7	0.8	1	1.2	1.4	1.9	2.4
l[①] 长度范围	GB/T 65	2～16	3～20	3～25	4～30	5～35	5～40	6～50	8～60	10～80	12～80
	GB/T 67	2～16	2.5～20	3～25	4～30	5～35	5～40	6～50	8～60	10～80	12～80
	GB/T 68 GB/T 69	2.5～16	3～20	4～25	5～30	6～35	6～40	8～50	8～60	10～80	12～80
全螺纹时最大长度		30				GB/T 65—40　　GB/T 67～69—45					
性能等级	钢	按协议				4.8、5.8					
	不锈钢	A2-50、A2-70									
	有色金属	按协议			CU2、CU3、AL4						
表面处理	钢	不经处理;电镀技术要求按 GB/T 5267.1;非电解锌片涂层技术要求按 GB/T 5267.2									
	不锈钢	简单处理;钝化处理技术要求按 GB/T 5267.4									
	有色金属	简单处理;电镀技术要求按 GB/T 5267.1									

注:① 长度系列为 2(GB/T68～69 无),2.5(GB/T65 无),3、4、5、6、8、10、12、(14)、16、20～50(5 进位)、(55)、60、(65)、70、(75)、80。

表 10-12　　　　十字槽盘头螺钉(摘自 GB/T 818—2016)、十字槽沉头螺钉

(摘自 GB/T 819.1—2016)、十字槽半沉头螺钉(摘自 GB/T 820—2000)、

十字槽圆柱头螺钉(摘自 GB/T 822—2016)、

十字槽小盘头螺钉(摘自 GB/T 823—2016)

十字槽盘头螺钉

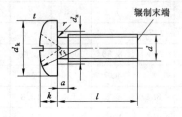
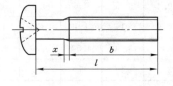

标记示例:

螺纹规格为 M5、公

称长度 $l=20$ mm、

性能等级为 4.8 级、

H 型十字槽、表面不

经处理的 A 级十字

槽盘头螺钉标记为:

螺钉 GB/T 818 M5

$\times 20$

十字槽沉头螺钉

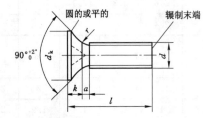
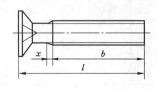

十字槽半沉头螺钉

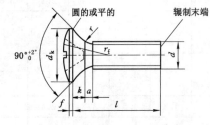
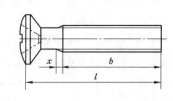

十字槽圆柱头螺钉

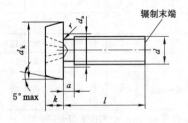
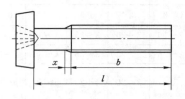

十字槽小盘头螺钉

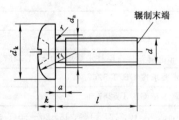

十字槽形状

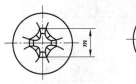

H型　　　　　　　　　Z型　　　　　　　　　　　(mm)

螺纹规格 d			M1.6	M2	M2.5	M3	(M3.5)	M4	M5	M6	M8	M10
螺距 P			0.35	0.4	0.45	0.5	0.6	0.7	0.8	1	1.25	1.5
a_{max}			0.7	0.8	0.9	1	1.2	1.4	1.6	2	2.5	3
b_{min}			25				38					
d_{amax}			2.0	2.6	3.1	3.6	4.1	4.7	5.7	6.8	9.2	11.2
x_{max}			0.9	1	1.1	1.25	1.5	1.75	2	2.5	3.2	3.8
d_k 公称＝max		GB/T 818	3.2	4	5	5.6	7	8	9.5	12	16	20
		GB/T 819.1 GB/T 820	3	3.8	4.7	5.5	7.3	8.4	9.3	11.3	15.8	18.3
		GB/T 822	—	—	4.5	5.5	6	7	8.5	10	13.0	—
		GB/T 823	—	3.5	4.5	5.5	6	7	9	10.5	14	—
k 公称＝max		GB/T 818	1.3	1.6	2.1	2.4	2.6	3.1	3.7	4.6	6	7.5
		GB/T 819.1 GB/T 820	1	1.2	1.5	1.65	2.35	2.7		3.3	4.65	5
		GB/T 822	—	—	1.8	2.0	2.4	2.6	3.3	3.9	5	—
		GB/T 823	—	1.4	1.8	2.15	2.45	2.75	3.45	4.1	5.4	—
r_{min}		GB/T 818	0.1					0.2		0.25	0.4	
		GB/T 822	—	—		0.1			0.2		0.25	0.4	—
		GB/T 823	—		0.1				0.2		0.25	0.4	
r_{max}		GB/T 819 GB/T 820	0.4	0.5	0.6	0.8	0.9	1	1.3	1.5	2	2.5
$r_f \approx$		GB/T 818	2.5	3.2	4	5	6	6.5	8	10	13	16
		GB/T 820	3	4	5	6	8.5	9.5		12	16.5	19.5
		GB/T 823	—	4.5	6	7	8	9	12	14	18	—
$f \approx$		GB/T 820	0.4	0.5	0.6	0.7	0.8	1	1.2	1.4	2	2.3

十字槽	GB/T 818		槽号 No		0		1		2		3		4	
		H型	m 参考		1.7	1.9	2.7	3	3.9	4.4	4.9	6.9	9	10.1
			插入深度	max	0.95	1.2	1.55	1.8	1.9	2.4	2.9	3.6	4.6	5.8
				min	0.7	0.9	1.15	1.4	1.4	1.9	2.4	3.1	4	5.2
		Z型	m 参考		1.6	2.1	2.6	2.8	3.9	4.3	4.7	6.7	8.8	9.9
			插入深度	max	0.9	1.42	1.5	1.75	1.93	2.34	2.74	3.46	4.5	5.69
				min	0.65	1.17	1.25	1.5	1.48	1.89	2.29	3.03	4.05	5.24

十 字 槽	标准	型	参数										
	GB/T 819.1		槽号 No	0		1		2			3	4	
		H型	m 参考	1.6	1.9	2.9	3.2	4.4	4.6	5.2	6.8	8.9	10
			插入深度 max	0.9	1.2	1.8	2.1	2.4	2.6	3.2	3.5	4.6	5.7
			插入深度 min	0.6	0.9	1.4	1.7	1.9	2.1	2.7	3	4	5.1
		Z型	m 参考	1.6	1.9	2.8	3	4.1	4.4	4.9	6.6	8.8	9.8
			插入深度 max	0.95	1.2	1.73	2.01	2.2	2.51	3.05	3.45	4.6	5.64
			插入深度 min	0.7	0.95	1.48	1.76	1.75	2.06	2.6	3	4.15	5.19
	GB/T 820		槽号 No	0		1		2			3	4	
		H型	m 参考	1.9	2	3	3.4	3.8	5.2	5.4	7.3	9.6	10.4
			插入深度 max	1.2	1.5	1.85	2.2	2.75	3.2	3.4	4	5.25	6
			插入深度 min	0.9	1.2	1.5	1.8	2.25	2.7	2.9	3.5	4.75	5.5
		Z型	m 参考	1.9	2.2	2.8	3.1	4.6	5	5.3	7.1	9.5	10.3
			插入深度 max	1.2	1.4	1.75	2.08	2.70	3.1	3.35	3.85	5.2	6.05
			插入深度 min	0.95	1.15	1.5	1.83	2.25	2.65	2.9	3.4	4.75	5.6
	GB/T 822		槽号 No	—		1		2			3		—
		H型	m 参考	—	—	2.7	3.5	3.8	4.1	4.8	6.2	7.7	—
			插入深度 max	—	—	1.62	1.43	1.73	2.03	2.73	2.86	4.36	—
			插入深度 min	—	—	1.20	0.86	1.15	1.45	2.14	2.25	3.73	—
		Z型	m 参考	—	—	2.4	3.5	3.7	4.0	4.6	6.1	7.5	—
			插入深度 max	—	—	1.35	1.47	1.8	2.06	2.72	2.92	4.34	—
			插入深度 min	—	—	1.1	1.22	1.34	1.6	2.26	2.46	3.88	—
	GB/T 823		槽号 No	—	1		2			3			—
		H型	m ≈	—	2.2	2.6	3.5	3.8	4.1	4.8	6.2	7.7	—
			插入深度 max	—	1.01	1.42	1.43	1.73	2.03	2.73	2.86	4.36	—
			插入深度 min	—	0.60	1.00	0.86	1.15	1.45	2.14	2.26	3.73	—
	$l^{①}$ 长度范围			3~16	3~20	3~25	4~30	5~35	5~40	6~50	8~60	10~60	12~60

全螺纹时最大长度													
	GB/T 818			25					40					
	GB/T 819.1 GB/T 820			30					45					
	GB/T 822			—	—	30				40			—	
	GB/T 823			—	20	25	30	35	40	50			—	

性能等级										
	钢		按协议			4.8				
	不锈钢	GB/T 818 GB/T 820			A2-50、A2-70					
		GB/T 822			A2-70					
		GB/T 823			A1-50、C4-50					
	有色金属		按协议			CU2、CU3、AL4				

表面处理	钢	不经处理;电镀技术要求按 GB/T 5267.1;非电解锌片涂层技术要求按 GB/T 5267.2		
	不锈钢	简单处理;钝化处理技术要求按 GB/T 5267.4		
	有色金属	简单处理;电镀技术要求按 GB/T 5267.1		

注:(1) 尽可能不采用括号内的规格。

    (2) ① 长度系列为 2(仅 GB/T 822 有),3,4,5,6,8,10,12,(14),16,20~60(5 进位)。GB/T 818 的 M5 长度范围为 6~45,GB/T 823 的 M6 和 M8 长度范围分别为 8~50 和 10~50。

       ② GB/T 823 使用材料无有色金属。

10.3.2 紧定螺钉

表 10-13
开槽锥端紧定螺钉(摘自 GB/T 71—1985)、
开槽平端紧定螺钉(摘自 GB/T 73—2017)、
开槽凹端紧定螺钉(摘自 GB/T 74—1985)、
开槽长圆柱端紧定螺钉(摘自 GB/T 75—1985)

开槽锥端紧定螺钉

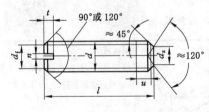

开槽平端紧定螺钉

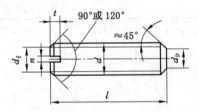

开槽凹端紧定螺钉

开槽长圆柱端紧定螺钉

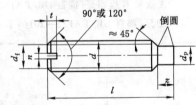

标记示例:

螺纹规格 d = M5、公称长度 l = 20 mm、性能等级为 14H 级、表面氧化的开槽锥端紧定螺钉标记为:

螺钉 GB/T 71 M5×12

(mm)

螺纹规格 d		M1.2	M1.6	M2	M2.5	M3	(M3.5)	M4	M5	M6	M8	M10	M12
螺距 P		0.25	0.35	0.4	0.45	0.5	0.6	0.7	0.8	1	1.25	1.5	1.75
d_{fmax}		=螺纹小径											
d_{pmax}		0.6	0.8	1.0	1.5	2.0	2.2	2.5	3.5	4.0	5.5	7.0	8.5
n 公称		0.2	0.25		0.4			0.5	0.6	0.8	1.2	1.6	2
t	max	0.52	0.74	0.84	0.95	1.05	1.21	1.42	1.63	2	2.5	3	3.6
	min	0.4	0.56	0.64	0.72	0.8	0.96	1.12	1.28	1.6	2	2.4	2.8
d_{tmax}		0.12	0.16	0.2	0.25	0.3	—	0.4	0.5	1.5	2	2.5	3
z_{max}		—	1.05	1.25	1.5	1.75		2.25	2.75	3.25	4.3	5.3	6.3
d_{zmax}		—	0.8	1	1.2	1.4	—	2	2.5	3	5	6	8

续表 10-13

螺纹规格 d		M1.2	M1.6	M2	M2.5	M3	(M3.5)	M4	M5	M6	M8	M10	M12
长度范围[①]	GB/T 71	2~6	2~8	3~10	3~12	4~16	—	6~20	8~25	8~30	10~40	12~50	14~60
	GB/T 73	2~6	2~8	2~10	2.5~12	3~16	4~20	4~20	5~25	6~30	8~40	10~50	12~60
	GB/T 74	—	2~8	2.5~10	3~12	3~16	—	4~20	5~25	6~30	8~40	10~50	12~60
	GB/T 75	—	2.5~8	3~10	4~16	5~16	—	6~20	8~25	8~30	10~40	10~50	14~60
性能等级	钢	GB/T 73	按协议					14H、22H						
		其余	14H、22H											
	不锈钢	GB/T 73	按协议					A1-12H						
		其余	A1-50											
	有色金属	GB/T73	CU2、CU3											
表面处理	钢	GB/T 73	不经处理;电镀技术要求按 GB/T 5267.1;非电解锌片涂层技术要求按 GB/T 5267.2											
		其余	(1)氧化;(2)镀锌钝化											
	不锈钢	GB/T73	简单处理;钝化处理技术要求按 GB/T 5267.4											
		其余	不经处理											
	有色金属	GB/T73	简单处理;电镀技术要求按 GB/T 5267.1											

注:① 长度系列为 2,2.5,3,4,5,6,8,10,12,(14),16,20~50(5 进位),(55),60。

10.4　螺母

表 10-14　　　　A 级和 B 级粗牙(摘自 GB/T 6170—2015)、
　　　　　　　　细牙(摘自 GB/T 6171—2016)Ⅰ型六角螺母

标记示例:

螺纹规格为 M12、性能等级为 8 级、不经过表面处理、A 级Ⅰ型六角螺母的标记:

螺母　GB/T 6170　M12

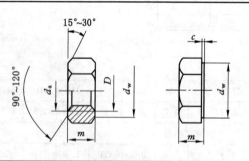
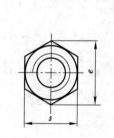

(mm)

螺纹规格 D		M1.6	M2	M2.5	M3	(M3.5)	M4	M5	M6	M8	M10	M12	(M14)
P	GB/T 6170	0.35	0.4	0.45	0.5	0.6	0.7	0.8	1	1.25	1.5	1.75	2
$D \times P$	GB/T 6171	—	—	—	—	—	—	—	—	M8×1	M10×1	M12×1.5	(M14×1.5)
		—	—	—	—	—	—	—	—	—	(M10×1.25)	(M12×1.25)	—
d_{amax}		1.84	2.30	2.90	3.45	4.00	4.60	5.75	6.75	8.75	10.80	13.00	15.10
d_{wmin}	GB/T 6170	2.4	3.1	4.1	4.6	5	5.9	6.9	8.9	11.6	14.6	16.6	19.6
	GB/T 6171	—	—	—	—	—	—	—	—	11.63	14.63	16.63	19.64

螺纹规格 D		M1.6	M2	M2.5	M3	(M3.5)	M4	M5	M6	M8	M10	M12	(M14)
c_{max}		0.2	0.3	0.4				0.5			0.6		
e_{min}		3.41	4.32	5.45	6.01	6.58	7.66	8.79	11.05	14.38	17.77	20.03	23.36
s	公称=max	3.2	4	5	5.5	6	7	8	10	13	16	18	21
	min	3.02	3.82	4.82	5.32	5.82	6.78	7.78	9.78	12.73	15.73	17.73	20.67
m_{max}		1.3	1.6	2	2.4	2.8	3.2	4.7	5.2	6.8	8.4	10.8	12.8
性能等级	钢	按协议							6,8,10				
	不锈钢	A2-70、A4-70											
	有色金属	CU2、CU3、AL4											

螺纹规格 D		M16	(M18)	M20	(M22)	M24	(M27)	M30	(M33)	M36
P	GB/T 6170	2	2.5	2.5	2.5	3	3	3.5	3.5	4
$D \times P$	GB/T 6171	M16×1.5	(M18×1.5)	M20×1.5	(M22×1.5)	M24×2	(M27×2)	M30×2	(M33×2)	M36×3
		—	—	(M20×2)	—	—	—	—	—	—
d_{amax}		17.30	19.50	21.60	23.70	25.90	29.10	32.40	35.60	38.90
d_{wmin}	GB/T 6170	22.5	24.9	27.7	31.4	33.3	38	42.8	46.6	51.1
	GB/T 6171	22.49	24.85	27.7	31.35	33.25	38	42.75	46.55	51.11
c_{max}		0.8								
e_{min}		26.75	29.56	32.95	37.29	39.55	45.2	50.85	55.37	60.79
s	公称=max	24	27	30	34	36	41	46	50	55
	min	23.67	26.16	29.16	33	35	40	45	49	53.8
m_{max}		14.8	15.8	18	19.4	21.5	23.8	25.6	28.7	31
性能等级	钢	6,8,10(GB/T 6171 为 6,8)								
	不锈钢	A2-70、A4-70					A2-50、A4-50			
	有色金属	CU2、CU3、AL4								

螺纹规格 D		(M39)	M42	(M45)	M48	(M52)	M56	(M60)	M64
P	GB/T 6170	4	4.5	4.5	5	5	5.5	5.5	6
$D \times P$	GB/T 6171	(M39×3)	M42×3	(M45×3)	M48×3	(M52×4)	M56×4	(M60×4)	M64×4
		—	—	—	—	—	—	—	—
d_{amax}		42.10	45.40	48.60	51.80	56.20	60.50	64.80	69.10
d_{wmin}	GB/T 6170	55.9	60	64.7	69.5	74.2	78.7	83.4	88.2
	GB/T 6171	55.86	59.95	64.7	69.45	74.2	78.66	83.41	88.16
c_{max}		1.0							
e_{min}		66.44	71.3	76.95	82.6	88.25	93.56	99.21	104.86
s	公称=max	60	65	70	75	80	85	90	95
	min	58.8	63.1	68.1	73.1	78.1	82.8	87.8	92.8
m_{max}		33.4	34	36	38	42	45	48	51

螺纹规格 D		(M39)	M42	(M45)	M48	(M52)	M56	(M60)	M64
性能等级	钢	6、8、10				按协议			
	不锈钢	A2-50 A4-50				按协议			
	有色金属				CU2、CU3、AL4				
表面处理	钢		不经处理；电镀技术要求按 GB/T 5267.1；非电解锌片涂层技术要求按 GB/T 5267.2						
	不锈钢		简单处理；钝化处理技术要求按 GB/T 5267.4						
	有色金属		简单处理；电镀技术要求按 GB/T 5267.1						

注：括号内为非优选的螺纹规格。

10.5 垫圈

10.5.1 平垫圈

表 10-15　　　平垫圈 A 级（摘自 GB/T 97.1—2002）、平垫圈倒角型 A 级　
　　　　　　　（摘自 GB/T 97.2—2002）和小垫圈 A 级（摘自 GB/T 848—2002）

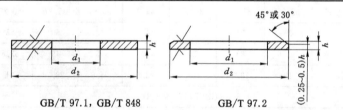

GB/T 97.1，GB/T 848　　　　　　GB/T 97.2

标记示例：

标准系列、公称规格 8 mm、由钢制造的硬度等级为 200HV 级、不经表面处理、产品等级为 A 级的平垫圈的标记为：

垫圈 GB/T 97.1　8

(mm)

公称规格（螺纹大径）		1.6	2	2.5	3	4	5	6	8	10	12	(14)	16	20	24	30	36
GB/T 97.1	d_1	1.7	2.2	2.7	3.2	4.3	5.3	6.4	8.4	10.5	13	15	17	21	25	31	37
	d_2	4	5	6	7	9	10	12	16	20	24	28	30	37	44	56	66
	h	0.3		0.5		0.8	1	1.6		2		2.5		3		4	5
GB/T 97.2	d_1			—			5.3	6.4	8.4	10.5	13	15	17	21	25	31	37
	d_2			—			10	12	16	20	24	28	30	37	44	56	66
	h			—			1	1.6		2		2.5		3		4	5
GB/T 848	d_1	1.7	2.2	2.7	3.2	4.3	5.3	6.4	8.4	10.5	13	15	17	21	25	31	37
	d_2	3.5	4.5	5	6	8	9	11	15	18	20	24	28	34	39	50	60
	h	0.3		0.5		1		1.6		2		2.5		3		4	5
性能等级	钢					200 HV、300 HV											
	不锈钢					200 HV											
表面处理	钢				不经处理；电镀技术要求按 GB/T 5267.1；非电解锌片涂层技术要求按 GB/T 5267.2												
	不锈钢				不经处理												

注：括号内为非优选尺寸。

10.5.2 弹性垫圈

表 10-16　　标准型弹簧垫圈(摘自 GB/T 93—1987)、轻型弹簧垫圈
(摘自 GB/T 859—1987)和重型弹簧垫圈(摘自 GB/T 7244—1987)

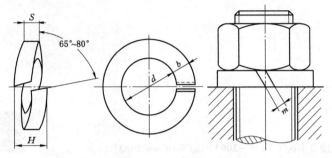

标记示例：
规格 16 mm、材料为 65Mn、表面氧化处理的标准型弹簧垫圈标记为：
垫圈 GB/T 93　16

(mm)

规格（螺纹大径）		2	2.5	3	4	5	6	8	10	12	(14)	16	18
d_{min}		2.1	2.6	3.1	4.1	5.1	6.1	8.1	10.2	12.2	14.2	16.2	18.2
GB/T 93	S公称	0.5	0.65	0.8	1.1	1.3	1.6	2.1	2.6	3.1	3.6	4.1	4.5
	b公称	0.5	0.65	0.8	1.1	1.3	1.6	2.1	2.6	3.1	3.6	4.1	4.5
	H_{max}	1.25	1.63	2	2.75	3.25	4	5.25	6.5	7.75	9	10.25	11.25
	$m \leqslant$	0.25	0.33	0.4	0.55	0.65	0.8	1.05	1.3	1.55	1.8	2.05	2.25
GB/T 859	S公称	—		0.6	0.8	1.1	1.3	1.6	2	2.5	3	3.2	3.6
	b公称	—		1	1.2	1.5	2	2.5	3	3.5	4	4.5	5
	H_{max}	—		1.5	2	2.75	3.25	4	5	6.25	7.5	8	9
	$m \leqslant$	—		0.3	0.4	0.55	0.65	0.8	1	1.25	1.5	1.6	1.8
GB/T 7244	S公称	—					1.8	2.4	3	3.5	4.1	4.8	5.3
	b公称	—					2.6	3.2	3.8	4.3	4.8	5.3	5.8
	H_{max}	—					4.5	6	7.5	8.75	10.25	12	13.25
	$m \leqslant$	—					0.9	1.2	1.5	1.75	2.05	2.4	2.65
规格（螺纹大径）		20	(22)	24	(27)	30	(33)	36	(39)	42	(45)	48	
d_{min}		20.2	22.5	24.5	27.5	30.5	33.5	36.5	39.5	42.5	45.5	48.5	
GB/T 93	S公称	5	5.5	6	6.8	7.5	8.5	9	10	10.5	11	12	
	b公称	5	5.5	6	6.8	7.5	8.5	9	10	10.5	11	12	
	H_{max}	12.5	13.75	15	17	18.75	21.25	22.5	25	26.25	27.5	30	
	$m \leqslant$	2.5	2.75	3	3.4	3.75	4.25	4.5	5	5.25	5.5	6	
GB/T 859	S公称	4	4.5	5	5.5	6	—						
	b公称	5.5	6	7	8	9	—						
	H_{max}	10	11.25	12.5	13.75	15	—						
	$m \leqslant$	2	2.25	2.5	2.75	3	—						
GB/T 7244	S公称	6	6.6	7.1	8	9	9.9	10.8	—				
	b公称	6.4	7.2	7.5	8.5	9.3	10.2	11.0	—				
	H_{max}	15	16.5	17.75	20	22.5	24.75	27	—				
	$m \leqslant$	3	3.3	3.55	4	4.5	4.95	5.4	—				

11　键连接和销连接

11.1　键连接

11.1.1　普通平键

表 11-1　　　　　普通平键(摘自 GB/T 1095—2003，GB/T 1096—2003)

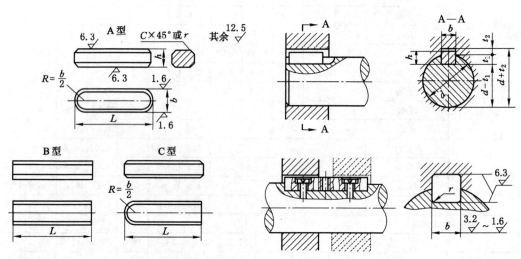

标记示例：

圆头普通平键(A 型)，$b=16$ mm，$h=10$ mm，$L=100$ mm

GB/T 1096 键 16×10×100

对于同一尺寸的平头普通平键(B 型)或单圆头普通平键(C 型)，标注为

GB/T 1096 键 B 16×10×100

GB/T 1096 键 C 16×10×100

(mm)

轴	键	键槽											
		宽度 b						深度				半径 r	
		基本尺寸	极限偏差					轴 t1		毂 t2			
轴径 d	键尺寸 b×h		正常联结		紧密联结	松联结		基本尺寸	极限偏差	基本尺寸	极限偏差	min	max
			轴 N9	毂 JS9	轴和毂 P9	轴 H9	毂 D10						
自6~8	2×2	2	−0.004 / −0.029	±0.012 5	−0.006 / −0.031	+0.025 / 0	+0.060 / +0.020	1.2	+0.10 / 0	1.0	+0.10 / 0	0.08	0.16
>8~10	3×3	3						1.8		1.4			
>10~12	4×4	4	0 / −0.030	±0.015	−0.012 / −0.042	+0.030 / 0	+0.078 / +0.030	2.5		1.8		0.16	0.25
>12~17	5×5	5						3.0		2.3			
>17~22	6×6	6						3.5		2.8			
>22~30	8×7	8	0 / −0.036	±0.018	−0.015 / −0.051	+0.036 / 0	+0.098 / +0.040	4.0	+0.20 / 0	3.3	+0.20 / 0	0.25	0.40
>30~38	10×8	10						5.0		3.3			
>38~44	12×8	12	0 / −0.043	±0.021 5	−0.018 / −0.061	+0.043 / 0	+0.120 / +0.050	5.0		3.3			
>44~50	14×9	14						5.5		3.8			
>50~58	16×10	16						6.0		4.3			
>58~65	18×11	18						7.0		4.4			
>65~75	20×12	20	0 / −0.052	±0.026	−0.022 / −0.074	+0.052 / 0	+0.149 / +0.065	7.5		4.9		0.40	0.60
>75~85	22×14	22						9.0		5.4			
>85~95	25×14	25						9.0		5.4			
>95~110	28×16	28						10.0		6.4			
>110~130	32×18	32	0 / −0.062	±0.031	−0.026 / −0.088	+0.062 / 0	+0.180 / +0.080	11.0		7.4		0.70	1.00
>130~150	36×20	36						12.0		8.4			
>150~170	40×22	40						13.0		9.4			
>170~200	45×25	45						15.0		10.4			
>200~230	50×28	50						17.0		11.4			
>230~260	56×32	56	0 / −0.074	±0.037	−0.032 / −0.106	+0.074 / 0	+0.220 / +0.100	20.0	+0.30 / 0	12.4	+0.30 / 0	1.20	1.60
>260~290	63×32	63						20.0		12.4			
>290~330	70×36	70						22.0		14.4			
>330~380	80×40	80						25.0		15.4			
>380~440	90×45	90	0 / −0.087	±0.043 5	−0.037 / −0.124	+0.087 / 0	+0.260 / +0.120	28.0		17.4		2.00	2.50
>440~500	100×50	100						31.0		19.5			

L 系列	6,8,10,12,14,16,18,20,22,25,28,32,36,40,45,50,56,63,70,80,90,100,110,125,140,160,180,200,220,250,280, 320,360,400,450,500

注:(1) 在工作图中,轴槽深用 $d-t_1$ 或 t_1 标注,轮毂槽深用 $d+t_2$ 标注。$(d-t_1)$ 和 $(d+t_2)$ 尺寸偏差按相应的 t_1 和 t_2 的偏差选取,但 $(d-t_1)$ 偏差应取负号(−)。

(2) 当键长大于 500 mm 时,其长度应按 GB/T 321 的 R20 系列选取,为减小由于直线度而引起的问题,键长应小于 10 倍的键宽。

(3) 导向型平键的轴槽与轮毂槽用较松键连接的公差。平键轴槽的长度公差用 H14。

(4) 轴槽及轮毂槽的宽度 b 对轴及轮毂轴心线的对称度,一般可按 GB/T 1184—1996 表 B4 中对称度公差 7~9 级选取。

(5) GB/T 1095—2003 没有给出相应轴的直径,此栏数据取自旧国家标准,供选键时参考。

表 11-2 　　　　　　　　　**导向型平键（摘自 GB/T 1097—2003）**

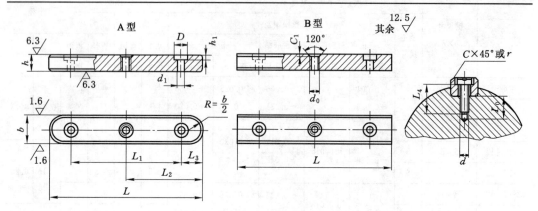

标记示例:圆头导向平键(A 型),宽度 $b=16$ mm,高度 $h=10$ mm,长度 $L=100$ mm

GB/T 1097 键 16×100

对于同一尺寸的方头导向平键(B 型)

GB/T 1097 键 B 16×100

(mm)

b(h8)	8	10	12	14	16	18	20	22	25	28	32	36	40	45
h(h11)	7	8	8	9	10	11	12	14	14	16	18	20	22	25
C 或 r	0.25～0.40		0.40～0.60					0.60～0.80				1.00～1.20		
h_1	2.4		3.0		3.5		4.5			6		7		8
d_0	M3		M4		M5		M6			M8		M10		M12
d_1	3.4		4.5		5.5		6.6			9		11		14
D	6		8.5		10		12			15		18		22
C_1	0.3						0.5					1.0		
L_0	7		8		10			12			15		18	22
螺钉($d_0×L_4$)	M3×8	M3×10	M4×10	M5×10	M5×10	M6×12	M6×12	M6×16	M8×16	M8×16	M10×20	M12×25		
L 范围	25～90	25～110	28～140	36～160	45～180	50～200	56～220	63～250	70～280	80～320	90～360	100～400	100～400	110～450

L 与 L_1、L_2、L_3 的对应长度系列

L	25	28	32	36	40	45	50	56	63	70	80	90	100	110	125	140	160	180	200	220	250	280	320	360	400	450
L_1	13	14	16	18	20	23	26	30	35	40	48	54	60	66	75	80	90	100	110	120	140	160	180	200	220	250
L_2	12.5	14	16	18	20	22.5	25	28	31.5	35	40	45	50	55	62	70	80	90	100	110	125	140	160	180	200	225
L_3	6	7	8	9	10	11	12	13	14	16	18	20	22	25	30	35	40	45	50	55	60	70	80	90	100

注:(1) 导向型平键的技术条件应符合 GB/T 1568 的规定。

(2) 固定用螺钉应符合 GB/T 822 或 GB/T 65 的规定。

(3) 键槽的尺寸应符合 GB/T 1095 的规定。

(4) 当键长大于 450 mm 时,其长度应按 GB/T 321 的 R20 系列选取,为减小由于直线度而引起的问题,键长应小于 10 倍的键宽。

11.1.2 半圆键

表 11-3	半圆键(摘自 GB/T 1099.1—2003,GB/T 1098—2003)

<table>
<tr><td>键的尺寸
(GB/T 1099.1—2003)</td><td>键槽的剖面尺寸
(GB/T 1098—2003)</td></tr>
</table>

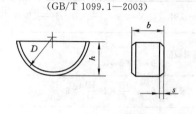 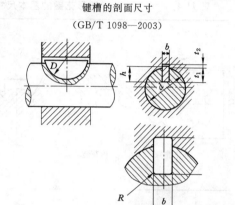

标记示例:

普通型半圆键 宽度 $b=8$ mm,高度 $h=11$ mm,直径 $D=28$ mm

GB/T 1099.1 键 $8\times11\times28$

(mm)

轴径 d		键尺寸	键的公称尺寸				键槽尺寸					
传递 转矩用	定位用	$b\times h\times D$	宽度 b	高度 h (h12)	直径 D (h12)	倒角或 倒圆 s	轴槽深 t_1		毂槽深 t_2		半径 R	b
							基本 尺寸	偏差	基本 尺寸	偏差		
自 3～4	自 3～4	$1\times1.4\times4$	1.0	1.4	4		1.0		0.6			
>4～5	>4～6	$1.5\times2.6\times7$	1.5	2.6	7		2.0		0.8			
>5～6	>6～8	$2\times2.6\times7$	2.0	2.6	7		1.8	+0.10	1.0			
>6～7	>8～10	$2\times3.7\times10$	2.0	3.7	10	0.16～ 0.25	2.9		1.0		0.08～ 0.16	
>7～8	>10～12	$2.5\times3.7\times10$	2.5	3.7	10		2.7		1.2			
>8～10	>12～15	$3\times5\times13$	3.0	5.0	13		3.8		1.4			
>10～12	>15～18	$3\times6.5\times16$	3.0	6.5	16		5.3		1.4	+0.10		
>12～14	>18～20	$4\times6.5\times16$	4.0	6.5	16		5.0	+0.20	1.8			基 本 尺 寸 同 键
>14～16	>20～22	$4\times7.5\times19$	4.0	7.5	19		6.0		1.8			
>16～18	>22～25	$5\times6.5\times16$	5.0	6.5	16		4.5		2.3		0.16～ 0.25	
>18～20	>25～28	$5\times7.5\times19$	5.0	7.5	19	0.25～ 0.40	5.5		2.3			
>20～22	>28～32	$5\times9\times22$	5.0	9.0	22		7.0		2.3			
>22～25	>32～36	$6\times9\times22$	6.0	9.0	22		6.5		2.8			
>25～28	>36～40	$6\times10\times25$	6.0	10	25		7.5	+0.30	2.8			
>28～32	40	$8\times11\times28$	8.0	11	28	0.40～ 0.60	8		3.3	+0.20	0.25～ 0.4	
>32～38	—	$10\times13\times32$	10	13	32		10		3.3			

注:(1) 半圆键的技术条件应符合 GB/T 1568 的规定。

(2) 轴槽及轮毂槽的宽度 b 对轴以及轮毂轴心线的对称性,一般可按 GB/T 1184—1996 表 B4 中对称度公差 7～9 级选取。

(3) 键槽表面粗糙度一般规定:轴槽、轮毂槽的键槽宽度 b 两侧面粗糙度参数按 GB/T 1031,选 R_a 值为 1.6～3.2 μm;轴槽底面、轮毂槽底面的表面粗糙度参数按 GB/T 1031,选 R_a 值为 6.3 μm。

(4) GB/T 1099.1—2003 没有给出相应轴的直径,此栏数据取自旧国家标准,供选键时参考。

11.1.3　花键

（1）矩形花键连接

表 11-4　　　　　　　　　矩形花键的基本尺寸系列(摘自 GB/T 1144—2001)

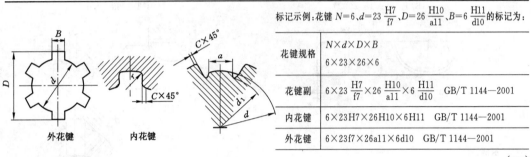

标记示例:花键 $N=6$、$d=23\dfrac{H7}{f7}$、$D=26\dfrac{H10}{a11}$、$B=6\dfrac{H11}{d10}$ 的标记为:

花键规格	$N\times d\times D\times B$ $6\times23\times26\times6$
花键副	$6\times23\dfrac{H7}{f7}\times26\dfrac{H10}{a11}\times6\dfrac{H11}{d10}$　　GB/T 1144—2001
内花键	$6\times23H7\times26H10\times6H11$　　GB/T 1144—2001
外花键	$6\times23f7\times26a11\times6d10$　　GB/T 1144—2001

(mm)

d	轻　系　列					中　系　列				
	规　格 $N\times d\times D\times B$	C	r	参考		规　格 $N\times d\times D\times B$	C	r	参考	
				$d_{1\min}$	$a_{\min}$				$d_{1\min}$	$a_{\min}$
11						$6\times11\times14\times3$	0.2	0.1	—	—
13						$6\times13\times16\times3.5$				
16	—	—	—	—	—	$6\times16\times20\times4$	0.3	0.2	14.4	1.0
18						$6\times18\times22\times5$			16.6	1.0
21						$6\times21\times25\times5$			19.5	2.0
23	$6\times23\times26\times6$	0.2	0.1	22	3.5	$6\times23\times28\times6$			21.2	1.2
26	$6\times26\times30\times6$			24.5	3.8	$6\times26\times32\times6$			23.6	1.2
28	$6\times28\times32\times7$			26.6	4	$6\times28\times34\times7$			25.8	1.4
32	$8\times32\times36\times6$	0.3	0.2	30.3	2.7	$8\times32\times38\times6$	0.4	0.3	29.4	1.0
36	$8\times36\times40\times7$			34.4	3.5	$8\times36\times42\times7$			33.4	1.0
42	$8\times42\times46\times8$			40.5	5	$8\times42\times48\times8$			39.4	2.5
46	$8\times46\times50\times9$			44.6	5.7	$8\times46\times54\times9$			42.6	1.4
52	$8\times52\times58\times10$			49.6	4.8	$8\times52\times60\times10$	0.5	0.4	48.6	2.5
56	$8\times56\times62\times10$			53.5	6.5	$8\times56\times65\times10$			52.0	2.5
62	$8\times62\times68\times12$			59.7	7.3	$8\times62\times72\times12$			57.7	2.4
72	$10\times72\times78\times12$	0.4	0.3	69.6	5.4	$10\times72\times82\times12$			67.7	1.0
82	$10\times82\times88\times12$			79.3	8.5	$10\times82\times92\times12$			77.0	2.9
92	$10\times92\times98\times14$			89.6	9.9	$10\times92\times102\times14$	0.6	0.5	87.3	4.5
102	$10\times102\times108\times16$			99.6	11.3	$10\times102\times112\times16$			97.7	6.2
112	$10\times112\times120\times18$	0.5	0.4	108.8	10.5	$10\times112\times125\times18$			106.2	4.1

注:(1) N——齿数;D——大径;B——键宽或键槽宽。

　　(2) d_1 和 a 值仅适用于展成法加工。

表 11-5　　　　　　　矩形花键的尺寸公差带(摘自 GB/T 1144—2001)

内 花 键				外 花 键			装配型式
d	D	B		d	D	B	
公差带	公差带	公差带		公差带	公差带	公差带	
		拉削后不热处理	拉削后热处理				
一般使用							
H7	H10	H9	H11	f7	d10		滑动
				g7	a11	f9	紧滑动
				h7		h10	固定
精密传动用公差带							
H5				f5	d8		滑动
	H10	H7,H9		g5	f7		紧滑动
				h5	h8		固定
H6				f6	d8		滑动
				g6	a11	f7	紧滑动
				h6		h8	固定

注:(1) 精密传动用的内花键,当需要控制键侧配合间隙时,槽宽可选用 H7,一般情况下可选用 H9。
　　(2) d 为 H6 和 H7 的内花键允许与高一级的外花键配合。

(2) 渐开线花键

表 11-6　　30°渐开线外花键大径 $D_{ee}=m(z+1)$ 尺寸系列(摘自 GB/T 3478.1—2008)

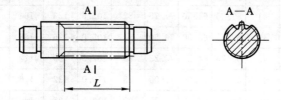

（mm）

z \ m	0.5	(0.75)	1	(1.25)	1.5	(1.75)	2	2.5	3	(4)	5	(6)	(8)	10
10	5.50	8.25	11	13.75	16.50	19.25	22	27.50	33	44	55	66	88	110
11	6.00	9.00	12	15.00	18.00	21.00	24	30.00	36	48	60	72	96	120
12	6.50	9.75	13	16.25	19.50	22.75	26	32.50	39	52	65	78	104	130
13	7.00	10.50	14	17.50	21.00	24.50	28	35.00	42	56	70	84	112	140
14	7.50	11.25	15	18.75	22.50	26.25	30	37.50	45	60	75	90	120	150
15	8.00	12.00	16	20.00	24.00	28.00	32	40.00	48	64	80	96	128	160
16	8.50	12.75	17	21.25	25.50	29.75	34	42.50	51	68	85	102	136	170
17	9.00	13.50	18	22.50	27.00	31.50	36	45.00	54	72	90	108	144	180

续表 11-6

z \ m	0.5	(0.75)	1	(1.25)	1.5	(1.75)	2	2.5	3	(4)	5	(6)	(8)	10
18	9.50	14.25	19	23.75	28.50	33.25	38	47.50	57	76	95	114	152	190
19	10.00	15.00	20	25.00	30.00	35.00	40	50.00	60	80	100	120	160	200
20	10.50	15.75	21	26.25	31.50	36.75	42	52.50	63	84	105	126	168	210
21	11.00	16.50	22	27.50	33.00	38.50	44	55.00	66	88	110	132	176	220
22	11.50	17.25	23	28.75	34.50	40.25	46	57.50	69	92	115	138	184	230
23	12.00	18.00	24	30.00	36.00	42.00	48	60.00	72	96	120	144	192	240
24	12.50	18.75	25	31.25	37.50	43.75	50	62.50	75	100	125	150	200	250
25	13.00	19.50	26	32.50	39.00	45.50	52	65.00	78	104	130	156	208	260
26	13.50	20.25	27	33.75	40.50	47.25	54	67.50	81	108	135	162	216	270
27	14.00	21.00	28	35.00	42.00	49.00	56	70.00	84	112	140	168	224	280
28	14.50	21.75	29	36.25	43.50	50.75	58	72.50	87	116	145	174	232	290
29	15.00	22.50	30	37.5	45.00	52.50	60	75.00	90	120	150	180	240	0.3
30	15.50	23.25	31	38.75	46.50	54.25	62	77.5	93	124	155	186	248	310
31	16.00	24.00	32	40.00	48.00	56.00	64	80.00	96	128	160	192	256	320
32	16.50	24.75	33	41.25	49.50	57.75	66	82.50	99	132	165	198	264	330
33	17.00	25.50	34	42.50	51.00	59.50	68	85.00	102	136	170	204	272	340
34	17.50	26.25	35	43.75	52.50	61.25	70	87.50	105	140	175	210	280	350
35	18.00	27.00	36	45.00	54.00	63.00	72	90.00	108	144	180	216	288	360
36	18.50	27.75	37	46.25	55.50	64.75	74	92.50	111	148	185	222	296	370
37	19.00	28.50	38	47.50	57.00	66.50	76	95.00	114	152	190	228	304	380
38	19.50	29.25	39	48.75	58.50	68.25	78	97.50	117	156	195	234	312	390
39	20.00	30.00	40	50.00	60.00	70.00	80	100.00	120	160	200	240	320	400
40	20.50	30.75	41	51.25	61.50	71.75	82	102.5	123	164	205	246	328	410
41	21.00	31.50	42	52.50	63.00	73.50	84	105.0	126	168	210	252	336	420
42	21.50	32.25	43	53.75	64.50	75.25	86	107.5	129	172	215	258	344	430
43	22.00	33.00	44	55.00	66.00	77.00	88	110.0	132	176	220	264	352	440
44	22.50	33.75	45	56.25	67.50	78.75	90	112.5	135	180	225	270	360	450
45	23.00	34.50	46	57.50	69.00	80.50	92	115.0	138	184	230	276	368	460
46	23.50	35.25	47	58.75	70.50	82.25	94	117.5	141	188	235	282	376	470
47	24.00	36.00	48	60.00	72.00	84.00	96	120.0	144	192	240	288	384	480
48	24.50	36.75	49	61.25	73.50	85.75	98	122.5	147	196	245	294	392	490
49	25.00	37.50	50	62.50	75.00	87.50	100	125.0	150	200	250	300	400	500
50	25.50	38.25	51	63.75	76.50	89.25	102	127.5	153	204	255	306	408	510

注:(1) 括号内的模数为第 2 系列,框内尺寸为常用尺寸。

(2) 齿数 z 系列为 10～100,本表只列到 50 供常用,若需取 z>50 时,大径按 $D_{ee}=m(z+1)$ 计算。

(3) 当本表不能满足产品结构需要时,允许齿数不按本表规定,但必须保持标准中规定的几何参数关系及公差配合,以便采用标准滚刀和插齿刀。

表 11-7　　　　45°渐开线外花键大径 $D_{ee} = m(z + 0.8)$ 尺寸系列

（摘自 GB/T 3478.1—2008）　　　　　　　mm

z ╲ m	0.25	0.5	(0.75)	1	1.25	1.5	1.75	2	2.5
16	4.20	8.40	12.60	16.80	21.00	25.20	29.40	33.60	42.00
20	5.20	10.40	15.60	20.80	26.00	31.20	36.40	41.60	52.00
24	6.20	12.40	18.60	24.80	31.00	37.20	43.40	49.60	62.00
28	7.20	14.40	21.60	28.80	36.00	43.20	50.40	57.60	72.00
32	8.20	16.40	24.60	32.80	41.00	49.20	57.40	65.60	82.00
36	9.20	18.40	27.60	36.80	46.00	55.20	64.40	73.60	92.00
40	10.20	20.40	30.60	40.80	51.00	61.20	71.40	81.60	102.00
44	11.20	22.40	33.60	44.80	56.00	67.20	78.40	89.60	112.00
48	12.20	24.40	36.60	48.80	61.00	73.20	85.40	97.60	122.00
52	13.20	26.40	39.60	52.80	66.00	79.20	92.40	105.60	132.00
56	14.20	28.40	42.60	56.80	71.00	85.20	99.40	113.60	142.00
60	15.20	30.40	45.60	60.80	76.00	91.20	106.40	121.60	152.00
64	16.20	32.40	48.60	64.80	81.00	97.20	113.40	129.60	162.00
68	17.20	34.40	51.60	68.80	86.00	103.20	120.40	137.60	172.00
72	18.20	36.40	54.60	72.80	91.00	109.20	127.40	145.60	182.00
76	19.20	38.40	57.60	76.80	96.00	115.20	134.40	153.60	192.00
80	20.20	40.40	60.60	80.80	101.00	121.20	141.40	161.60	202.00
84	21.20	42.40	63.60	84.80	106.00	127.20	148.40	169.60	212.00
88	22.20	44.40	66.60	88.80	111.00	133.20	155.40	177.60	222.00
92	23.20	46.40	69.60	92.80	116.00	139.20	162.40	185.60	232.00
96	24.20	48.40	72.60	96.80	121.00	145.20	169.40	193.60	242.00
100	25.20	50.40	75.60	100.80	126.00	151.20	176.40	201.60	252.00

注:(1) 括号内的模数为第 2 系列,框内尺寸为常用尺寸。

(2) 当本表不能满足产品结构需要时,允许齿数不按本表规定,但应尽量按(100+4n)或(13+4n)选取(n 为正整数),并保持标准中规定的几何参数关系及公差配合,以便采用标准滚刀和插刀。

11.2　销

11.2.1　圆柱销

表 11-8　　圆柱销 不淬硬钢和奥氏体不锈钢(摘自 GB/T 119.1—2000)、
淬硬钢和马氏体不锈钢(摘自 GB/T 119.2—2000)

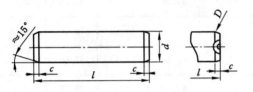

末端形状由制造者确定

标记示例:

公称直径 $d=6$ mm、公差为 m6、公称长度 $l=30$ mm、材料为钢、不经淬火、不经表面处理的圆柱销的标记:

销 GB/T 119.1　6m6×30

尺寸公差同上,材料为钢、普通淬火(A 型)、表面氧化处理的圆柱销的标记:销 GB/T 119.2　6×30

尺寸公差同上,材料为 C1 组马氏体不锈钢表面氧化处理的圆柱销的标记:销 GB/T 119.2　6×30－C1

(mm)

	d	0.6	0.8	1	1.2	1.5	2	2.5	3	4	5	6	8	10	12	16	20	25	30	40	50
	c	0.12	0.16	0.2	0.25	0.3	0.35	0.4	0.5	0.63	0.8	1.2	1.6	2	2.5	3	3.5	4	5	6.3	8
GB/T 119.1	l	2~6	2~8	4~10	4~12	4~16	6~20	6~24	8~30	8~40	10~50	12~60	14~80	18~95	22~140	26~180	35~200	50~200	60~200	80~200	95~200

① 钢硬度 125~245HV30,奥氏体不锈钢 Al 硬度 210~280HV30。

② 粗糙度公差 m6:$R_a \leqslant 0.8$ μm,公差 h8:$R_a \leqslant 1.6$ μm。

③ l 系列(公称尺寸,单位 mm):2,3,4,5,6,8,10,12,14,16,18,20,22,24,26,28,30,32,35,40,45,50,55,60,65,70,75,80,85,90,95,100,120,140,160,180,200;公称长度大于 200 mm,按 20 mm 递增。

	d	1	1.5	2	2.5	3	4	5	6	8	10	12	16	20
	c	0.2	0.3	0.35	0.4	0.5	0.63	0.8	1.2	1.6	2	2.5	3	3.5
GB/T 119.2	l	3~10	4~16	5~20	6~24	8~30	10~40	12~50	14~60	18~80	22~100	26~100	40~100	50~100

① 钢 A 型(普通淬火),硬度 550~650HV30;B 型(表面淬火),表面硬度 600~700HV1,渗碳层深度 0.25~0.4 mm 的硬度 550HV1min,马氏体不锈钢,C1 淬火并回火硬度 460~560HV30。

② 表面粗糙度 $R_a \leqslant 0.8$ μm。

③ l 系列(公称尺寸,单位 mm):

3,4,5,6,8,10,12,14,16,18,20,22,24,26,28,30,32,35,40,45,50,55,60,65,70,75,80,85,90,95,100;公称长度大于 100 mm,按 20 mm 递增。

11.2.2　圆锥销

表 11-9	圆锥销(摘自 GB/T 117—2000)

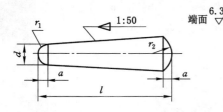

端面 $\sqrt{\dfrac{6.3}{}}$

$r_1 \approx d$

$r_2 \approx \dfrac{a}{2} + d + \dfrac{(0.02l)^2}{8a}$

标记示例:

公称直径 $d = 10$ mm,长度 $l = 60$ mm,材料 35 钢,热处理硬度 28～38HRC,表面氧化处理的 A 型圆柱销:

销　GB/T 117　10×60

(mm)

d(公称)h10	0.6	0.8	1	1.2	1.5	2	2.5	3	4	5
$a \approx$	0.08	0.1	0.12	0.16	0.2	0.25	0.3	0.4	0.5	0.63
l(商品规格范围)	4～8	5～12	6～16	6～20	8～24	10～35	10～35	12～45	14～55	18～60
d(公称)h10	6	8	10	12	16	20	25	30	40	50
$a \approx$	0.8	1	1.2	1.6	2	2.5	3	4	5	6.3
l(商品规格范围)	22～99	22～120	26～160	32～180	40～200	45～200	50～200	55～200	60～200	65～200
L 系列(公称尺寸)	2,3,4,5,6,8,10,12,14,16,18,20,22,24,26,28,30,32,35,40,45,50,55,60,65,70,75, 80,85,90,95,100,120,140,160,180,200,公称长度大于 200 mm,按 20 mm 递增。									

注:(1) A 型(磨削):锥面表面粗糙度 $R_a = 0.8$ μm;

　　 B 型(切削或冷镦):锥面表面粗糙度 $R_a = 3.2$ μm。

(2) 材料:钢、易切钢(Y12、Y15),碳素钢(35,28～38HRC;45,38～46HRC),合金钢(30CrMnSiA,35～41HRC),
不锈钢(1Cr13、2Cr13、Cr17Ni2、0Cr18Ni9Ti)。

12　传动零件

12.1　普通 V 带轮

12.1.1　V 带轮(基准宽度制)轮缘尺寸

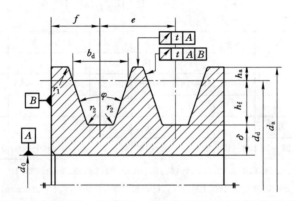

表 12-1　　　V 带轮(基准宽度制)轮缘尺寸(摘自 GB/T 13575.1—2008)　　　mm

项目		符号	槽型						
			Y	Z SPZ	A SPA	B SPB	C SPC	D	E
基准宽度		b_d	5.3	8.5	11.0	14.0	19.0	27.0	32.0
基准线上槽深		h_{amin}	1.6	2.0	2.75	3.5	4.8	8.1	9.6
基准线下槽深		h_{fmin}	4.7	7.0 9.0	8.7 11.0	10.8 14.0	14.3 19.0	19.9	23.4
槽间距		e	8±0.3	12±0.3	15±0.3	19±0.4	25.5±0.5	37±0.6	44.5±0.7
槽边距		f_{min}	6	7	9	11.5	16	23	28
最小轮缘厚		δ_{min}	5	5.5	6	7.5	10	12	15
带轮宽		B	$B=(z-1)e+2f$　　z——轮槽数						
外　径		d_a	$d_a=d_d+2h_a$						
轮槽角 φ	32°	相应的基准直径 d_d	≤60	—	—	—	—	—	—
	34°		—	≤80	≤118	≤190	≤315	—	—
	36°		>60	—	—	—	—	≤475	≤600
	38°		—	>80	>118	>190	>315	>475	>600
	极限偏差		±30′						

12.1.2 联组普通 V 带轮轮缘尺寸

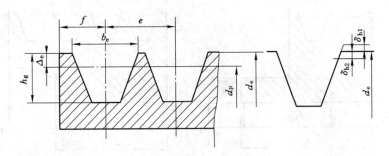

表 12-2		联组普通 V 带轮轮缘尺寸			mm

项目	符号	槽型			
		AJ	BJ	CJ	DJ
有效宽度	b_e	13	16.5	22.4	32.8
有效线差	Δ_e	1.5	2	3	4.5
槽深	h_{gmin}	12	14	19	26
槽边距	f_{min}	9	11.5	16	23
槽间距	e	15.88±0.3	19.05±0.4	25.4±0.5	36.53±0.6
e 的累积误差		±0.6	±0.8	±1.0	±1.2
d_e 允许偏差	δ_{h1}	0.2	0.25	0.3	0.3
	δ_{h2}	0.35	0.40	0.45	0.55
轮槽角 φ　34°	相应的 d_e	≤125	≤200	≤335	
36°					≤500
38°		>125	≥200	≥335	≥500

12.1.3 V 带轮的结构型式和辐板厚度

（1）带轮的设计要求和带轮材料

设计带轮时,应使其结构便于制造,重量轻,材质分布均匀,并避免由于铸造产生过大的内应力。$v>5$ m/s 时要进行静平衡,$v>25$ m/s 时则应进行动平衡。轮槽工作表面应光滑,以减少 V 带的磨损。

带轮材料常采用灰铸铁、钢、铝合金或工程塑料等。灰铸铁应用最广,当 $v>30$ m/s 时用HT150 或 HT200;当 $v>25\sim45$ m/s 时,则宜采用孕育铸铁或铸钢,也可用钢板冲压-焊接带轮。小功率传动可用铸铝或塑料。汽车、农业机械的辅助传动常用钢板冲压带轮或旋压带轮。

（2）带轮的典型结构

带轮由轮缘、轮辐和轮毂三部分组成。

"普通带"和"窄带"（基准宽度制）带轮轮缘尺寸见表 12-1,联组普通 V 带带轮的轮缘尺寸见表 12-2。典型结构分为实心式带轮、辐板式带轮、板孔式带轮和轮辐式带轮四种,结构图如图 12-1 所示。

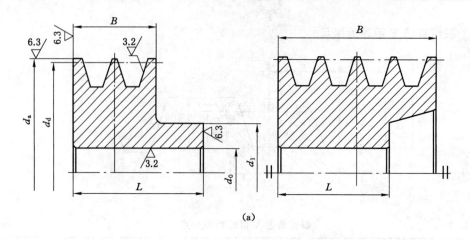

(a)

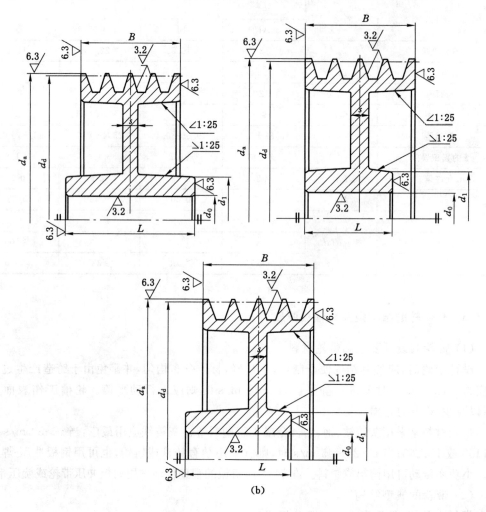

(b)

图 12-1 带轮典型结构图

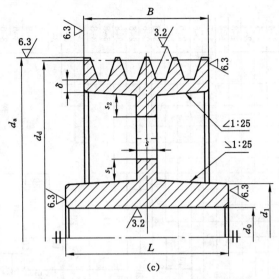

(c)

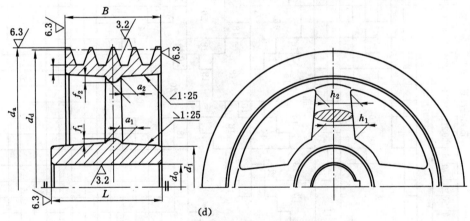

(d)

续图 12-1　带轮典型结构图

(a) 实心式带轮；(b) 辐板式带轮；(c) 板孔式带轮；(d) 轮辐式带轮

$d_1 = (1.8 \sim 2)d_0$，$L = (1.5 \sim 2)d_0$，d_0——轴径；s 见表 12-3，$s_1 \geqslant 1.5s$，$s_2 \geqslant 0.5s$；

$h_1 = 290\sqrt[3]{\dfrac{P}{nA}}$ mm，P——传递功率(kW)，n——带轮转数(r/min)；

A——轮辐数；$h_2 = 0.8h_1$，$a_1 = 0.4h_1$，$a_2 = 0.8a_1$；$f_1 = 0.2h_1$，$f_2 = 0.2h_2$

表 12-3

V带轮的结构型式和辐板厚度

mm

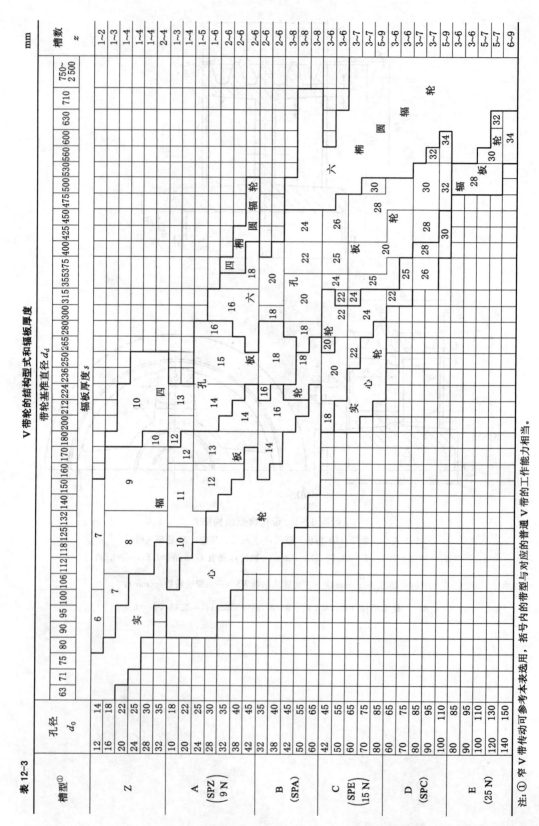

注：① 窄 V 带传动可参考本表选用，括号内的带型与对应的普通 V 带的工作能力相当。

12.1.4 零件图示例

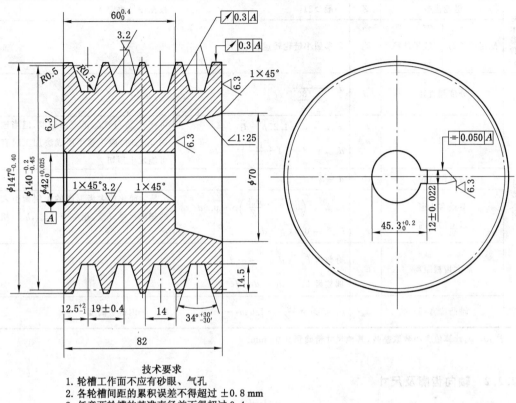

技术要求
1. 轮槽工作面不应有砂眼、气孔
2. 各轮槽间距的累积误差不得超过 ±0.8 mm
3. 任意两轮槽的基准直径差不得超过 0.4 mm

图 12-2 带轮零件图

12.2 滚子链及链轮

12.2.1 滚子链链轮的基本参数和主要尺寸

表 12-4　　　　滚子链链轮的基本参数和主要尺寸(摘自 GB/T 1243—2006)　　　　mm

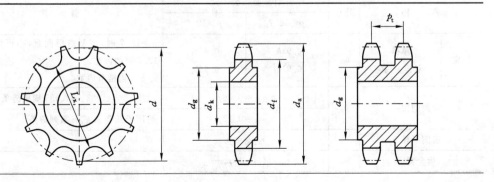

续表 12-4

名　称		符号	计算公式	备　注
基本参数	链轮齿数	Z	一般 $\geqslant 21$	根据设计决定
	配用链条的 节距 滚子外径 排距	p d_1 p_t	可参照小链轮转速选定	
主要尺寸	分度圆直径	d	$d = \dfrac{p}{\sin\dfrac{180°}{Z}}$	
	齿顶圆直径	d_a	$d_{amax} = d + 1.25p - d_1$ $d_{amin} = d + \left(1 + \dfrac{1.6}{Z}\right)p - d_1$	可在 d_{amax} 与 d_{amin} 范围内选取,但当选用 d_{amax} 时,应注意用展成法加工时有可能发生顶切
	齿根圆直径	d_f	$d_f = d - d_1$	
	节距多边形以上的齿高	h_a	$h_{amax} = \left(0.625 + \dfrac{0.8}{Z}\right)p - 0.5d_1$ $h_{amin} = 0.5(p - d_1)$	h_a 是为简化放大齿形图的绘制而引入的辅助尺寸,h_{amax} 相应于 d_{amax},h_{amin} 相应于 d_{amin}
	最大齿根距离	L_x	奇数齿 $L_x = d\cos\dfrac{90°}{Z} - d_1$ 偶数齿 $L_x = d_f = d - d_1$	
	轴凸缘直径	d_g	$d_g < p\cot\dfrac{180°}{Z} - 1.04h_2 - 0.76$	h_2——内链板高度

注:d_a、d_g 计算值舍小数取整数,其他尺寸精确到 0.01 mm。

12.2.2　轴向齿廓及尺寸

表 12-5　　　　　滚子链链轮的轴向齿廓及尺寸(摘自 GB/T 1243—2006)　　　　　mm

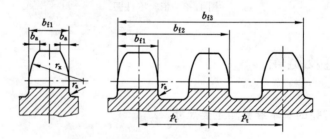

名　称		符号	计 算 公 式		备　注
			$p \leqslant 12.7$	$p > 12.7$	
齿宽	单排 双排、三排	b_{f1}	$0.93b_1$ $0.91b_1$	$0.95b_1$ $0.93b_1$	$p > 12.7$ 时,经制造厂同意,亦可使用 $p \leqslant$ 12.7 时的齿宽。 b_1——内链节内宽
齿侧倒角		b_a	$b_{a公称} = 0.06p$		适用于 081、083、084、085 规格链条
			$b_{a公称} = 0.13p$		适用于其余 A 或 B 系列链条
齿侧半径		r_x	$r_{x公称} = p$		
齿全宽		b_{fm}	$b_{fm} = (m-1)p_t + b_{f1}$		

12.2.3 整体式钢制小链轮结构尺寸

表 12-6　　　　　　　　　　　整体式钢制小链轮主要结构尺寸　　　　　　　　　　　mm

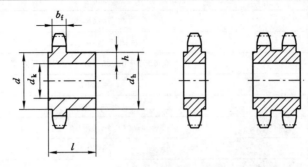

名　称	符　号	结构尺寸(参考)				
轮毂厚度	h	$h = K + \dfrac{d_k}{6} + 0.01d$				
		常数 K：	d	<50	$50\sim100$	$100\sim150$	>150
			K	3.2	4.8	6.4	9.5
轮毂长度	l	$l = 3.3h$ $l_{min} = 2.6h$				
轮毂直径	d_h	$d_h = d_k + 2h$ $d_{hmax} < d_g$				
齿　宽	b_f					

12.2.4 腹板式单排铸造链轮主要结构尺寸

表 12-7　　　　　　　　　　腹板式单排铸造链轮主要结构尺寸　　　　　　　　　　mm

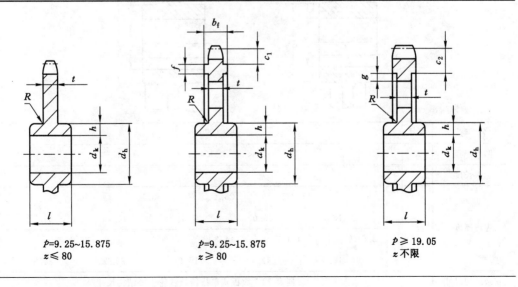

$p=9.25\sim15.875$
$z \leqslant 80$

$p=9.25\sim15.875$
$z \geqslant 80$

$p \geqslant 19.05$
z 不限

名　　称	符号	结　构　尺　寸（参考）					
轮毂厚度	h	$h=9.5+\dfrac{d_k}{6}+0.01d$					
轮毂长度	l	$l=4h$					
轮毂直径	d_h	$d_h=d_k+2h,d_{hmax}<d_g$					
齿侧凸缘宽度	b_f	$b_f=0.625p+0.93b_1,b_1$——内链节内宽					
轮缘部分尺寸	c_1	$c_1=0.5p$					
	c_2	$c_2=0.9p$					
	f	$f=4+0.25p$					
	g	$g=2t$					
圆角半径	R	$R=0.04p$					
腹板厚度	p	9.525	15.875	25.4	38.1	50.8	76.2
			12.7	19.05	31.75	44.45	63.5
	t	7.9	10.3	12.7	15.9	22.2	31.8
			9.5	11.1	14.3	19.1	28.6

12.2.5　腹板式多排铸造链轮主要结构尺寸

表 12-8　　　　　　　　腹板式多排铸造链轮主要结构尺寸　　　　　　　　mm

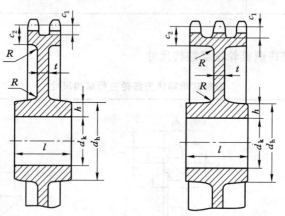

名　　称	符号	结　构　尺　寸（参考）					
圆角半径	R	$R=0.5t$					
轮毂长度	l	$l=4h$					
腹板厚度	p	9.525	15.875	25.4	38.1	50.8	76.2
			12.7	19.05	31.75	44.45	63.5
	t	9.5	11.1	14.3	19.1	25.4	38.1
			10.3	12.7	15.9	22.2	31.8
其余结构尺寸		同表 12-7 腹板式单排铸造链轮主要结构尺寸					

12.3 圆柱齿轮结构设计

表 12-9   常用圆柱齿轮结构型式及尺寸

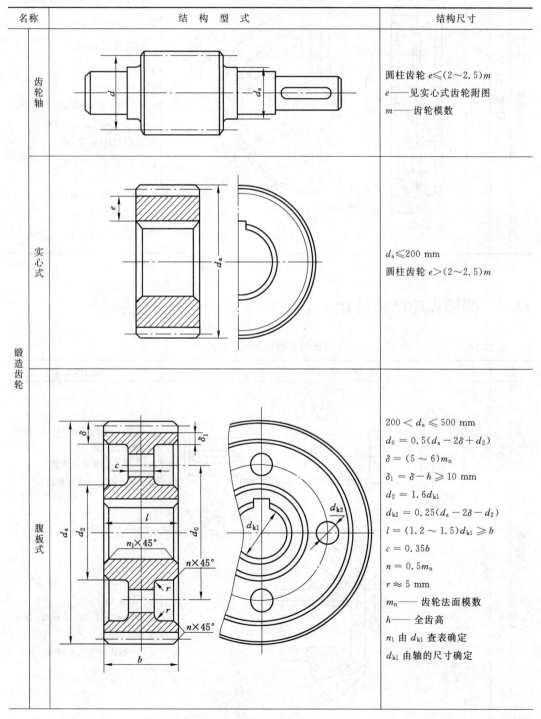

名称	结 构 型 式	结构尺寸
齿轮轴		圆柱齿轮 $e \leqslant (2\sim2.5)m$ e——见实心式齿轮附图 m——齿轮模数
锻造齿轮 实心式		$d_a \leqslant 200$ mm 圆柱齿轮 $e > (2\sim2.5)m$
锻造齿轮 腹板式		$200 < d_a \leqslant 500$ mm $d_0 = 0.5(d_a - 2\delta + d_2)$ $\delta = (5\sim6)m_n$ $\delta_1 = \delta - h \geqslant 10$ mm $d_2 = 1.6d_{k1}$ $d_{k2} = 0.25(d_a - 2\delta - d_2)$ $l = (1.2\sim1.5)d_{k1} \geqslant b$ $c = 0.35b$ $n = 0.5m_n$ $r \approx 5$ mm m_n——齿轮法面模数 h——全齿高 n_1 由 d_{k1} 查表确定 d_{k1} 由轴的尺寸确定

名称		结 构 型 式	结构尺寸
铸造齿轮	轮辐式		$d_a > 500$ mm $\delta = (5 \sim 6) m_n$ $H = 0.8 d_{k1}$ $s = \dfrac{1}{6} H \geqslant 10$ mm $e = 0.5\delta$ $H_1 = 0.8H$ $d_1 = (1.6 \sim 1.8) d_{k1}$ $l = (1.2 \sim 1.5) d_{k1} \geqslant b$ $R \approx 0.5H, r \approx 5$ mm $c = 0.2H, c_1 = 0.8c$ $n = 0.5\ m_n$ m_n——齿轮法面模数 n_1 由 d_{k1} 查表确定 d_{k1} 由轴的尺寸确定

12.4 圆锥齿轮结构设计

表 12-10　　　　　　常用圆锥齿轮结构型式及尺寸

名称		结 构 型 式	结构尺寸
齿轮轴			锥齿轮(小端测量)$e \leqslant (1.6 \sim 2) m$ 时,做成齿轮轴 e——见实心式齿轮附图 m——锥齿轮为大端模数
锻造齿轮	实心式		$d_a \leqslant 200$ mm 锥齿轮 $e > (1.6 \sim 2) m$ 时,做成实心式齿轮 m——锥齿轮为大端模数

名称	结　构　型　式	结构尺寸
锻造齿轮　腹板式		$200 < d_a \leqslant 500$ mm $\Delta = (3 \sim 4)m \geqslant 10$ mm $d_2 = 1.6 d_{k1}$ $l = (1 \sim 1.2) d_{k1}$ $c = (0.25 \sim 0.3)b \geqslant 10$ mm d_0、d_{k2}、n、r 由结构确定 m—— 大端模数 d_{k1} 由轴的尺寸确定
铸造齿轮　轮辐式		$d_a > 500$ mm $d_2 = 1.6 d_{k1}$,铸钢 $d_2 = 1.8 d_{k1}$,铸铁 $\Delta = (3 \sim 4)m \geqslant 10$ mm $l = (1 \sim 1.2) d_{k1}$ $c = (0.1 \sim 0.17)R \geqslant 10$ mm $s = 0.8c \geqslant 10$ mm $n \approx 0.5$ m $r \approx 5$ mm m—— 大端模数 d_{k2},d_0 由结构确定 d_{k1} 由轴的尺寸确定

12.5　蜗轮结构设计

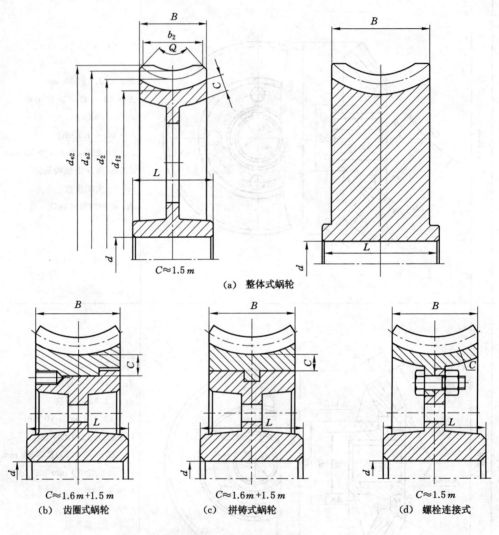

（a）整体式蜗轮

$C \approx 1.5\,m$

$C \approx 1.6\,m + 1.5\,m$
（b）齿圈式蜗轮

$C \approx 1.6\,m + 1.5\,m$
（c）拼铸式蜗轮

$C \approx 1.5\,m$
（d）螺栓连接式

图 12-3　蜗轮结构型式

m 为蜗轮模数，m 和 C 的单位为 mm；蜗轮的几何尺寸计算公式参考教材

13　滚　动　轴　承

13.1　调心球轴承

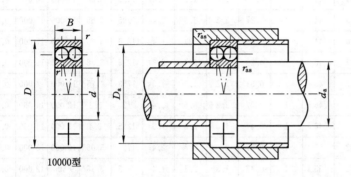

10000型

当量动载荷：

当 $F_a/F_r \leqslant e, P_r = F_r + Y_1 F_a$

$\quad F_a/F_r > e, P_r = 0.65 F_r + Y_2 F_a$

当量静载荷：$P_{0r} = F_r + Y_0 F_a$

表 13-1　　　　　　　调心球轴承结构性能参数(摘自 GB/T 281—2013)

轴承代号	基本尺寸 /mm			安装尺寸 /mm			计算系数				基本额定载荷 /kN		极限转速 /(r/min)		质量 /kg
	d	D	B	$d_{a\min}$	$D_{a\max}$	$r_{as\max}$	e	Y_1	Y_2	Y_0	C_r	C_{0r}	脂	油	$W \approx$
1200	10	30	9	15	25	0.6	0.32	2	3	2	5.48	1.2	24 000	28 000	0.035
2200		30	14	15	25	0.6	0.62	1	1.6	1.1	7.12	1.58	24 000	28 000	0.05
1300		35	11	15	30	0.6	0.33	1.9	3	2	7.22	1.62	20 000	24 000	0.06
2300		35	17	15	30	0.6	0.66	0.95	1.5	1	11	2.45	18 000	22 000	0.09
1201	12	32	10	17	27	0.6	0.33	1.9	2.9	2	5.55	1.25	22 000	26 000	0.042
2201		32	14	17	27	0.6	—	—	—	—	8.8	1.8	22 000	26 000	—
1301		37	12	18	31	1	0.35	1.8	2.8	1.9	9.42	2.12	18 000	22 000	0.07
2301		37	17	18	31	1	—	—	—	—	12.5	2.72	17 000	22 000	—
1202	15	35	11	20	30	0.6	0.33	1.9	3	2	7.48	1.75	18 000	22 000	0.051
2202		35	14	20	30	0.6	0.5	1.3	2	1.3	7.65	1.8	18 000	22 000	0.06
1302		42	13	21	36	1	0.33	1.9	2.9	2	9.5	2.28	16 000	20 000	0.1
2302		42	17	21	36	1	0.51	1.2	1.9	1.3	12	2.88	14 000	18 000	0.11

轴承代号	基本尺寸 /mm			安装尺寸 /mm			计算系数				基本额定载荷 /kN		极限转速 /(r/min)		质量 /kg
	d	D	B	d_{amin}	D_{amax}	r_{asmax}	e	Y_1	Y_2	Y_0	C_r	C_{0r}	脂	油	$W\approx$
1203	17	40	12	22	35	0.6	0.31	2	3.2	2.1	7.9	2.02	16 000	20 000	0.076
2203		40	16	22	35	0.6	0.5	1.2	1.9	1.3	9	2.45	16 000	20 000	0.09
1303		47	14	23	41	1	0.33	1.9	3	2	12.5	3.18	14 000	17 000	0.14
2303		47	19	23	41	1	0.52	1.2	1.9	1.3	14.5	3.58	13 000	16 000	0.17
1204	20	47	14	26	41	1	0.27	2.3	3.6	2.4	9.95	2.65	14 000	17 000	0.12
2204		47	18	26	41	1	0.48	1.3	2	1.4	12.5	3.28	14 000	17 000	0.15
1304		52	15	27	45	1	0.29	2.2	3.4	2.3	12.5	3.38	12 000	15 000	0.17
2304		52	21	27	45	1	0.51	1.2	1.9	1.3	17.8	4.75	11 000	14 000	0.22
1205	25	52	15	31	46	1	0.27	2.3	3.6	2.4	12	3.3	12 000	14 000	0.14
2205		52	18	31	46	1	0.41	1.5	2.3	1.5	12.5	3.4	12 000	14 000	0.19
1305		62	17	32	55	1	0.27	2.3	3.5	2.4	17.8	5.05	10 000	13 000	0.26
2305		62	24	32	55	1	0.47	1.3	2.1	1.4	24.5	6.48	9 500	12 000	0.35
1206	30	62	16	36	56	1	0.24	2.6	4	2.7	15.8	4.7	10 000	12 000	0.23
2206		62	20	36	56	1	0.39	1.6	2.4	1.7	15.2	4.6	10 000	12 000	0.26
1306		72	19	37	65	1	0.26	2.4	3.8	2.6	21.5	6.28	8 500	11 000	0.4
2306		72	27	37	65	1	0.44	1.4	2.2	1.5	31.5	8.68	8 000	10 000	0.5
1207	35	72	17	42	65	1	0.23	2.7	4.2	2.9	15.8	5.08	8 500	10 000	0.32
2207		72	23	42	65	1	0.38	1.7	2.6	1.8	21.8	6.65	8 500	10 000	0.44
1307		80	21	44	71	1.5	0.25	2.6	4	2.7	25	7.95	7 500	9 500	0.54
2307		80	31	44	71	1.5	0.46	1.4	2.1	1.4	39.2	11	7 100	9 000	0.68
1208	40	80	18	47	73	1	0.22	2.9	4.4	3	19.2	6.4	7 500	9 000	0.41
2208		80	23	47	73	1	0.24	1.9	2.9	2	22.5	7.38	7 500	9 000	0.53
1308		90	23	49	81	1.5	0.24	2.6	4	2.7	29.5	9.5	6 700	8 500	0.71
2308		90	33	49	81	1.5	0.43	1.5	2.3	1.5	44.8	13.2	6 300	8 000	0.93
1209	45	85	19	52	78	1	0.21	2.9	4.6	3.1	21.8	7.32	7 100	8 500	0.49
2209		85	23	52	78	1	0.31	2.1	3.2	2.2	23.2	8	7 100	8 500	0.55
1309		100	25	54	91	1.5	0.25	2.5	3.9	2.6	38	12.8	6 000	7 500	0.96
2309		100	36	54	91	1.5	0.42	1.5	2.3	1.6	55	16.2	5 600	7 100	1.25
1210	50	90	20	57	83	1	0.2	3.1	4.8	3.3	22.8	8.08	6 300	8 000	0.54
2210		90	23	57	83	1	0.29	2.2	3.4	2.3	23.2	8.45	6 300	8 000	0.68
1310		110	27	60	100	2	0.24	2.7	4.1	2.8	43.2	14.2	5 600	6 700	1.21
2310		110	40	60	100	2	0.43	1.5	2.3	1.6	64.5	19.8	5 000	6 300	1.64

轴承代号	基本尺寸 /mm			安装尺寸 /mm			计算系数				基本额定载荷 /kN		极限转速 /(r/min)		质量 /kg
	d	D	B	d_{amin}	D_{amax}	r_{asmax}	e	Y_1	Y_2	Y_0	C_r	C_{0r}	脂	油	$W\approx$
1211		100	21	64	91	1.5	0.2	3.2	5	3.4	26.8	10	6 000	7 100	0.72
2211	55	100	25	64	91	1.5	0.28	2.3	3.5	2.4	26.8	9.95	6 000	7 100	0.81
1311		120	29	65	110	2	0.23	2.7	4.2	2.8	51.5	18.2	5 000	6 300	1.58
2311		120	43	65	110	2	0.41	1.5	2.4	1.6	75.2	23.5	4 800	6 000	2.1
1212		110	22	69	101	1.5	0.19	3.4	5.3	3.6	30.2	11.5	5 300	6 300	0.9
2212	60	110	28	69	101	1.5	0.28	2.3	3.5	2.4	34	12.5	5 300	6 300	1.1
1312		130	31	72	118	2.1	0.23	2.8	4.3	2.9	57.2	20.8	4 500	5 600	1.96
2312		130	46	72	118	2.1	0.41	1.6	2.5	1.6	86.8	27.5	4 300	5 300	2.6
1213		120	23	74	111	1.5	0.17	3.7	5.7	3.9	31	12.5	4 800	6 000	0.92
2213	65	120	31	74	111	1.5	0.28	2.3	3.5	2.4	43.5	16.2	4 800	6 000	1.5
1313		140	33	77	128	2.1	0.23	2.8	4.3	2.9	61.8	22.8	4 300	5 300	2.39
2313		140	48	77	128	2.1	0.38	1.6	2.6	1.7	96	32.5	3 800	4 800	3.2
1214		125	24	79	116	1.5	0.18	3.5	5.4	3.7	34.5	13.5	4 800	5 600	1.29
2214	70	125	31	79	116	1.5	0.27	2.4	3.7	2.5	44	17	4 500	5 600	1.62
1314		150	35	82	138	2.1	0.22	2.8	4.4	2.9	74.5	27.5	4 000	5 000	3
2314		150	51	82	138	2.1	0.38	1.7	2.6	1.8	110	37.5	3 600	4 500	3.9
1215		130	25	84	121	1.5	0.17	3.6	5.6	3.8	38.8	15.2	4 300	5 300	1.35
2215	75	130	31	84	121	1.5	0.25	2.5	3.9	2.6	44.2	18	4 300	5 300	1.72
1315		160	37	87	148	2.1	0.22	2.8	4.4	3	79	29.8	3 800	4 500	3.6
2315		160	55	87	148	2.1	0.38	1.7	2.6	1.7	122	42.8	3 400	4 300	4.7
1216		140	26	90	130	2	0.18	3.6	5.5	3.7	39.5	16.8	4 000	5 000	1.65
2216	80	140	33	90	130	2	0.25	2.5	3.9	2.6	48.8	20.2	4 000	5 000	2.19
1316		170	39	92	158	2.1	0.22	2.9	4.5	3.1	88.5	32.8	3 600	4 300	4.2
2316		170	58	92	158	2.1	0.39	1.6	2.5	1.7	128	45.5	3 200	4 000	5.7
1217		150	28	95	140	2	0.17	3.7	5.7	3.9	48.8	20.5	3 800	4 500	2.1
2217	85	150	36	95	140	2	0.25	2.5	3.8	2.6	58.2	23.5	3 800	4 500	2.53
1317		180	41	99	166	2.5	0.22	2.9	4.5	3	97.8	37.8	3 400	4 000	5
2317		180	60	99	166	2.5	0.38	1.7	2.6	1.7	140	51	3 000	3 800	6.7
1218		160	30	100	150	2	0.17	3.8	5.7	4	56.5	23.2	3 600	4 300	2.5
2218	90	160	40	100	150	2	0.27	2.4	3.7	2.5	70	28.5	3 600	4 300	3.22
1318		190	43	104	176	2.5	0.22	2.8	4.4	2.9	115	44.5	3 200	3 800	6
2318		190	64	104	176	2.5	0.39	1.6	2.5	1.7	142	57.2	2 800	3 600	7.9

轴承代号	基本尺寸 /mm			安装尺寸 /mm			计算系数				基本额定载荷 /kN		极限转速 /(r/min)		质量 /kg
	d	D	B	d_{amin}	D_{amax}	r_{asmax}	e	Y_1	Y_2	Y_0	C_r	C_{0r}	脂	油	$W\approx$
1219	95	170	32	107	158	2.1	0.17	3.7	5.7	3.9	63.5	27	3 400	4 000	3
2219		170	43	107	158	2.1	0.26	2.4	3.7	2.5	82.8	33.8	3 400	4 000	4.2
1319		200	45	109	186	2.5	0.23	2.8	4.3	2.9	132	50.8	3 000	3 600	7
2319		200	67	109	186	2.5	0.38	1.7	2.6	1.8	162	64.2	2 800	3 400	9.2
1220	100	180	34	112	168	2.1	0.18	3.5	5.4	3.7	68.5	29.2	3 200	3 800	3.7
2220		180	46	112	168	2.1	0.27	2.3	3.6	2.5	97.2	40.5	3 200	3 800	5
1320		215	47	114	201	2.5	0.24	2.7	4.1	2.8	142	57.2	2 800	3 400	8.64
2320		215	73	114	201	2.5	0.37	1.7	2.6	1.8	192	78.5	2 400	3 200	12.4
1221	105	190	36	117	178	2.1	0.18	3.5	5.5	3.7	74	32.2	3 000	3 600	4.4
2221		190	50	117	178	2.1	—	—	—	—	—	—	3 000	3 600	
1321		225	49	119	211	2.5	0.24	2.6	4.1	2.7	152	64.5	2 600	3 200	9.55
1222	110	200	38	122	188	2.1	0.17	3.6	5.6	3.8	87.2	37.5	2 800	3 400	5.2
2222		200	53	122	188	2.1	0.28	2.2	3.5	2.4	125	52.2	2 800	3 400	7.2
1322		240	50	124	226	2.5	0.23	2.8	4.3	2.9	162	72.8	2 400	3 000	11.8
2322		240	80	124	226	2.5	0.39	1.6	2.5	1.7	215	94.2	2 200	2 800	17.6

注：(1) r_{as} 表示轴和外壳孔的单向最大圆角半径。

(2) 本表性能参数参照 GB/T 281—1994。

13.2　圆锥滚子轴承

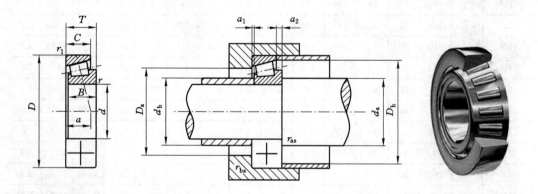

当量动载荷：

当 $F_a/F_r \leqslant e$，$P_r = F_r$

$F_a/F_r > e$，$P_r = 0.4F_r + YF_a$

当量静载荷：$P_{0r} = 0.5F_r + Y_0 F_a$；若 $P_{0r} < F_r$，取 $P_{0r} = F_r$。

表 13-2　　　　圆锥滚子轴承结构性能参数(摘自 GB/T 297—2015)

轴承代号	d	D	T	B	C	$a\approx$	d_a min	d_b max	D_a max	D_b min	a_1 min	a_2 min	r_{as} max	r_{bs} max	C_r	C_{0r}	脂	油	e	Y	Y_0	$W\approx$
		基本尺寸 /mm					安装尺寸 /mm								基本额定载荷/kN		极限转速/(r/min)		计算系数			质量/kg
30204	20	47	15.25	14	12	11.2	26	27	41	43	2	3.5	1	1	28.2	30.5	8 000	10 000	0.35	1.7	1	0.124
30304	20	52	16.25	15	13	10.4	27	28	45	48	2	3.5	1.5	1.5	33	33.2	7 500	9 500	0.3	2	1.1	0.168
32304		52	22.25	21	18	13.6	27	28	45	48	4	4.5	1.5	1.5	42.8	46.2	7 500	9 500	0.3	2	1.1	0.24
30205	25	52	16.25	15	13	12.5	31	31	46	48	2	3.5	1	1	32.2	37	7 000	9 000	0.37	1.6	0.9	0.159
30305		62	18.25	17	15	13	32	34	55	58	3	3.5	1.5	1.5	46.8	48	6 300	8 000	0.3	2	1.1	0.25
31305		62	18.25	17	13	20.1	32	31	55	59	3	5.5	1.5	1.5	40.5	46	6 300	8 000	0.83	0.7	0.4	0.255
32305		62	25.25	24	20	15.9	32	32	55	58	5	5.5	1.5	1.5	61.5	68.8	6 300	8 000	0.3	2	1.1	—
32006	30	55	17	17	13	13.3	—	—	—	—	3	5	—	—	35.8	46.8	6 300	8 000	0.26	2.3	1.3	0.16
30206		62	17.25	16	14	36	37	13.8	56	58	2	3.5	1	1	43.2	50.5	6 000	7 500	0.37	1.6	0.9	0.245
32206		62	21.25	20	17	15.6	36	36	56	58	4	4.5	1	1	51.8	63.8	6 000	7 500	0.37	1.6	0.9	0.285
30306		72	20.75	19	16	15.3	37	40	65	66	3	5	1.5	1.5	59	63	5 600	7 000	0.31	1.9	1	0.408
31306		72	20.75	19	14	23.1	37	37	65	68	3	7	1.5	1.5	52.5	60.5	5 600	7 000	0.83	0.7	0.4	0.376
32306		72	28.75	27	23	18.9	37	38	65	66	4	6	1.5	1.5	81.5	96.5	5 600	7 000	0.31	1.9	1	0.575
32007	35	62	18	18	14	15.1	—	—	—	—	3	5	1	1	43.2	59.2	5 600	7 000	0.29	2.1	2.1	0.21
30207		72	18.25	17	15	15.3	42	44	65	67	3	3.5	1.5	1.5	54.2	63.5	5 300	6 700	0.37	1.6	0.9	0.345
32207		72	24.25	23	19	17.9	42	44	65	68	3	3.5	1.5	1.5	70.5	89.5	5 300	6 700	0.37	1.6	0.9	0.488
30307		80	22.75	21	18	16.8	44	45	71	74	3	5	2	1.5	75.2	82.5	5 000	6 300	0.31	1.9	1	0.513
31307		80	22.75	21	15	25.8	44	42	71	76	4	8	2	1.5	65.8	76.8	5 000	6 300	0.83	0.7	0.4	0.53
32307		80	32.75	31	25	20.4	44	43	71	74	4	8	2	1.5	99	118	5 000	6 300	0.31	1.9	1	0.683
32908	40	62	15	15	12	11.1	—	—	—	—	3	5	0.6	0.6	31.5	46	5 600	7 000	0.28	2.1	1.2	0.14
32008		68	19	19	14.5	14.9	—	—	—	—	3	5	1	1	51.8	71	5 300	6 700	0.3	2	1.1	0.27
30208		80	19.75	18	16	16.9	47	49	73	75	3	4	1.5	1.5	63	74	5 000	6 300	0.37	1.6	0.9	0.411
32208		80	24.75	23	19	18.9	47	49	73	75			1.5	1.5	77.8	97.2	5 000	6 300	0.37	1.6	0.9	0.559
30308		90	25.25	23	20	19.5	49	52	81	84	3	5.5	2	1.5	90.8	108	4 500	5 600	0.35	1.7	1	0.761
31308		90	25.25	23	17	29	49	48	81	87	4	8.5	2	1.5	81.5	96.5	4 500	5 600	0.83	0.7	0.4	0.671
32308		90	35.25	33	27	23.3	49	49	81	83	4	8.5	2	1.5	115	148	4 500	5 600	0.35	1.7	1	1.045
32909	45	68	15	15	12	12.2	—	—	—	—	3	5	0.6	0.6	32	48.5	5 300	6 700	0.31	1.9	1.1	—
32009		75	20	20	15.5	16.5	—	—	—	—	4	6	1	1	58.5	81.5	5 000	6 300	0.3	2	1.1	0.32
30209		85	20.75	19	16	18.6	52	53	78	80	3	5	1.5	1.5	67.8	83.5	4 500	5 600	0.4	1.5	0.8	0.506
32209		85	24.75	23	19	20.1	52	53	78	81	3	6	1.5	1.5	80.8	105	4 500	5 600	0.4	1.5	0.8	0.577
30309		100	27.25	25	22	21.3	54	59	91	94	3	5.5	2	2	108	130	4 000	5 000	0.35	1.7	1	1.066
31309		100	27.25	25	18	31.7	54	54	91	96	4	9.5	2	2	95.5	115	4 000	5 000	0.83	0.7	0.4	0.989
32309		100	38.25	36	30	25.6	54	56	91	93	4	8.5	2	2	145	188	4 000	5 000	0.35	1.7	1	1.48

续表 13-2

轴承代号	基本尺寸 /mm						安装尺寸 /mm								基本额定载荷/kN		极限转速 /(r/min)		计算系数			质量 /kg
	d	D	T	B	C	$a\approx$	d_a min	d_b max	D_a max	D_b min	a_1 min	a_2 min	r_{as} max	r_{bs} max	C_r	C_{0r}	脂	油	e	Y	Y_0	$W\approx$
32910		72	15	15	12	13	—	—	—	—	3	5	0.6	0.6	36.8	56	5 000	6 300	0.35	1.7	0.9	0.7
32010		80		20	15.5	17.8	—	—	—	—	4	6	1	1	61	89	4 500	5 600	0.32	1.9	1	0.31
30210		90		20	17	20	57	58	83	86	3	5	1.5	1.5	73.2	92	4 300	5 300	0.42	1.4	0.8	0.592
32210	50	90	24.75	23	19	21	57	57	83	86	3	6	1.5	1.5	82.8	108	4 300	5 300	0.42	1.4	0.8	0.618
30310		110	29.25	27	23	23	60	65	100	103	4	6.5	2.1	2	130	158	3 800	4 800	0.35	1.7	1	1.25
31310		110	29.25	27	19	34.8	60	58	100	105	4	10.5	2.1	2	178	235	3 800	4 800	0.83	0.7	0.4	1.254
32310		110	42.25	40	33	28.2	60	61	100	102	5	9.5	2.1	2	178	235	3 800	4 800	0.35	1.7	1	1.885
32011		90	23	23	17.5	19.8	—	—	—	—	4	6	1.5	1.5	80.2	118	4 000	5 000	0.31	1.9	1.1	0.53
30211		100	22.75	21	18	21	64	64	91	95	4	5	2	1.5	90.8	115	3 800	4 800	0.4	1.5	0.8	0.739
32211	55	100	26.75	25	21	22.8	64	62	91	95	4	5	2	1.5	108	142	3 800	4 800	0.4	1.5	0.8	0.915
30311		120	31.5	29	25	24.9	65	70	110	112	4	6.5	2.1	2	152	188	3 400	4 300	0.35	1.7	1	1.63
31311		120	31.5	29	21	37.5	65	63	110	114	4	10.5	2.1	2	130	158	3 400	4 300	0.82	0.7	0.4	1.528
32311		120	45.5	43	35	30.4	65	66	110	111	5	10.5	2.1	2	202	270	3 400	4 300	0.35	1.7	1	2.39
32912		85	17	17	14	15.1	—	—	—	—	3	5	1	1	46	73	4 000	5 000	0.38	1.6	0.9	0.24
32012		95	23	23	17.5	20.9	—	—	—	—	4	6	1.5	1.5	81.8	122	3 800	4 800	0.33	1.8	1	0.56
30212		110	23.75	22	19	22.3	69	69	101	103	4	5	2	1.5	102	130	3 600	4 500	0.4	1.5	0.8	0.934
32212	60	110	29.75	28	24	25	69	68	101	105	4	6	2	1.5	132	180	3 600	4 500	0.4	1.5	0.8	1.197
30312		130	33.5	31	26	26.6	72	76	118	121	5	7.5	2.5	2.1	170	210	3 200	4 000	0.35	1.7	1	1.94
3131		130	33.5	31	22	40.4	72	69	118	124	5	11.5	2.5	2.1	145	178	3 200	4 000	0.83	0.7	0.4	1.896
3231		130	48.5	46	37	32	72	72	118	122	6	11.5	2.5	2.1	228	302	3 200	4 000	0.35	1.7	1	2.88
32013		100	23	23	17.5	22.4	—	—	—	—	4	6	1.5	1.5	82.8	128	3 600	4 500	0.35	1.7	0.9	0.63
30213		120	24.75	23	20	23.8	74	77	111	114	4	5	2	1.5	120	152	3 200	4 000	0.4	1.5	0.8	1.58
32213	65	120	32.75	31	27	27.3	74	75	111	115	4	6	2	1.5	160	222	3 200	4 000	0.4	1.5	0.8	1.58
30313		140	36	33	28	28.7	77	83	128	131	5	8	2.5	2.1	195	242	2 800	3 600	0.35	1.7	1	2.629
31313		140	36	33	23	44.2	77	75	128	134	5	13	2.5	2.1	165	202	2 800	3 600	0.83	0.7	0.4	2.046
32313		140	51	48	39	34.3	77	79	128	131	6	12	2.5	2.1	260	350	2 800	3 600	0.35	1.7	1	3.609
32914		100	20	20	16	17.6	—	—	—	—	4	6	1	1	70.8	115	3 600	4 500	0.33	1.8	1	—
32014		110	25	25	19	23.8	—	—	—	—	5	7	1.5	1.5	105	160	3 400	4 300	0.34	1.8	1	0.85
30214		125	26.25	24	21	25.8	79	81	116	119	4	5.5	2	1.5	132	175	3 000	3 800	0.42	1.1	0.8	1.296
32214	70	125	33.25	31	27	28.5	79	79	116	120	4	6.5	2	1.5	168	238	3 000	3 800	0.42	1.4	0.8	1.62
30314		150	38	35	30	30.7	82	89	138	141	5	8	2.5	2.1	218	272	2 600	3 400	0.35	1.7	1	3.17
31314		150	38	35	25	46.8	82	80	138	143	5	13	2.5	2.1	188	230	2 600	3 400	0.83	0.7	0.4	3.032
32314		150	54	51	42	36.5	82	84	138	141	6	12	2.5	2.1	298	408	2 600	3 400	0.35	1.7	1	4.43

轴承代号	基本尺寸 /mm						安装尺寸 /mm								基本额定载荷/kN		极限转速 /(r/min)		计算系数			质量 /kg
	d	D	T	B	C	$a\approx$	d_a min	d_b max	D_a max	D_b min	a_1 min	a_2 min	r_{as} max	r_{bs} max	C_r	C_{0r}	脂	油	e	Y	Y_0	$W\approx$
32015	75	115	25	25	19	25.2	—	—	—	—	5	7	1.5	1.5	102	160	3 200	4 000	0.35	1.7	0.9	0.88
30215		130	27.25	25	22	27.4	84	85	121	125	4	5.5	2	1.5	138	185	2 800	3 600	0.44	1.4	0.8	1.384
32215		130	33.25	31	27	30	84	84	121	126	4	6.5	2	1.5	170	242	2 800	3 600	0.44	1.4	0.8	1.765
30315		160	40	37	31	32	87	95	148	150	5	9	2.5	2.1	252	318	2 400	3 200	0.35	1.7	1	3.542
31315		160	40	37	26	49.7	87	86	148	153	6	14	2.5	2.1	208	258	2 400	3 200	0.83	0.7	0.4	3.4
32315		160	58	55	45	39.4	87	91	148	150	7	13	2.5	2.1	348	482	2 400	3 200	0.35	1.7	1	5.316
32016	80	125	29	29	22	26.8	—	—	—	—	5	3	1.5	1.5	140	220	3 000	3 800	0.34	1.8	1	1.18
30216		140	28.25	26	22	28.1	90	90	130	133	4	6	2.1	2	160	212	2 600	3 400	0.42	1.4	0.8	1.65
32216		140	35.25	33	28	31.4	90	89	130	135	5	7.5	2.1	2	198	278	2 600	3 400	0.42	1.4	0.8	2.162
30316		170	42.5	39	33	34.4	92	102	158	160	5	9.5	2.5	2.1	278	352	2 200	3 000	0.35	1.7	1	4.486
31316		170	42.5	39	27	52.8	92	91	158	161	6	15	2.5	2.1	230	288	2 200	3 000	0.83	0.7	0.4	4.3
32316		170	61.5	58	48	42.1	92	97	158	160	7	13.5	2.5	2.1	388	542	2 200	3 000	0.35	1.7	1	6.39
32917	85	120	23	23	18	21.1	—	—	—	—	4	6	1.5	1.5	96.8	165	3 400	3 800	0.26	2.3	0.3	0.73
32017		130	29	29	22	28.1	—	—	—	—	5	8	1.5	1.5	140	220	2 800	3 600	0.35	1.7	0.9	1.25
30217		150	30.5	28	24	30.3	95	96	140	142	6	6.5	2.1	2	178	238	2 400	3 200	0.42	1.4	0.8	2.06
32217		150	38.5	36	30	33.9	95	95	140	143	5	8.5	2.1	2	228	325	2 400	3 200	0.42	1.4	0.8	2.67
30317		180	44.5	41	34	35.9	99	107	166	168	6	10.5	3	2.5	305	388	2 000	2 800	0.35	1.7	1	5.305
31317		180	44.5	41	28	55.6	99	96	166	171	6	16.5	3	2.5	255	318	2 000	2 800	0.83	0.7	0.4	4.975
32317		180	63.5	60	49	43.5	99	102	166	168	8	14.5	3	2.5	422	592	2 000	2 800	0.35	1.7	1	6.81
32918	90	125	23	23	18	22.8	—	—	—	—	4	6	1.5	1.5	95.8	165	3 200	3 600	0.38	1.6	0.9	—
32018		140	32	32	24	30	—	—	—	—	5	8		1.5	170	270	2 600	3 400	0.34	1.8	1	1.7
30218		160	32.5	30	26	23.3	100	102	150	151	5	6.5	2.1	2	200	270	2 200	3 000	0.42	1.4	0.8	2.558
32218		160	42.5	40	34	36.8	100	101	150	153	5	8.5	2.1	2	270	395	2 200	3 000	0.42	1.4	0.8	3.265
30318		190	46.5	43	36	37.5	0.4	113	176	178	6	10.5	3	2.5	342	440	1 900	2 600	0.35	1.7	1	6.144
31318		190	46.5	43	30	58.5	104	102	176	181	6	16.5	3	2.5	282	358	1 900	2 600	0.83	0.7	0.4	6.428
32318		190	67.5	64	53	46.2	104	107	176	178	8	14.5	3	2.5	478	682	1 900	2 600	0.35	1.7	1	8.568
32019	95	145	32	32	24	30	—	—	—	—	5	8	2	1.5	175	280	2 400	3 200	0.36	1.7	0.9	1.7
30219		170	34.5	32	27	34.2	107	108	158	160	5	7.5	2.5	2.1	228	308	2 000	2 800	0.42	1.4	0.8	3.269
32219		170	45.5	43	37	39.2	107	106	158	163	5	8.5	2.5	2.1	302	448	2 000	2 800	0.42	1.4	0.8	4.216
30319		200	49.5	45	38	40.1	109	118	186	185	6	11.5	3	2.5	370	478	1 800	2 400	0.35	1.7	0.8	7.13
31319		200	49.5	45	32	61.2	109	107	186	189	6	17.5	3	2.5	310	400	1 800	2 400	0.83	0.7	0.4	6.8
32319		200	71.5	67	55	49	109	114	186	187	8	16.5	3	2.5	515	738	1 800	2 400	0.35	1.7	1	10.13

轴承代号	基本尺寸 /mm						安装尺寸 /mm								基本额定载荷/kN		极限转速 /(r/min)		计算系数			质量 /kg
	d	D	T	B	C	$a\approx$	d_a min	d_b max	D_a max	D_b min	a_1 min	a_2 min	r_{as} max	r_{bs} max	C_r	C_{0r}	脂	油	e	Y	Y_0	$W\approx$
32020	100	150	32	32	24	32.8	—	—	—	—	5	8	2	1.5	172	282	2 200	3 000	0.37	1.6	0.9	1.79
30220		180	37	34	29	36.4	112	114	168	169	5	8	2.5	2.1	255	350	1 900	2 600	0.42	1.4	0.8	3.976
32220		180	49	46	39	41.9	112	113	168	172	5	10	2.5	2.1	340	512	1 900	2 600	0.42	1.4	0.8	5.213
30320		215	51.5	47	39	42.2	114	127	201	199	6	12.5	3	2.5	405	525	1 600	2 000	0.35	1.7	1	8.69
31320		215	56.5	51	35	68.4	114	115	201	204	7	21.5	3	2.5	372	488	1 600	2 000	0.83	0.7	0.4	8.6
32320		215	77.5	73	60	52.9	114	122	201	201	8	17.5	3	2.5	600	872	1 600	2 000	0.35	1.7	1	12.96
32021	105	160	35	35	26	34.6	—	—	—	—	6	9	2	2	205	335	2 000	2 800	0.36	1.7	0.9	2.5
30221		190	39	36	30	38.5	117	121	178	178	6	9	2.5	2.1	285	398	1 800	2 400	0.42	1.4	0.8	4.936
32221		190	53	50	43	45	117	118	178	182	5	10	2.5	2.1	380	578	1 800	2 400	0.42	1.4	0.8	6.495
30321		225	53.5	49	41	43.6	119	133	211	208	7	12.5	3	2.5	432	562	1 500	1 900	0.35	1.7	1	9.912
31321		225	58	53	36	70	119	121	211	213	7	22	3	2.5	398	525	1 500	1 900	0.83	0.7	0.4	9.112
32321		225	81.5	77	63	55.1	119	128	211	210	8	18.5	3	2.5	648	945	1 500	1 900	0.35	1.7	1	14.458
32922	110	150	25	25	20	26.5	—	—	—	—	5	7	1.5	1.5	130	232	2 000	2 800	0.28	2.1	1.2	1.1
32022		170	38	38	29	36.6	—	—	—	—	6	9	2.1	2	245	402	1 900	2 600	0.35	1.7	0.9	3.1
30222		200	41	38	32	40.4	122	128	188	189	6	9	2.5	2.1	315	445	1 700	2 200	0.42	1.4	0.8	5.422
32222		200	56	53	46	47.3	122	124	188	192	6	10	2.5	2.1	430	665	1 700	2 200	0.42	1.4	0.8	7.86
30322		240	54.5	50	42	45.1	124	142	226	222	8	12.5	3	2.5	472	612	1 400	1 800	0.35	1.7	1	11.45
31322		240	63	57	38	75.3	124	129	226	226	7	25	3	2.5	458	610	1 400	1 800	0.83	0.7	0.4	11.96
32322		240	84.5	80	65	57.8	124	137	226	224	9	19.5	3	2.5	725	1 060	1 400	1800	0.35	1.7	1	18.78
32024	120	180	38	38	29	39.3	—	—	—	—	6	9	2.1	2	242	405	1 700	2 200	0.37	1.6	0.9	3.1
30224		215	43.5	40	34	44.1	132	139	203	205	6	9.5	2.5	2.1	338	482	1 500	1 900	0.44	1.4	0.8	6.125
32224		215	61.5	58	50	52.3	132	134	203	206	7	11.5	2.5	2.1	478	758	1 500	1 900	0.44	1.4	0.8	9.169
30324		260	59.5	55	46	49	134	153	246	238	8	13.5	3	2.5	562	745	1 300	1 700	0.35	1.7	1	13.7
31324		260	68	62	42	81.8	134	140	246	246	8	26	3	2.5	535	725	1 300	1 700	0.83	0.7	0.4	17.1
32324		260	90.5	86	69	61.6	134	147	246	240	9	21.5	3	2.5	825	1 230	1 300	1 700	0.35	1.7	1	21.7
32926	130	180	32	32	25	31.6	—	—	—	—	5	8	2	1.5	205	380	1 700	2 200	0.27	2.2	1.2	2.31
32026		200	45	45	34	43.3	—	—	—	—	7	11	2.1	2	335	568	1 600	2 000	0.35	1.7	0.9	4.46
30226		230	43.75	40	34	46.1	144	150	216	219	7	10	2.5	2.5	365	520	1 400	1 800	0.44	1.4	0.8	7.24
32226		230	67.75	64	54	56.6	144	143	216	221	7	14	2.5	2.5	552	888	1 400	1 800	0.44	1.4	0.8	11.37
30326		280	63.75	58	49	53.2	145	165	262	258	8	15	4	3	640	855	1 100	1 500	0.35	1.7	1	17.1
31326		280	72	66	44	87.2	147	150	262	263	9	28	4	3	592	805	1 100	1 500	0.83	0.7	0.4	18.5

轴承代号	基本尺寸/mm						安装尺寸/mm								基本额定载荷/kN		极限转速/(r/min)		计算系数			质量/kg
	d	D	T	B	C	$a\approx$	d_a min	d_b max	D_a max	D_b min	a_1 min	a_2 min	r_{as} max	r_{bs} max	C_r	C_{0r}	脂	油	e	Y	Y_0	$W\approx$
32928	140	190	32	32	25	33.8	—	—	—	—	5	8	2	1.5	208	392	1 600	2 000	0.29	2.1	1.1	2.43
32028		210	45	45	34	46	—	—	—	—	7	11	2.1	2	330	568	1 400	1 800	0.37	1.6	0.9	5.21
30228		250	45.75	42	36	49	154	162	236	236	9	11	3	2.5	408	585	1 200	1 600	0.44	1.4	0.8	8.892
32228		250	71.75	68	58	60.7	154	156	236	240	8	14	3	2.5	645	1 050	1 200	1 600	0.44	1.4	0.8	14.68
30328		300	67.75	62	53	56.5	155	176	282	275	9	15	4	3	722	975	1 000	1 400	0.35	1.7	1	21.7
31328		300	77	70	47	94.1	157	162	282	283	9	30	4	3	678	928	1 000	1 400	0.83	0.7	0.4	17.4
32930	150	210	38	38	30	36.4	—	—	—	—	6	9	2.1	2	260	510	1 400	1 800	0.27	2.2	1.2	—
32030		225	48	48	36	49.2	—	—	—	—	7	12	2.5	2.1	2	635	1 300	1 700	0.37	1.6	0.9	6.2
30230		270	49	45	36	52.4	161	174	256	252	9	11	3	2.5	450	645	1 100	1 500	0.44	1.4	0.8	10.3
32230		270	77	73	60	65.4	161	168	256	256	8	17	3	2.5	720	1 180	1 100	1 500	0.44	1.4	0.8	17.4
30330		320	72	65	55	60.6	165	190	302	294	9	15	4	3	802	1 090	950	1 300	0.35	1.7	1	27.4
31330		320	82	75	50	100	167	173	302	302	9	32	4	3	772	1 070	950	1 300	0.83	0.7	0.4	29.5
32932	160	220	38	38	33	38.7	—	—	—	—	6	9	2.1	2	262	525	1 300	1 700	0.27	2.2	1.2	3.79
32032		240	51	51	38	52.6	—	—	—	—	7	12	2.5	2.1	420	735	1 200	1 600	0.37	1.6	0.9	7.7
30232		290	52	48	40	55.5	174	189	276	271	9	12	3	2.5	512	738	1 000	1 400	0.44	1.4	0.8	12.9
32232		290	84	80	67	70.9	174	180	276	276	10	17	3	2.5	858	1 430	1 000	1 400	0.44	1.4	0.8	21.1
30332		340	75	68	58	63.3	175	202	322	312	9	17	4	3	878	1 190	900	1 200	0.35	1.7	1	—

注：(1) r_{bs}表示外壳孔的单向最大圆角半径。

(2) 本表性能参数参照 GB/T 297—1994。

13.3　深沟球轴承

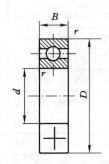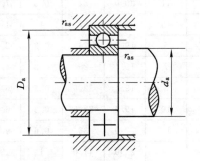

当量动载荷：$P_r = XF_r + YF_a$

当量静载荷：单列、双列：$P_{0r} = 0.6F_r + 0.5F_a$

当 $P_{0r} < F_r$，取 $P_{0r} = F_r$

相对轴向载荷		F_a/C_0	0.025	0.040	0.070	0.130	0.250	0.50
单、双列轴承	$\dfrac{F_a}{F_r} \leqslant e$　X		1					
	$\dfrac{F_a}{F_r} \leqslant e$　Y		0					
	$\dfrac{F_a}{F_r} > e$　X		0.56					
	$\dfrac{F_a}{F_r} > e$　Y		2.0	1.8	1.6	1.4	1.2	1.0
e			0.22	0.24	0.27	0.31	0.37	0.44

表 13-3　　　　　　　　　　　**深沟球轴承结构性能参数(摘自 GB/T 276—2013)**

轴承代号	基本尺寸/mm			安装尺寸/mm			基本额定载荷/kN		极限转速/(r/min)		质量/kg
	d	D	B	d_a min	D_a max	r_{as} max	C_r	C_{0r}	脂润滑	油润滑	$W \approx$
61800	10	19	5	12.0	17	0.3	1.80	0.93	28 000	36 000	0.005
61900		22	6	12.4	20	0.3	2.70	1.30	25 000	32 000	0.011
6000		26	8	12.4	23.6	0.3	4.58	1.98	22 000	30 000	0.019
6200		30	9	15.0	26.0	0.6	5.10	2.38	20 000	26 000	0.032
6300		35	11	15.0	30.0	0.6	7.65	3.48	18 000	24 000	0.053
61801	12	21	5	14.0	19	0.3	1.90	1.00	24 000	32 000	0.007
61901		24	6	14.4	22	0.3	2.90	1.50	22 000	28 000	0.013
16001		28	7	14.4	25.6	0.3	5.10	2.40	20 000	26 000	0.019
6001		28	8	14.4	25.6	0.3	5.10	2.38	20 000	26 000	0.022
6201		32	10	17.0	28	0.6	6.82	3.05	19 000	24 000	0.035
6301		37	12	18.0	32	1	9.72	5.08	17 000	22 000	0.057
61802	15	24	5	17	22	0.3	2.10	1.30	22 000	30 000	0.008
61902		28	7	17.4	26	0.3	4.30	2.30	20 000	26 000	0.018
16002		32	8	17.4	29.6	0.3	5.60	2.80	19 000	24 000	0.025
6002		32	9	17.4	29.6	0.3	5.58	2.85	19 000	24 000	0.031
6202		35	11	20.0	32	0.6	7.65	3.72	18 000	22 000	0.045
6302		42	13	21.0	37	1	11.5	5.42	16 000	20 000	0.080
61803	17	26	5	19.0	24	0.3	2.20	1.5	20 000	28 000	0.008
61903		30	7	19.4	28	0.3	4.60	2.6	19 000	24 000	0.020
16003		35	8	19.4	32.6	0.3	6.00	3.3	18 000	22 000	0.027
6003		35	10	19.4	32.6	0.3	6.00	3.25	17 000	21 000	0.040
6203		40	12	22.0	36	0.6	9.58	4.78	16 000	20 000	0.064
6303		47	14	23.0	41.0	1	13.5	6.58	15 000	18 000	0.109
6403		62	17	24.0	55.0	1	22.7	10.8	11 000	15 000	0.268

轴承代号	基本尺寸/mm			安装尺寸/mm			基本额定载荷 /kN		极限转速 /(r/min)		质量 /kg
	d	D	B	d_a	D_a	r_{as}					
				min	max	max	C_r	C_{0r}	脂润滑	油润滑	$W \approx$
61804		32	7	22.4	30	0.3	3.50	2.20	18 000	24 000	0.020
61904		37	9	22.4	34.6	0.3	6.40	3.70	17 000	22 000	0.040
16004		42	8	22.4	39.6	0.3	7.90	4.50	16 000	19 000	0.050
6004	20	42	12	25.0	38	0.6	9.38	5.02	16 000	19 000	0.068
6204		47	14	26.0	42	1	12.8	6.65	14 000	18 000	0.103
6304		52	15	27.0	45.0	1	15.8	7.88	13 000	16 000	0.142
6404		72	19	27.0	65.0	1	31.0	15.2	9 500	13 000	0.400
61805		37	7	27.4	35	0.3	4.3	2.90	16 000	20 000	0.022
61905		42	9	27.4	40	0.3	7.0	4.50	14 000	18 000	0.050
16005		47	8	27.4	44.6	0.3	8.8	5.60	13 000	17 000	0.060
6005	25	47	12	30	43	0.6	10.0	5.85	13 000	17 000	0.078
6205		52	15	31	47	1	14.0	7.88	12 000	15 000	0.127
6305		62	17	32	55	1	22.2	11.5	10 000	14 000	0.219
6405		80	21	34	71	1.5	38.2	19.2	8 500	11 000	0.529
61806		42	7	32.4	40	0.3	4.70	3.60	13 000	17 000	0.026
61906		47	9	32.4	44.6	0.3	7.20	5.00	12 000	16 000	0.060
16006		55	9	32.4	52.6	0.3	11.2	7.40	11 000	14 000	0.085
6006	30	55	13	36	50.0	1	13.2	8.30	11 000	14 000	0.110
6206		62	16	36	56	1	19.5	11.5	9 500	13 000	0.200
6306		72	19	37	65	1	27.0	15.2	9 000	11 000	0.349
6406		90	23	39	81	1.5	47.5	24.5	8 000	10 000	0.710
61807		47	7	37.4	45	0.3	4.90	4.00	11 000	15 000	0.030
61907		55	10	40	51	0.6	9.50	6.80	10 000	13 000	0.086
16007		62	9	37.4	59.6	0.3	12.2	8.80	9 500	13 000	0.100
6007	35	62	14	41	56	1	16.2	10.5	9 500	12 000	0.148
6207		72	17	42	65	1	25.5	15.2	8 500	11 000	0.288
6307		80	21	44	71	1.5	33.4	19.2	8 000	9 500	0.455
6407		100	25	44	91	1.5	56.8	29.5	6 700	8 500	0.926
61808		52	7	42.4	50	0.3	5.10	4.40	10 000	13 000	0.034
61908		62	12	45	58	0.6	13.7	9.90	9 500	12 000	0.110
16008		68	9	42.4	65.6	0.3	12.6	9.60	9 000	11 000	0.130
6008	40	68	15	46	62	1	17.0	11.8	9 000	11 000	0.185
6208		80	18	47	73	1	29.5	18.0	8 000	10 000	0.368
6308		90	23	49	81	1.5	40.8	24.0	7 000	8 500	0.639
6408		110	27	50	100	2	65.5	37.5	6 300	8 000	1.221

轴承代号	基本尺寸/mm			安装尺寸/mm			基本额定载荷 /kN		极限转速 /(r/min)		质量 /kg
	d	D	B	d_a min	D_a max	r_{as} max	C_r	C_{0r}	脂润滑	油润滑	$W \approx$
61809		58	7	47.4	56	0.3	6.40	5.60	9 000	12 000	0.040
61909		68	12	50	63	0.6	14.1	10.90	8 500	11 000	0.140
16009		75	10	50	70	0.6	15.6	12.2	8 000	10 000	0.170
6009	45	75	16	51	69	1	21.0	14.8	8 000	10 000	0.230
6209		85	19	52	78	1	31.5	20.5	7 000	9 000	0.416
6309		100	25	54	91	1.5	52.8	31.8	6 300	7 500	0.837
6409		120	29	55	110	2	77.5	45.5	5 600	7 000	1.520
61810		65	7	52.4	62.6	0.3	6.6	6.1	8 500	10 000	0.057
61910		72	12	55	68	0.6	14.5	11.7	8 000	95 000	0.140
16010		80	10	55	75	0.6	16.1	13.1	8 000	9 500	0.180
6010	50	80	16	56	74	1	22.0	16.2	7 000	9 000	0.258
6210		90	20	57	83	1	35.0	23.2	6 700	8 500	0.463
6310		110	27	60	100	2	61.8	38.0	6 000	7 000	1.082
6410		130	31	62	118	2.1	92.2	55.2	5 300	6 300	1.855
61811		72	9	57.4	69.6	0.3	9.1	8.4	8 000	9 000	0.083
61911		80	13	61	75	1	15.9	13.2	7 500	9 000	0.19
16011		90	11	60	85	0.6	19.4	16.2	7 000	8 500	0.260
6011	55	90	18	62	83	1	30.2	21.8	7 000	8 500	0.362
6211		100	21	64	91	1.5	43.2	29.2	6 000	7 500	0.603
6311		120	29	65	110	2	71.5	44.8	5 600	6 700	1.367
6411		140	33	67	128	2.1	100	62.5	4 800	6 000	2.316
61812		78	10	62.4	75.6	0.3	9.1	8.7	7 000	8 500	0.11
61912		85	13	66	80	1	16.4	14.2	6 700	8 000	0.230
16012		95	11	65	90	0.6	19.9	17.5	6 300	7 500	0.280
6012	60	95	18	67	89	1	31.5	24.2	6 300	7 500	0.385
6212		110	22	69	101	1.5	47.8	32.8	5 600	7 000	0.789
6312		130	31	72	118	2.1	81.8	51.8	5 000	6 000	1.710
6412		150	35	72	138	2.1	109	70.0	4 500	5 600	2.811
61813		85	10	69	81	0.6	11.9	11.5	6 700	8 000	0.13
61913		90	13	71	85	1	17.4	16.0	6 300	7 500	0.22
16013		100	11	70	95	0.6	20.5	18.6	6 000	7 000	0.300
6013	65	100	18	72	93	1	32.0	24.8	6 000	7 000	0.410
6213		120	23	74	111	1.5	57.2	40.0	5 000	6 300	0.990
6313		140	33	77	128	2.1	93.8	60.5	4 500	5 300	2.100
6413		160	37	77	148	2.1	118	78.5	4 300	5 300	3.342

轴承代号	基本尺寸/mm			安装尺寸/mm			基本额定载荷/kN		极限转速/(r/min)		质量/kg
	d	D	B	d_a min	D_a max	r_{as} max	C_r	C_{0r}	脂润滑	油润滑	$W\approx$
61814	70	90	10	74	86	0.6	12.1	11.9	6 300	7 500	0.114
61914		100	16	76	95	1	23.7	21.1	6 000	7 000	0.35
16014		110	13	75	105	0.6	27.9	25.0	5 600	6 700	0.430
6014		110	20	77	103	1	38.5	30.5	5 600	6 700	0.575
6214		125	24	79	116	1.5	60.8	45.0	4 800	6 000	1.084
6314		150	35	82	138	2.1	105	68.0	4 300	5 000	2.550
6414		180	42	84	166	2.5	140	99.5	3 800	4 500	4.896
61815	75	95	10	79	91	0.6	12.5	12.8	6 000	7 000	0.150
61915		105	16	81	100	1	24.3	22.5	5 600	6 700	0.420
16015		115	13	80	110	0.6	28.7	26.8	5 300	6 300	0.460
6015		115	20	82	108	1	40.2	33.2	5 300	6 300	0.603
6215		130	25	84	121	1.5	66.0	49.5	4 500	5 600	1.171
6315		160	37	87	148	2.1	113	76.8	4 000	4 800	3.050
6415		190	45	89	176	2.5	154	115	3 600	4 300	5.739
61816	80	100	10	84	96	0.6	12.7	13.3	5 600	6 700	0.160
61916		110	16	86	105	1	24.9	23.9	5 300	6 300	0.440
16016		125	14	85	120	0.6	33.1	31.4	5 000	6 000	0.600
6016		125	22	87	118	1	47.5	39.8	5 000	6 000	0.821
6216		140	26	90	130	2	71.5	54.2	4 300	5 300	1.448
6316		170	39	92	158	2.1	123	86.5	3 800	4 500	3.610
6416		200	48	94	186	2.5	163	125	3 400	4 000	6.740
61817	85	110	13	90	105	1	19.2	19.8	5 000	6 300	0.285
61917		120	18	92	113.5	1	31.9	29.7	4 800	6 000	0.620
16017		130	14	90	125	0.6	34	33.3	4 500	5 600	0.630
6017		130	22	92	123	1	50.8	42.8	4 500	5 600	0.848
6217		150	28	95	140	2	83.2	63.8	4 000	5 000	1.803
6317		180	41	99	166	2.5	132	96.5	3 600	4 300	4.284
6417		210	52	103	192	3	175	138	3 200	3 800	7.933
61818	90	115	13	95	110	1	19.5	20.5	4 800	6 000	0.28
61918		125	18	97	118.5	1	32.8	31.5	4 500	5 600	0.650
16018		140	16	96	134	1	41.5	39.3	4 300	5 300	0.850
6018		140	24	99	131	1.5	50.8	49.8	4 300	5 300	1.10
6218		160	30	100	150	2	95.8	71.5	3 800	4 800	2.17
6318		190	43	104	176	2.5	145	108	3 400	4 000	4.97
6418		225	54	108	207	3	192	158	2 800	3 600	9.56

轴承代号	基本尺寸/mm			安装尺寸/mm			基本额定载荷/kN		极限转速/(r/min)		质量/kg
	d	D	B	d_a min	D_a max	r_{as} max	C_r	C_{0r}	脂润滑	油润滑	$W \approx$
61819	95	120	13	100	115	1	19.8	21.3	4 500	5 600	0.30
61919		130	18	102	124	1	33.7	33.3	4 300	5 300	0.67
16019		145	16	101	139	1	42.7	41.9	4 000	5 000	0.89
6019		145	24	104	136	1.5	57.8	50.0	4 000	5 000	1.15
6219		170	32	107	158	2.1	110	82.8	3 600	4 500	2.62
6319		200	45	109	186	2.5	157	122	3 200	3 800	5.74
61820	100	125	13	105	120	1	20.1	22.0	4 300	5 300	0.31
61920		140	20	107	133	1	42.7	41.9	4 000	5 000	0.92
16020		150	16	106	144	1	43.8	44.3	3 800	4 800	0.91
6020		150	24	109	141	1.5	64.5	56.2	3 800	4 800	1.18
6220		180	34	112	168	2.1	122	92.8	3 400	4 300	3.19
6320		215	47	114	201	2.5	173	140	2 800	3 600	7.07
6420		250	58	118	232	3	223	195	2 400	3 200	12.9
61821	105	130	13	110	125	1	20.3	22.7	4 000	5 000	0.34
61921		145	20	112	138	1	43.9	44.3	3 800	4 800	0.96
16021		160	18	111	154	1	51.8	50.6	3 600	4 500	1.20
6021		160	26	115	150	2	71.8	63.2	3 600	4 500	1.52
6221		190	36	117	178	2.1	133	105	3 200	4 000	3.78
6321		225	49	119	211	2.5	184	153	2 600	3 200	8.05
61822	110	140	16	115	135	1	28.1	30.7	3 800	5 000	0.60
61922		150	20	117	143	1	43.6	44.4	3 600	4 500	1.00
16022		170	19	116	164	1	57.4	50.7	3 400	4 300	1.42
6022		170	28	120	160	2	81.8	72.8	3 400	4 300	1.89
6222		200	38	122	188	2.1	144	117	3 000	3 800	4.42
6322		240	50	124	226	2.5	205	178	2 400	3 000	9.53
6422		280	65	128	262	3	225	238	2 000	2 800	18.34
61824	120	150	16	125	145	1	28.9	32.9	3 400	4 300	0.65
61924		165	22	127	158	1	55.0	56.9	3 200	4 000	1.40
16024		180	19	126	174	1	58.8	60.4	3 000	3 800	1.80
6024		180	28	130	170	2	87.5	79.2	3 000	3 800	1.99
6224		215	40	132	203	2.1	155	131	2 600	3 400	5.30
6324		260	55	134	246	2.5	228	208	2 200	2 800	12.2

轴承代号	基本尺寸/mm			安装尺寸/mm			基本额定载荷/kN		极限转速/(r/min)		质量/kg
	d	D	B	d_a min	D_a max	r_{as} max	C_r	C_{0r}	脂润滑	油润滑	$W \approx$
61926		180	24	139	171	1.5	65.1	67.2	3 000	3 800	1.8
16026		200	22	137	193	1	79.7	79.2	2 800	3 600	2.63
6026	130	200	33	140	190	2	105	96.8	2 800	3 600	3.08
6226		230	40	144	216	2.5	165	148.0	2 400	3 200	6.12
6326		280	58	148	262	3	253	242	2 000	2 600	14.77
61928		190	24	149	181	1.5	66.6	71.2	2 800	3 600	1.90
16028		210	22	147	203	1	82.1	85	2 400	3 200	3.08
6028	140	210	33	150	200	2	116	108	2 400	3 200	3.17
6228		250	42	154	236	2.5	179	167	2 000	2 800	7.77
6328		300	62	158	282	3	275	272	1 900	2 400	18.33
16030		225	24	157	218	1	91.9	98.5	2 200	3 000	3.580
6030		225	35	162	213	2.1	132	125	2 200	3 000	3.940
6230	150	270	45	164	256	2.5	203	199	1 900	2 600	9.779
6330		320	65	168	302	3	288	295	1 700	2 200	21.87
61832		200	20	167	193	1	49.6	59.1	2 600	3 200	1.250
16032		240	25	169	231	1.5	98.7	107	2 000	2 800	4.32
6032	160	240	38	172	228	2.1	145	138	2 000	2 800	4.83
6232		290	48	174	276	2.5	215	218	1 800	2 400	12.22
6332		340	68	178	322	3	313	340	1 600	2 000	26.43
61834		215	22	177	208	1	61.5	73.3	2 200	3 000	1.810
61934		230	28	180	220	2	88.8	100	2 000	2 800	3.40
16034	170	260	28	179	251	1.5	118	130	1 900	2 600	5.770
6034		260	42	182	248	2.1	170	170	1 900	2 600	6.50
6234		310	52	188	292	3	245	260	1 700	2 200	15.241
6334		360	72	188	342	3	335	378	1 500	1 900	31.43
61836		225	22	187	218	1	62.3	75.9	2 000	2 800	2.00
61936		250	33	190	240	2	118	133	1 900	2 600	4.80
16036	180	280	31	190	270	2	144	157	1 800	2 400	7.60
6036		280	46	192	268	2.1	188	198	1 800	2 400	8.51
6236		320	52	198	302	3	262	285	1 600	2 000	15.518
61838		240	24	199	231	1.5	75.1	91.6	1 900	2 600	2.38
61938		260	33	200	250	2	117	133	1 800	2 400	5.25
16038	190	290	31	200	280	2	149	168	1 700	2 200	7.89
6038		290	46	202	278	2.1	188	200	1 700	2 200	8.865
6238		340	55	208	322	3	285	322	1 500	1 900	18.691

续表 13-3

轴承代号	基本尺寸/mm			安装尺寸/mm			基本额定载荷/kN		极限转速/(r/min)		质量/kg
	d	D	B	d_a	D_a	r_{as}	C_r	C_{0r}	脂润滑	油润滑	$W\approx$
				min	max	max					
61840		250	24	209	241	1.5	74.2	91.2	1 800	2 400	8.28
61940		280	38	212	268	2.1	149	168	1 700	2 200	7.4
16040	200	310	34	210	300	2	167	191	1 800	2 000	10.10
6040		310	51	212	298	2.1	205	225	1 600	2 000	11.64
6240		360	58	218	342	3	288	332	1 400	1 800	22.577
61844		270	24	229	261	1.5	76.4	97.8	1 700	2 200	3.00
61944		300	38	232	288	2.1	152	178	1 600	2 000	7.60
16044	220	340	37	232	328	2.1	181	216	1 400	1 800	11.5
6044		340	56	234	326	2.5	252	268	1 400	1 800	18.0
6244		400	65	238	382	3	355	365	1 200	1 600	36.5
61848		300	28	250	290	2	83.5	108	1 500	1 900	4.50
61948		320	38	252	308	2.1	142	178	1 400	1 800	8.2
16048	240	360	37	252	348	2.1	172	210	1 200	1 600	14.5
6048		360	56	254	346	2.5	270	292	1 200	1 600	20.0
6248		440	72	258	422	3	358	467	1 000	1 400	53.9
61852		320	28	270	310	2	95	128	1 300	1 700	4.85
61952	260	360	46	272	348	2.1	210	268	1 200	1 600	13.70
16052		400	44	274	386	2.5	235	310	1 100	1 500	22.5
6052		400	65	278	382	3	292	372	1 100	1 500	28.80
61856		350	33	290	340	2	135	178	1 100	1 500	7.4
61956	280	380	46	292	368	2.1	210	268	1 000	1 400	15.0
6056		420	65	298	402	3	305	408	950	1 300	32.10
61860	300	380	38	312	368	2.1	162	222	1 000	1 400	11.0
61960		420	56	314	406	2.5	270	370	950	1 300	21.10
61864		400	38	332	388	2.1	168	235	950	1 300	11.80
61964	320	440	56	334	426	2.5	275	392	900	1 200	23.0
6064		480	74	338	462	3	345	510	850	1 100	48.4
61968	340	460	56	354	446	2.5	292	418	850	1 100	27.0
6072	360	540	82	382	518	4	400	622	750	950	68.0
61876	380	480	46	392	468	2.1	235	348	800	1 000	20.5
6080	400	600	90	422	478	4	512	868	630	800	89.4
61892	460	580	56	474	566	2.5	322	538	600	750	36.28
619/500		670	78	522	648	4	445	808	500	630	79.50
60/500	500	720	100	528	692	5	625	1 178	450	560	117.00

注:本表性能参数参照 GB/T 276—1994。

13.4 角接触球轴承

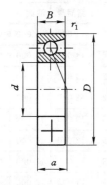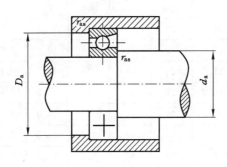

70000C 型(15°)

70000AC 型(25°)

70000B 型(40°)

轴承类型	当量动载荷	当量静载荷	F_a/C_{0r}	e	Y
70000C 型 (15°)	当 $F_a/F_r \leqslant e, P_r = F_r$ 当 $F_a/F_r > e$, $P_r = 0.44F_r + YF_a$	$P_{0r} = 0.5F_r + 0.46F_a$ 当 $P_{0r} < F_r$,取 $P_{0r} = F_r$	0.015	0.38	1.47
			0.029	0.40	1.40
			0.058	0.43	1.30
70000AC 型 (25°)	当 $F_a/F_r \leqslant 0.68, P_r = F_r$ 当 $F_a/F_r > 0.68$, $P_r = 0.41F_r + 0.87F_a$	$P_{0r} = 0.5F_r + 0.38F_a$ 当 $P_{0r} < F_r$,取 $P_{0r} = F_r$	0.087	0.46	1.23
			0.12	0.47	1.19
			0.17	0.50	1.12
70000B 型 (40°)	当 $F_a/F_r \leqslant 1.14, P_r = F_r$ 当 $F_a/F_r > 1.14$, $P_r = 0.35F_r + 0.57F_a$	$P_{0r} = 0.5F_r + 0.26F_a$ 当 $P_{0r} < F_r$,取 $P_{0r} = F_r$	0.29	0.55	1.02
			0.44	0.56	1.00
			0.58	0.56	1.00

表 13-4　　　　角接触球轴承结构性能参数(摘自 GB/T 292—2007)

轴承代号	基本尺寸/mm				安装尺寸/mm			基本额定载荷 /kN		极限转速 /(r/min)		质量 /kg
	d	D	B	a	d_a min	D_a max	r_{as} max	C_r	C_{0r}	脂润滑	油润滑	$W \approx$
7002C	15	32	9	7.6	17.4	29.6	0.3	6.25	3.42	17 000	24 000	0.028
7002AC		32	9	10	17.4	29.6	0.3	5.95	3.25	17 000	24 000	0.028
7202C		35	11	8.9	20	30	0.6	8.68	4.62	16 000	22 000	0.043
7202AC		35	11	11.4	20	30	0.6	8.35	4.40	16 000	22 000	0.043
7003C	17	35	10	8.5	19.4	32.6	0.8	6.60	3.85	16 000	22 000	0.036
7003AC		35	10	11.1	19.4	32.6	0.3	6.30	3.68	16 000	22 000	0.036
7203C		40	12	9.9	22	35	0.6	10.8	5.95	15 000	20 000	0.062
7203AC		40	12	12.8	22	35	0.6	10.5	5.65	15 000	20 000	0.062

轴承代号	基本尺寸/mm				安装尺寸/mm			基本额定载荷/kN		极限转速/(r/min)		质量/kg
	d	D	B	a	d_a min	D_a max	r_{as} max	C_r	C_{0r}	脂润滑	油润滑	$W \approx$
7004C	20	42	12	10.2	25	37	0.6	10.5	6.08	14 000	19 000	0.064
7004AC		42	12	13.2	25	37	0.6	10.0	5.78	14 000	19 000	0.064
7204C		47	14	11.5	26	41	1	14.5	8.22	13 000	18 000	0.1
7204AC		47	14	14.9	26	41	1	14.0	7.82	13 000	18 000	0.1
7204B		47	14	21.1	26	41	1	14.0	7.85	13 000	18 000	0.11
7005C	25	47	12	10.8	30	42	0.6	11.5	7.45	12 000	17 000	0.074
7005AC		47	12	14.4	30	42	0.6	11.2	7.08	12 000	17 000	0.074
7205C		52	15	12.7	31	46	1	16.5	10.5	11 000	16 000	0.12
7205AC		52	15	16.4	31	46	1	15.8	9.88	11 000	16 000	0.12
7205B		52	15	23.7	31	46	1	15.8	9.45	11 000	16 000	0.13
7305B		62	17	26.8	32	55	1	26.2	15.2	9 500	14 000	0.3
7006C	30	55	13	12.2	36	49	1	15.2	10.2	9 500	14 000	0.11
7006AC		55	13	16.4	36	49	1	14.5	9.85	9 500	14 000	0.11
7206C		62	16	14.2	36	56	1	23.0	15.0	9 000	13 000	0.19
7206AC		62	16	18.7	36	56	1	22.0	14.2	9 000	13 000	0.19
7206B		62	16	27.4	36	56	1	20.5	13.8	9 000	13 000	0.21
7306B		72	19	31.1	37	65	1	31.0	19.2	8 500	12 000	0.37
7007C	35	62	14	13.5	41	56	1	19.5	14.2	8 500	12 000	0.15
7007AC		62	14	18.3	41	56	1	18.5	13.5	8 500	12 000	0.15
7207C		72	17	15.7	42	65	1	30.5	20.0	8 000	11 000	0.28
7207AC		72	17	21	42	65	1	29.0	19.2	8 000	11 000	0.28
7207B		72	17	30.9	42	65	1	27.0	18.8	8 000	11 000	0.3
7307B		80	21	24.6	44	71	1.5	38.2	24.5	7 500	10 000	0.51
7008C	40	68	15	14.7	46	62	1	20.0	15.2	8 000	11 000	0.18
7008AC		68	15	20.1	46	62	1	19.0	14.5	8 000	11 000	0.18
7208C		80	18	17	47	73	1	36.8	25.8	7 500	10 000	0.37
7208AC		80	18	23	47	73	1	35.2	24.5	7 500	10 000	0.37
7208B		80	18	34.5	47	73	1	32.5	23.5	7 500	10 000	0.39
7308B		90	23	38.8	49	81	1.5	46.2	30.5	6 700	9 000	0.67
7408B		110	27	37.7	50	100	2	67.0	47.5	6 000	8 000	1.4
7009C	45	75	16	16	51	69	1	25.8	20.5	7 500	10 000	0.23
7009AC		75	16	21.9	51	69	1	25.8	19.5	7 500	10 000	0.23
7209C		85	19	18.2	52	78	1	38.5	28.5	6 700	9 000	0.41
7209AC		85	19	24.7	52	78	1	36.8	27.2	6 700	9 000	0.41
7209B		85	19	36.8	52	78	1	36.0	26.2	6 700	9 000	0.44
7309B		100	25	42.9	54	91	1.5	59.5	39.8	6 000	8 000	0.9

轴承代号	基本尺寸/mm				安装尺寸/mm			基本额定载荷/kN		极限转速/(r/min)		质量/kg
	d	D	B	a	d_a min	D_a max	r_{as} max	C_r	C_{0r}	脂润滑	油润滑	$W\approx$
7010C		80	16	16.7	56	74	1	26.5	22.0	6 700	9 000	0.25
7010AC		80	16	23.2	56	74	1	25.2	21.0	6 700	9 000	0.25
7210C		90	20	19.4	57	83	1	42.8	32.0	6 300	8 500	0.46
7210AC	50	90	20	26.3	57	83	1	40.8	30.5	6 300	8 500	0.46
7210B		90	20	39.4	57	83	1	37.5	29.0	6 300	8 500	0.49
7310B		110	27	47.5	60	100	2	68.2	48.0	5 600	7 500	1.15
7410B		130	31	46.2	62	118	2.1	95.2	64.2	5 000	6 700	2.08
7011C		90	18	18.7	62	83	1	37.2	30.5	6 000	8 000	0.38
7011AC		90	18	25.9	62	83	1	35.2	39.2	6 000	8 000	0.38
7211C	55	100	21	20.9	64	91	1.5	52.8	40.5	5 600	7 500	0.61
7211AC		100	21	28.6	64	91	1.5	50.5	38.5	5 600	7 500	0.61
7211B		100	21	43	64	91	1.5	46.2	36.0	5 600	7 500	0.65
7311B		120	29	51.4	65	110	2	78.8	56.5	5 000	6 700	1.45
7012C		95	18	19.38	67	88	1	38.2	32.8	5 600	7 500	0.4
7012AC		95	18	27.1	67	88	1	36.2	31.5	5 600	7 500	0.4
7212C		110	22	22.4	69	101	1.5	61.0	48.5	5 300	7 000	0.8
7212C	60	110	22	30.8	69	101	1.5	58.2	46.2	5 300	7 000	0.8
7212B		110	22	46.7	69	101	1.5	56.0	44.5	5 300	7 000	0.84
7312B		130	31	55.4	72	118	2.1	90.0	66.3	4 800	6 300	1.85
7412B		150	35	55.7	72	138	2.1	118	85.5	4 300	5 600	3.56
7013C		100	18	20.1	72	93	1	40.4	35.5	5 300	7 000	0.43
7013AC		100	18	28.2	72	93	1	38.0	33.8	5 300	7 000	0.43
7213C	65	120	23	24.2	74	111	1.5	69.8	55.2	4 800	6 300	1
7213AC		120	23	33.5	74	111	1.5	66.5	52.5	4 800	6 300	1
7213B		120	23	51.1	74	111	1.5	62.5	53.2	4 800	6 300	1.05
7313B		140	33	59.5	77	128	2.1	102	77.8	4 300	5 600	2.25
7014C		110	20	22.1	77	103	1	48.2	43.5	5 000	6 700	0.6
7014AC		110	20	30.9	77	103	1	45.8	41.5	5 000	6 700	0.6
7214C	70	125	24	25.3	79	116	1.5	70.2	60.0	4 500	6 700	1.1
7214AC		125	24	35.1	79	116	1.5	69.2	57.5	4 500	6 700	1.1
7214B		125	24	52.9	79	116	1.5	70.2	57.2	4 500	6 700	1.15
7314B		150	35	63.7	82	138	2.1	115	87.2	4 000	5 300	2.75

轴承代号	基本尺寸/mm				安装尺寸/mm			基本额定载荷/kN		极限转速/(r/min)		质量/kg
	d	D	B	a	d_a min	D_a max	r_{as} max	C_r	C_{0r}	脂润滑	油润滑	$W \approx$
7015C	75	115	20	22.7	82	108	1	49.5	46.5	4 800	6 300	0.63
7015AC		115	20	32.2	82	108	1	46.8	44.2	4 800	6 300	0.63
7215C		130	25	26.4	84	121	1.5	79.2	65.8	4 300	5 600	1.2
7215AC		130	25	36.6	84	121	1.5	75.2	63.0	4 300	5 600	1.2
7215B		130	25	55.5	84	121	1.5	72.8	62.0	4 300	5 600	1.3
7315B		160	37	68.4	87	148	2.1	125	98.5	3 800	5 000	3.3
7016C	80	125	22	24.7	87	118	1	58.5	55.8	4 500	6 000	0.85
7016AC		125	22	34.9	87	118	1	55.5	53.2	4 500	6 000	0.85
7216C		140	26	27.7	90	130	2	89.5	78.2	4 000	5 300	1.45
7216AC		140	26	38.9	90	130	2	85.0	74.5	4 000	5 300	1.45
7216B		140	26	59.2	90	130	2	80.2	69.5	4 000	5 300	1.55
7316B		170	39	71.9	92	158	2.1	135	110	3 600	4 800	3.9
7017C	85	130	22	25.4	92	123	1	62.5	60.2	4 300	5 600	0.89
7017AC		130	22	36.1	92	123	1	59.2	57.2	4 300	5 600	0.89
7217C		150	28	29.9	95	140	2	99.8	85.0	3 800	5 000	1.8
7217AC		150	28	41.6	95	140	2	94.8	81.5	3 800	5 000	1.8
7217B		150	28	63.3	95	140	2	93.0	81.5	3 800	5 000	1.95
7317B		180	41	76.1	99	166	2.5	148	122	3 400	4 500	4.6
7018C	90	140	24	27.4	99	131	1.5	71.5	69.8	4 000	5 300	1.15
7018AC		140	24	38.8	99	131	1.5	67.5	66.5	4 000	5 300	1.15
7218C		160	30	31.7	100	150	2	122	105	3 600	4 800	2.25
7218C		160	30	44.2	100	150	2	118	100	3 600	4 800	2.25
7218B		160	30	67.9	100	150	2	105	94.5	3 600	4 800	2.4
7318B		190	43	80.8	104	176	2.5	158	138	3 200	4 300	5.4
7019C	95	145	24	28.1	104	136	1.5	73.5	73.2	3 800	5 000	1.2
7019AC		145	24	40	104	136	1.5	69.5	69.8	3 800	5 000	1.2
7219C		170	32	33.8	107	158	2.1	135	115	3 400	4 500	2.7
7219AC		170	32	46.9	107	158	2.1	128	108	3 400	4 500	2.7
7219B		170	32	72.5	107	158	2.1	120	108	3 400	4 500	2.9
7319B		200	45	84.4	109	186	2.5	172	155	3 000	4 000	6.25
7020C	100	150	24	28.7	109	141	1.5	79.2	78.5	3 800	5 000	1.25
7020AC		150	24	41.2	109	141	1.5	75	74.8	3 800	5 000	1.25

注:本表性能参数参照 GB/T 292—1994。

13.5　单向推力球轴承

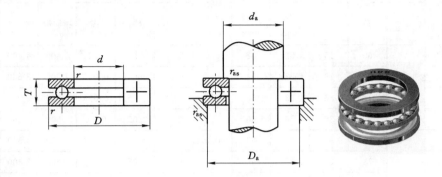

当量动载荷 $P_a = F_a$

当量静载荷 $P_{0a} = F_a$

表 13-5　　　　单向推力球轴承结构性能参数(摘自 GB/T 301—2015)

轴承代号	基本尺寸 /mm			安装尺寸 /mm			基本额定载荷 /kN		最小载荷常数	极限转速 /(r/min)		质量 /kg
	d	D	T	d_a min	D_a max	r_{as} max	C_a	C_{0a}	A	脂润滑	油润滑	$W \approx$
51104		35	10	29	26	0.3	14.2	24.5	0.004	4 800	6 700	0.036
51204	20	40	14	32	28	0.6	22.2	37.5	0.007	3 800	5 300	0.075
51304		47	18	36	31	1	35.0	55.8	0.016	3 600	4 500	0.15
51105		42	11	35	32	0.6	15.2	30.2	0.005	4 300	6 000	0.055
51205		47	15	38	34	0.6	27.8	50.5	0.013	3 400	4 800	0.11
51305	25	52	18	41	36	1	35.5	61.5	0.021	3 000	4 300	0.17
51405		60	24	46	39	1	55.5	89.2	0.044	2 200	3 400	0.31
51106		47	11	40	37	0.6	16.0	34.2	0.007	4 000	5 600	0.062
51206		52	16	43	39	0.6	28.0	54.2	0.016	3 200	4 500	0.13
51306	30	60	21	48	42	1	42.8	78.5	0.033	2 400	3 600	0.26
51406		70	28	54	46	1	72.5	125	0.082	1 900	3 000	0.51
51107		52	12	45	42	0.6	18.2	41.5	0.010	3 800	5 300	0.077
51207		62	18	51	46	0.6	39.2	78.2	0.033	2 800	4 000	0.21
51307	35	68	24	55	48	1	55.2	105	0.059	2 000	3 200	0.37
51407		80	32	62	53	1	86.8	155	0.13	1 700	2 600	0.76

轴承代号	基本尺寸 /mm			安装尺寸 /mm			基本额定载荷 /kN		最小载荷常数	极限转速 /(r/min)		质量 /kg
	d	D	T	d_a min	D_a max	r_{as} max	C_a	C_{0a}	A	脂润滑	油润滑	$W\approx$
51108	40	60	13	52	48	0.6	26.8	62.8	0.021	3 400	4 800	0.11
51208		68	19	57	51	1	47.0	98.2	0.050	2 400	3 600	0.26
51308		78	26	63	55	1	69.2	135	0.096	1 900	3 000	0.53
51408		90	36	70	60	1	112	205	0.22	1 500	2 200	1.06
51109	45	65	14	57	53	0.6	27.0	66.0	0.024	3 200	4 500	0.14
51209		73	20	62	56	1	47.8	105	0.059	2 200	3 400	0.30
51309		85	28	69	61	1	75.8	150	0.130	1 700	2 600	0.66
51409		100	39	78	67	1	140	262	0.36	1 400	2 000	1.41
51110	50	70	14	62	58	0.6	27.2	69.2	0.027	3 000	4 300	0.15
51210		78	22	67	61	1	48.5	112	0.068	2 000	3 200	0.37
51310		95	31	77	68	1	96.5	202	0.21	1 600	2 400	0.92
51410		110	43	86	74	1.5	160	302	0.50	1 300	1 900	1.86
51111	55	78	16	69	64	0.6	33.8	89.2	0.043	2 800	4 000	0.22
51211		90	25	76	69	1	67.5	158	0.13	1 900	3 000	0.58
51311		105	35	85	75	1	115	242	0.31	1 500	2 200	1.28
51411		120	48	94	81	1.5	182	355	0.68	1 100	1 700	2.51
51112	60	85	17	75	70	1	40.2	108	0.063	2 600	3 800	0.27
51212		95	26	81	74	1	73.5	178	0.16	1 800	2 800	0.66
51312		110	35	90	80	1	118	262	0.35	1 400	2 000	1.37
51412		130	51	102	88	1.5	200	395	0.88	1 000	1 600	3.08
51113	65	90	18	80	75	1	40.5	112	0.07	2 400	3 600	0.31
51213		100	27	86	79	1	74.8	188	0.18	1 700	2 600	0.72
51313		115	36	95	85	1	115	262	0.38	1 300	1 900	1.48
51413		140	56	110	95	2	215	448	1.14	900	1 400	3.91
51114	70	95	18	85	80	1	40.8	115	0.078	2 200	3 400	0.33
51214		105	27	91	84	1	73.5	188	0.19	1 600	2 400	0.75
51314		125	40	103	92	1	148	340	0.60	1 200	1 800	1.98
51414		150	60	118	102	2	255	560	1.71	850	1 300	4.85
51115	75	100	19	90	85	1	48.2	140	0.11	2 000	3 200	0.38
51215		110	27	96	89	1	74.8	198	0.21	1 500	2 200	0.82
51315		135	44	111	99	1.5	162	380	0.77	1 100	1 700	2.58
51415		160	65	125	110	2	268	615	2.00	800	1 200	6.08

轴承代号	基本尺寸 /mm			安装尺寸 /mm			基本额定载荷 /kN		最小载荷常数	极限转速 /(r/min)		质量 /kg
	d	D	T	d_a min	D_a max	r_{as} max	C_a	C_{0a}	A	脂润滑	油润滑	$W \approx$
51116	80	105	19	95	90	1	48.5	145	0.12	1 900	3 000	0.40
51216		115	28	101	94	1	83.8	222	0.27	1 400	2 000	0.90
51316		140	44	116	104	1.5	160	380	0.81	1 000	1 600	2.69
51416		170	68	133	117	2	292	692	2.55	750	1 100	7.12
51117	85	110	19	100	95	1	49.2	150	0.13	1 800	2 800	0.42
51217		125	31	109	101	1	102	280	0.41	1 300	1 900	1.21
51317		150	49	124	111	1.5	208	495	1.28	950	1 500	3.47
51417		180	72	141	124	2	318	782	3.24	700	1 000	8.28
51118	90	120	22	108	102	1	65.0	200	0.21	1 700	2 600	0.65
51218		135	35	117	108	1	115	315	0.52	1 200	1 800	1.65
51318		155	50	129	116	1.5	205	495	1.34	900	1 400	3.69
51418		190	77	149	131	2	325	825	3.71	670	950	9.86
51120	100	135	25	121	114	1	85.0	268	0.37	1 600	2 400	0.95
51220		150	38	130	120	1	132	375	0.75	1 100	1 700	2.21
51320		170	55	142	128	1.5	235	595	1.88	800	1 200	4.86
51420		210	85	165	145	2.5	400	1 080	6.17	600	850	13.3
51122	110	145	25	131	124	1	87.0	288	0.43	1 500	2 200	1.03
51222		160	38	140	130	1	138	412	0.89	1 000	1 600	2.39
51322		190	63	158	142	2	278	755	2.97	700	1 100	7.05
51422		230	95	181	159	2.5	490	1 390	10.4	530	750	20.0
51124	120	155	25	141	134	1	87.0	298	0.48	1 400	2 000	1.10
51224		170	39	150	140	1	135	412	0.96	950	1 500	2.62
51324		210	70	173	157	2	330	945	4.58	670	950	9.54
51126	130	170	30	154	146	1	108	375	0.74	1 300	1 900	1.70
51226		190	45	166	154	1.5	188	575	1.75	900	1 400	3.93
51326		225	75	186	169	2	358	1 070	5.91	600	850	11.7
51426		270	110	212	188	3	630	2 010	21.1	430	600	32.0
51128	140	180	31	164	156	1	110	402	0.84	1 200	1 800	1.85
51228		200	46	176	164	1.5	190	598	1.96	850	1 300	4.27
51328		240	80	199	181	2	395	1 230	7.84	560	800	14.1
51428		280	112	222	198	3	630	2 010	22.2	400	560	32.2

轴承代号	基本尺寸 /mm			安装尺寸 /mm			基本额定载荷 /kN		最小载荷常数	极限转速 /(r/min)		质量 /kg
	d	D	T	d_a min	D_a max	r_{as} max	C_a	C_{0a}	A	脂润滑	油润滑	$W \approx$
51130	150	190	31	174	166	1	110	415	0.93	1 100	1 700	1.95
51230		215	50	189	176	1.5	242	768	3.06	800	1 200	5.52
51330		250	80	209	191	2	405	1 310	8.80	530	750	14.9
51430		300	120	238	212	3	670	2 240	27.9	380	530	38.2
51132	160	200	31	184	176	1	110	428	1.01	1 000	1 600	2.06
51232		225	51	199	186	1.5	240	768	3.23	750	1 100	5.91
51332		270	87	225	205	2.5	470	1 570	12.8	500	700	18.9
51134	170	215	34	197	188	1	135	528	1.48	950	1 500	2.71
51234		240	55	212	198	1.5	280	915	4.48	700	1 000	7.31
51334		280	87	235	215	2.5	470	1 580	13.8	480	670	22.5
51136	180	225	34	207	198	1	135	528	1.56	900	1 400	2.77
51236		250	56	222	208	1.5	285	958	4.91	670	950	7.84
51336		300	95	251	229	2.5	518	1 820	17.9	430	600	28.7
51138	190	240	37	220	210	1	172	678	2.41	850	1 300	3.61
51238		270	62	238	222	2	328	1 160	6.97	630	900	10.5
51338		320	105	266	244	3	608	2 220	26.7	400	560	41.1
51140	200	250	37	230	220	1	172	698	2.60	800	1 200	3.77
51240		280	62	248	232	2	332	1 210	7.59	600	850	11.0
51340		340	110	282	258	3	600	2 220	28.0	360	500	44

注：本表性能参数参照 GB/T 301—1995。

13.6　圆柱滚子轴承

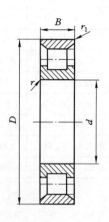
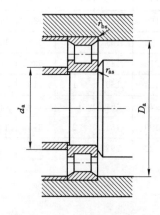

符号含义与应用

N——外圈无挡边

N 型不能承受轴向载荷,不能限制轴或外壳的轴向位移,常用作游动支承。

表 13-6　　　　圆柱滚子轴承结构性能参数(摘自 GB/T 283—2007)

轴承代号	基本尺寸 /mm			安装尺寸 /mm				基本额定载荷 /kN		极限转速 /(r/min)		质量 /kg
N 型	d	D	B	d_a min	D_a max	r_{as} max	r_{bs} max	C_r	C_{0r}	脂	油	$W \approx$
N202	15	35	11	19	—	0.6	0.3	7.98	5.5	15 000	19 000	—
N203	17	40	12	21	—	0.6	0.3	9.12	7.0	14 000	18 000	—
N1004		42	12	24	—	0.6	0.3	10.5	8.0	13 000	17 000	0.09
N204E		47	14	25	42	1	0.6	25.8	24.0	12 000	16 000	0.117
N2204E	20	47	18	25	42	1	0.6	30.8	30.0	12 000	16 000	0.149
N304E		52	15	26.5	47	1	0.6	29.0	25.5	11 000	14 000	0.155
N2304E		52	11	26.5	47	1	0.6	39.2	37.5	11 000	14 000	0.216
N1005		47	12	29	—	0.6	0.3	11.0	10.2	11 000	15 000	0.1
N205E		52	15	30	47	1	0.6	27.5	26.8	11 000	14 000	0.14
N2205E	25	52	18	30	47	1	0.6	32.8	33.8	11 000	14 000	0.168
N305E		62	17	31.5	55	1	1	38.5	35.8	9 000	12 000	0.251
N2305E		62	24	31.5	55	1	1	53.2	54.5	9 000	12 000	0.355
N206E		62	16	36	56	1	0.6	36.0	35.5	8 500	11 000	0.214
N2206E		62	20	36	56	1	0.6	45.5	48.0	8 500	11 000	0.268
N306E	30	72	19	37	64	1	1	49.2	48.5	8 000	10 000	0.377
N2306E		72	27	37	64	1	1	70.0	75.5	8 000	10 000	0.538
N406		90	23	39	—	1.5	1.5	57.2	53.5	7 000	9 000	0.73
N207E		72	17	42	64	1	0.6	46.5	48.0	7 500	9 500	0.311
N2207E		72	23	42	64	1	0.6	57.5	63.0	7 500	9 500	0.414
N307E	35	80	21	44	71	1.5	1	62.0	63.2	7 000	9 000	0.501
N2307E		80	31	44	71	1.5	1	87.5	98.2	7 000	9 000	0.738
N407		100	25	44	—	1.5	1.5	70.8	68.2	6 000	7 500	0.84
N1008		68	15	45	—	1	0.6	21.2	22.0	7 500	9 500	0.22
N208E		80	18	47	72	1	1	51.5	53.0	7 000	9 000	0.394
N2208E	40	80	23	47	72	1	1	67.5	75.2	7 000	9 000	0.507
N308E		90	23	49	80	1.5	1.5	76.8	77.8	6 300	8 000	0.68
N2308E		90	33	49	80	1.5	1.5	105	118	6 300	8 000	1.974
N408		110	27	50	—	2	2	90.5	89.8	5 600	7 000	1.25

轴承代号	基本尺寸 /mm			安装尺寸 /mm				基本额定载荷 /kN		极限转速 /(r/min)		质量 /kg
N 型	d	D	B	d_a min	D_a max	r_{as} max	r_{bs} max	C_r	C_{0r}	脂	油	$W\approx$
N209E		85	19	52	77	1	1	58.5	63.8	6 300	8 000	0.45
N2209E		85	23	52	77	1	1	71.0	82.0	6 300	8 000	0.55
N309E	45	100	25	54	89	1.5	1.5	93.0	98.0	5 600	7 000	0.93
N2309E		100	36	54	89	1.5	1.5	130	152	5 600	7 000	1.34
N409		120	29	55	—	2	2	102	100	5 000	6 300	1.8
N1010		80	16	55	—	1	0.6	25.0	27.5	6 300	8 000	—
N210E		90	20	57	83	1	1	61.2	69.2	6 000	7 500	0.505
N2210E		90	23	57	83	1	1	74.2	88.8	6 000	7 500	0.59
N310E	50	110	27	60	98	2	2	105	112	5 300	6 700	1.2
N2310E		110	40	60	98	2	2	155	185	5 300	6 700	1.79
N410		130	31	62	—	2.1	2.1	120	120	4 800	6 000	2.3
N1011		90	18	51.5	—	1	1	35.8	40.0	5 600	7 000	0.45
N211E		100	21	64	91	1.5	1	80.2	95.5	5 300	6 700	0.68
N2211E		100	25	64	91	1.5	1	94.8	118	5 300	6 700	0.81
N311E	55	120	29	65	107	2	2	128	138	4 800	6 000	1.53
N2311E		120	43	65	107	2	2	190	228	4 800	6 000	2.28
N411		140	33	67	—	2.1	2.1	128	132	4 300	5 300	2.8
N1012		95	18	66.5	—	1	1	38.5	45.0	5 300	6 700	0.48
N212E		110	22	69	100	1.5	1.5	89.8	102	5 000	6 300	0.86
N2212E		110	28	69	100	1.5	1.5	122	152	5 000	6 300	1.12
N312E	60	130	31	72	116	2.1	2.1	142	155	4 500	5 600	1.87
N2312E		130	46	72	116	2.1	2.1	212	260	4 500	5 600	2.81
N412		130	35	72	—	2.1	2.1	155	162	4 000	5 000	3.4
N213E		120	23	74	108	1.5	1.5	102	118	4 500	5 600	1.08
N2213E		120	31	74	108	1.5	1.5	142	180	4 500	5 600	1.48
N313E	65	140	33	77	125	2.1	2.1	170	188	4 000	5 000	2.31
N2313E		140	48	77	125	2.1	2.1	235	285	4 000	5 000	3.34
N413		160	37	77	—	2.1	2.1	170	178	3 800	4 800	4
N1014		110	20	76.5	—	1	1	47.5	57.0	4 800	6 000	0.71
N214E		125	24	79	114	1.5	1.5	112	135	4 300	5 300	1.2
N2214E		125	31	79	114	1.5	1.5	148	192	4 300	5 300	1.56
N314E	70	150	35	82	134	2.1	2.1	195	220	3 800	4 800	2.86
N2314E		150	51	82	134	2.1	2.1	260	320	3 800	4 800	4.1
N414		180	42	84	—	2.5	2.5	215	232	3 400	4 300	5.9

轴承代号	基本尺寸 /mm			安装尺寸 /mm				基本额定载荷 /kN		极限转速 /(r/min)		质量 /kg
N 型	d	D	B	d_a min	D_a max	r_{as} max	r_{bs} max	C_r	C_{0r}	脂	油	$W \approx$
N215E		130	25	84	120	1.5	1.5	125	155	4 000	5 000	1.32
N2215E		130	31	84	120	1.5	1.5	155	205	4 000	5 000	1.64
N315E	75	160	37	87	143	2.1	2.1	228	260	3 600	4 500	3.43
N2315		160	37	87	143	2.1	2.1	245	308	3 600	4 500	5.4
N415		190	45	89	—	2.5	2.5	250	272	3 200	4 000	7.1
N1016		126	22	86.5	—	1	1	59.2	77.8	4 300	5 300	1
N216E		140	26	90	128	2	2	132	165	3 800	4 800	1.58
N2216E	80	140	33	90	128	2	2	178	242	3 800	4 800	2.05
N316E		170	39	92	151	2.1	2.1	245	282	3 400	4 300	4.05
N2316		170	58	92	151	2.1	2.1	258	328	3 400	4 300	6.4
N416		200	48	94	—	2.5	2.5	285	315	3 000	3 800	8.3
N217E		150	28	95	137	2	2	158	192	3 600	4 600	2
N2217E		150	36	95	137	2	2	205	272	3 600	4 600	2.58
N317E	85	180	41	99	160	2.5	2.5	280	332	3 200	4 000	4.82
N2317		180	60	99	160	2.5	2.5	295	380	3 200	4 000	7.4
N417		210	52	103	—	3	3	312	345	2 800	3 600	9.8
N1018		140	24	98	—	1.5	1	74.0	94.8	3 800	4 800	1.36
N218E		160	30	100	146	2	2	172	215	3 400	4 300	2.44
N2218E	90	160	40	100	146	2	2	230	312	3 400	4 300	3.26
N318E		190	43	104	169	2.5	2.5	298	348	3 000	3 800	5.59
N2318		190	64	104	169	2.5	2.5	310	395	3 000	3 800	8.4
N418		225	54	108	—	3	3	352	392	2 400	3 200	11
N219E		170	32	107	155	2.1	2.1	208	262	3 200	4 000	2.96
N2219E		170	43	107	155	2.1	2.1	275	268	3 200	4 000	3.97
N319E	95	200	45	109	178	2.5	2.5	315	380	2 800	3 600	6.52
N2319		200	67	109	178	2.5	2.5	370	500	2 800	3 600	10.4
N419		240	55	113	—	3	3	378	428	2 200	3 000	14
N1020		150	24	108	—	1.5	1	78.0	102	3 400	4 300	1.5
N220E		180	34	112	164	2.1	2.1	235	302	3 000	3 800	3.58
N2220E	100	180	46	112	164	2.1	2.1	318	440	3 000	3 800	4.86
N320E		215	47	114	190	2.5	2.5	365	425	2 600	3 200	7.89
N2320		215	73	114	190	2.5	2.5	415	558	2 600	3 200	13.5
N420		250	58	118	—	3	3	418	480	2 600	2 800	16

轴承代号	基本尺寸 /mm			安装尺寸 /mm				基本额定载荷 /kN		极限转速 /(r/min)		质量 /kg
N 型	d	D	B	d_a min	D_a max	r_{as} max	r_{bs} max	C_r	C_{0r}	脂	油	$W\approx$
N1021	105	160	26	114	—	2	1	91.5	122	3 200	4 200	1.9
N221		190	36	117	173	2.1	2.1	185	235	2 800	3 600	4
N321		225	49	119	199	2.5	2.5	322	392	2 200	3 000	—
N421		260	60	123	—	3	3	508	602	1 900	2 600	—
N1022	110	170	28	119	—	2	1	115	155	3 000	3 800	2.3
N222E		200	38	122	182	2.1	2.1	278	360	2 600	3 400	5.02
N2222		200	53	122	—	2.1	2.1	302	445	2 600	3 400	7.5
N322		240	50	124	211	2.5	2.5	352	428	2 000	2 800	11
N2322		240	80	124	211	2.5	2.5	535	740	2 000	2 800	7.5
N422		280	65	128	—	3	3	515	602	1 800	2 400	22
N1024	120	180	28	129	—	2	1	130	168	2 600	3 400	2.96
N224E		215	40	132	196	2.1	2.1	322	422	2 200	3 000	6.11
N2224		215	58	132	—	2.1	2.1	345	522	2 200	3 000	9.5
N324		260	55	134	230	2.5	2.5	440	522	1 900	2 600	14
N2324		260	86	134	230	2.5	2.5	632	868	1 900	2 600	22.5
N424		310	72	142	—	4	4	642	772	1 700	2 200	30
N1026	130	200	33	139	—	2	1	152	212	2 400	3 200	3.7
N226		230	40	144	208	2.5	2.5	258	352	2 000	2 800	7
N2226		230	64	144	—	2.5	2.5	368	552	2 000	2 800	11.5
N326		280	58	148	247	3	3	492	620	1 700	2 200	18
N2326		280	93	148	247	3	3	748	1 060	1 700	2 200	28.5
N426		340	78	152	—	4	4	782	942	1 500	1 900	39
N1028	140	210	33	149	—	2	1	158	220	2 000	2 800	4
N228		250	42	154	—	2.5	2.5	302	415	1 800	2 400	9.1
N2228		250	68	154	—	2.5	2.5	438	700	1 800	2 400	15
N328		300	62	158	—	3	3	545	690	1 600	2 000	22
N2328		300	102	158	—	3	3	825	1 180	1 600	2 000	37
N428		360	82	162	—	4	4	845	1 020	1 400	1 800	—
N1030	150	225	35	161	—	2.1	1.5	188	268	1 900	2 600	4.8
N230		270	45	164	—	2.5	2.5	360	490	1 700	2 200	11
N2230		270	73	164	—	2.5	2.5	530	772	1 700	2 200	17
N330		320	65	168	—	3	3	595	765	1 500	1 900	26
N2330		320	108	168	—	3	3	930	1 340	1 500	1 900	45
N430		380	85	172	—	4	4	912	1 100	1 300	1 700	53

轴承代号	基本尺寸 /mm			安装尺寸 /mm				基本额定载荷 /kN		极限转速 /(r/min)		质量 /kg
N 型	d	D	B	d_a min	D_a max	r_{as} max	r_{bs} max	C_r	C_{0r}	脂	油	$W \approx$
N1032	160	240	38	171	—	2.1	1.5	212	302	1 800	2 400	6
N232		290	48	174	—	2.5	2.5	405	552	1 600	2 000	14
N2232		290	80	174	—	2.5	2.5	590	898	1 600	2 000	25
N332		340	68	178	—	3	3	628	825	1 400	1 800	31.6
N2332		340	114	178	—	3	3	972	1 430	1 400	1 800	55.8
N1034	170	260	42	181	—	2.1	2.1	255	365	1 700	2 200	8.14
N234		310	52	188	—	3	3	425	650	1 500	1 900	17.1
N334		310	72	188	—	3	3	715	925	1 300	1 700	36
N2334		360	120	188	—	3	3	1 110	1 650	1 300	1 700	63
N1036	180	280	46	191	—	2.1	2.1	300	438	1 600	2 000	10.1
N236		320	52	198	—	3	3	425	650	1 400	1 800	18
N336		380	75	198	—	3	3	835	1 100	1 200	1 600	42
N2336		380	126	198	—	3	3	1 210	1 780	1 200	1 600	71.2
N1038	190	290	46	201	—	2.1	2.1	335	495	1 500	1 900	10.0
N238		340	55	208	—	3	3	512	745	1 300	1 700	23
N2238		340	92	208	—	3	3	975	1 570	1 300	1 700	38.5
N338		400	78	212	—	4	4	882	1 190	1 100	1 500	50
N1040	200	310	51	211	—	2.1	2.1	408	615	1 400	1 800	14.3
N240		360	58	218	—	3	3	570	842	1 200	1 600	26
N2240		360	98	218	—	3	3	1 120	1 725	1 200	1 600	—
N340		420	80	222	—	4	4	972	1 290	1 000	1 400	—
N1044	220	340	56	233	—	2.5	2.5	448	685	1 200	1 600	—
N244		400	65	238	—	3	3	702	1 050	1 000	1 400	36
N2244		400	108	238	—	3	3	1 360	2 330	1 000	1 400	62
N1048	240	360	56	253	—	2.5	2.5	470	745	1 000	1 400	21
N248		440	72	258	—	3	3	880	1 345	900	1 200	48.2
N348		500	95	262	—	4	4	1 290	1 810	800	1 000	97.1
N1052	260	400	65	276	—	3	3	592	932	950	1 300	31
N1056	280	420	65	296	—	3	3	600	965	850	1 100	33
N1060	300	460	74	316	—	3	3	880	1 470	800	1 000	44.4
N260		540	85	322	487	4	4	1 360	2 190	700	900	87.2
N1064	320	480	74	336	—	3	3	890	1 520	750	950	47
N1080	400	600	90	420	—	4	4	1 420	2 480	560	700	88.8

注:本表性能参数参照 GB/T 283—1994。

14　联　轴　器

14.1　概述

14.1.1　联轴器轴孔型式及代号

表 14-1　　　　　　　联轴器轴孔型式及代号(摘自 GB/T 3852—2017)

名称	型式及代号	图　示	名称	型式及代号	图　示
长圆柱形轴孔	Y 型	限用于长圆柱形轴伸电机端	无沉孔的长圆锥形轴孔	Z_1 型	1:10
有沉孔的短圆柱形轴孔	J 型		有沉孔的短圆锥形轴孔	Z_2 型	1:10
无沉孔的短圆柱形轴孔	J_1 型		无沉孔的短圆锥形轴孔	Z_3 型	1:10
有沉孔的长圆锥形轴孔	Z 型	1:10			

14.1.2 联轴器轴孔与轴的连接型式

表 14-2 联轴器轴孔与轴的连接型式(摘自 GB/T 3852—2017)

名称	型式及代号	图 示	名称	型式及代号	图 示
单平键槽	A 型 (圆柱形轴孔)		圆柱直齿渐开线花键	符合 GB/T 3478.1—2008	
1120°布置 双平键槽	B 型 (圆柱形轴孔)		圆柱形过盈连接	U 型	
1180°布置 双平键槽	B₁ 型 (圆柱形轴孔)		阶梯圆柱形过盈连接	UI 型	
圆锥形轴孔单平键槽	C 型		圆锥过盈连接	UZ 型 轴孔锥度应符合 JB/T 6136—2007 的规定	
圆柱形轴孔普通切向键槽	D 型		胀紧套连接	Z2 型 Z5 型 胀紧套连接应符合 JB/T 7934—1999 的规定	
矩形花键	符合 GB/T 1144—2001				

14.1.3 圆柱形轴孔与轴伸的配合

表 14-3 圆柱形轴孔与轴伸的配合(摘自 GB/T 3852—2017)

直径 d/mm		配合代号
>6～30	H7/j6	根据使用要求,也可采用 H7/n6、H7/p6 和 H7/r6
>30～50	H7/k6	
>50	H7/m6	

14.1.4　圆锥形轴孔长度的极限偏差

表 14-4　　　　　　　　圆锥形轴孔长度 L 的极限偏差（摘自 GB/T 3852—2017）　　　　　　　mm

圆锥孔直径 d_z	配合代号	L 轴向极限偏差	圆锥孔直径 d_z	配合代号	L 轴向极限偏差
>6~10	H8/k8	0 −0.22	>55~80	H8/k8	0 −0.46
>11~18		0 −0.27	>85~120		0 −0.54
>19~30		0 −0.33	>125~180		0 −0.63
>32~50		0 −0.39	>190~220		0 −0.72

注：配合代号是指与 GB 1570 规定的标准圆锥形轴伸的配合。

14.2　常用联轴器

14.2.1　凸缘联轴器主要技术参数和尺寸

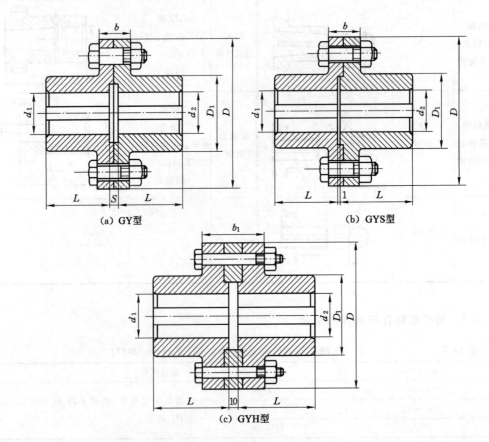

(a) GY型　　　　(b) GYS型

(c) GYH型

表 14-5   **凸缘联轴器主要技术参数和尺寸(摘自 GB/T 5843—2003)**

型号	公称转矩 T_n	许用转速 n_p	轴孔直径 d_1、d_2	轴孔长度 L Y 型	轴孔长度 L J_1 型	D	D_1	b	b_1	S	转动惯量	质量
	N·m	r/min		mm							kg·m²	kg
GY1 GYS1 GYH1	25	12 000	12 14 16 18 19	32 42	27 30	80	30	26	42	6	0.000 8	1.16
GY2 GYS2 GYH2	63	10 000	16 18 19 20 22 24 25	42 52 62	30 38 44	90	40	28	44	6	0.001 5	1.72
GY3 GYS3 GYH3	112	9 500	20 22 24 25 28	52 62	38 44	100	45	30	46	6	0.002 5	2.38
GY4 GYS4 GYH4	224	9 000	25 28 30 32 35	62 82	44 60	105	55	32	48	6	0.003	3.15
GY5 GYS5 GYH5	400	8 000	30 32 35 38 40 42	82 112	60 84	120	68	36	52	8	0.007	5.43
GY6 GYS6 GYH6	900	6 800	38 40 42 45 48 50	82 112	60 84	140	80	40	56	8	0.015	7.59
GY7 GYS7 GYH7	1 600	6 000	48 50 55 56 60 63	112 142	84 107	160	100	40	56	8	0.031	13.1

型号	公称转矩 T_n	许用转速 n_p	轴孔直径 d_1、d_2	轴孔长度 L		D	D_1	b	b_1	S	转动惯量	质量
				Y 型	J_1 型							
	N·m	r/min			mm						kg·m²	kg
GY8 GYS8 GYH8	3 150	4 800	60 63 65 70 71 75	142	107	200	130	50	68	10	0.103	27.5
			80	172	132							
GY9 GYS9 GYH9	6 300	3 600	75	142	107	260	160	65	84	10	0.319	47.8
			80 85 90 95	172	132							
			100	212	167							
GY10 GYS10 GYH10	10 000	3 200	90 95	172	132	300	200	72	90	10	0.720	82.0
			100 110 120 125	212	167							
GY11 GYS11 GYH11	25 000	2 500	120 125	212	167	380	260	80	98	10	2.278	162.2
			130 140 150	252	202							
			160	302	242							
GY12 GYS12 GYH12	50 000	2 000	150	252	202	460	320	92	112	12	5.923	285.6
			160 170 180	302	242							
			190 200	352	282							
GY13 GYS13 GYH13	100 000	1 600	190 200 220	352	282	590	400	110	130	12	19.978	611.9
			240 250	410	330							

注：质量和转动惯量是按 GY 型联轴器 Y/J_1 轴孔组合形式和最小轴孔直径计算的数值。

14.2.2 LX 型弹性柱销联轴器主要技术参数和尺寸

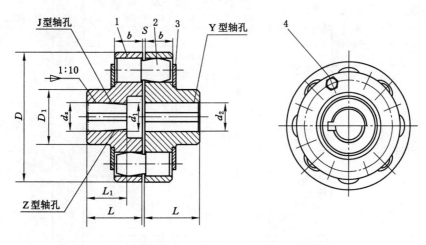

1——半联轴器；2——柱销；3——盖板；4——螺栓

表 14-6 LX 型弹性柱销联轴器主要技术参数和尺寸(摘自 GB/T 5014—2017)

型号	公称转矩 T_P /N·m	许用转速 n /(r/min)	轴孔直径 d_1、d_2、d_z	轴孔长度 Y 型 L	J、J_1、Z 型 L_1	J、J_1、Z 型 L	D	D_1	b	S	转动惯量 /(kg/m²)	质量 /kg
						mm						
			12	32	27	—						
			14									
			16									
LX1	250	8 500	18	42	30	42	90	40	20	2.5	0.002	2
			19									
			20									
			22	52	38	52						
			24									
			20	52	38	52						
			22									
			24									
LX2	560	6 300	25	62	44	62	120	55	28	2.5	0.009	5
			28									
			30									
			32	82	60	82						
			35									

型号	公称转矩 T_P /N·m	许用转速 n /(r/min)	轴孔直径 d_1、d_2、d_z	轴孔长度 Y 型 L	轴孔长度 J、J_1、Z 型 L_1	轴孔长度 J、J_1、Z 型 L	D	D_1	b	S	转动惯量 /(kg/m²)	质量 /kg
						mm						
LX3	1 250	4 750	30	82	60	82	160	75	36	2.5	0.026	8
			32									
			35									
			38									
			40	112	84	112						
			42									
			45									
			48									
LX4	2 500	3 850	40	112	84	112	195	100	45	90	3	22
			42									
			45									
			48									
			50									
			55									
			56									
			60	142	107	142						
			63									
LX5	3 150	3 450	50	112	84	112	220	120	45	3	0.191	30
			55									
			56									
			60									
			63	142	107	142						
			65									
			70									
			71									
			75									
LX6	6 300	2 720	60	142	107	142	280	140	56	4	0.543	53
			63									
			65									
			70									
			71									
			75									
			80	172	132	172						
			85									

型号	公称转矩 T_P /N·m	许用转速 n /(r/min)	轴孔直径 d_1、d_2、d_z	轴孔长度			D	D_1	b	S	转动惯量 /(kg/m²)	质量 /kg
				Y 型 L	J、J_1、Z 型 L_1	L						
			mm									
LX7	11 200	2 360	70				320	17	56	4	1.314	98
			71	142	107	142						
			75									
			80									
			85	172	132	172						
			90									
			95									
			100	212	167	212						
			110									
LX8	16 000	2 120	80				360	200	56	5	2.023	119
			85	172	132	172						
			90									
			95									
			100									
			110	212	167	212						
			120									
			125									
LX9	22 400	1 850	100				410	230	63	5	4.386	197
			110	212	167	212						
			120									
			125									
			130	252	202	252						
			140									
LX10	35 500	1 600	110				480	280	75	6	9.760	322
			120	212	167	212						
			125									
			130									
			140	252	202	252						
			150									
			160									
			170	302	242	302						
			180									
LX11	50 000	1 400	130				540	340	75	6	20.05	520
			140	252	202	252						
			150									
			160									
			170	302	242	302						
			180									
			190									
			200	352	282	352						
			220									

型号	公称转矩 T_P /N·m	许用转速 n /(r/min)	轴孔直径 d_1、d_2、d_z	轴孔长度			D	D_1	b	S	转动惯量 /(kg/m²)	质量 /kg
				Y 型 L	J、J_1、Z 型 L_1	L						
				mm								
LX12	80 000	1 220	160 170 180 190 200 220 240 250 260	302 352 410	242 282 330	302 352 —	630	400	90	7	37.71	714
LX13	125 000	1 060	190 200 220 240 250 260 280 300	352 410 470	282 330 380	352 — —	710	465	100	8	71.37	1 057
LX14	180 000	950	240 250 260 280 300 320 340	410 470 550	330 380 450	— — —	800	530	110	8	170.6	1 956

注：质量、转动惯量是按 J/Y 轴孔组合形式和最小轴孔直径计算的。

14.2.3 LT 型弹性套柱销联轴器主要技术参数和尺寸

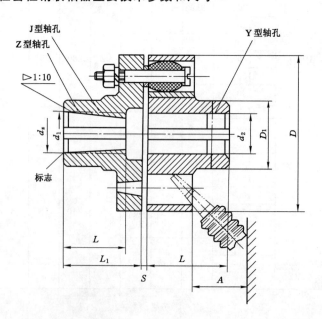

表 14-7   LT 型弹性套柱销联轴器主要技术参数和尺寸(摘自 GB/T 4323—2017)

型号	公称转矩 T_n	许用转速 n_p	轴孔直径 d_1、d_2、d_z	轴孔长度			D	D_1	S	A	转动惯量	质量
				Y 型	J、Z 型							
				L	L_1	L						
	N·m	r/min	mm								kg·m²	kg
LT1	16	8 800	10、11	22	25	22	71	22	3	18	0.000 4	0.7
			12、14	27	32	27						
LT2	25	7 600	12、14	27	32	27	80	30	3	18	0.001	1.0
			16、18、19	30	42	30						
LT3	63	6 300	16、18、19	30	42	30	95	35	4	35	0.002	2.2
			20、22	38	52	38						
LT4	100	5 700	20、22、24	38	52	38	106	42	4	35	0.004	3.2
			25、28	44	62	44						
LT5	224	4 600	25、28	44	62	44	130	56	5	45	0.011	5.5
			30、32、35	60	82	60						
LT6	355	3 800	32、35、38	60	82	60	160	71	5	45	0.026	9.6
			40、42	84	112	84						
LT7	560	3 600	40、42、45、48	84	112	84	190	80	5	45	0.06	15.7
LT8	1 120	3 000	40、42、45、48、50、55	84	112	84	224	95	6	65	0.13	24.0
			60、63、65	107	142	107						
LT9	1 600	2 850	50、55	84	112	84	250	110	6	65	0.20	31.0
			60、63、65、70	107	142	107						
LT10	3 150	2 300	63、65、70、75	107	142	107	315	150	8	80	0.64	60.2
			80、85、90、95	132	172	132						
LT11	6 300	1 800	80、85、90、95	132	172	132	400	190	10	100	2.06	114
			100、110	167	212	167						
LT12	12 500	1 450	100、110、120、125	167	212	167	475	220	12	130	5.00	212
			130	202	252	202						
LT13	22 400	1 150	120、125	167	212	167	600	280	14	180	16.0	416
			130、140、150	202	252	202						
			160、170	242	302	242						

注:(1) 转动惯量和质量是按 Y 型最大轴孔长度和最小轴孔直径计算的数值。

(2) 短时过载不得超过额定转矩 T_n 的 2 倍。

14.2.4　LM 梅花型弹性联轴器主要技术参数和尺寸

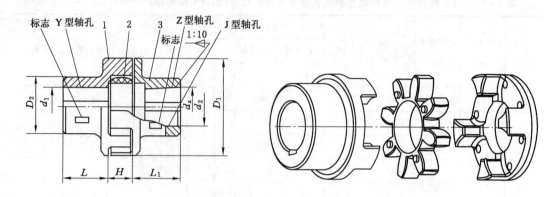

1、3——半联轴器;2——梅花型弹性件

表 14-8　　LM 梅花型弹性联轴器主要技术参数和尺寸(摘自 GB/T 5272—2017)

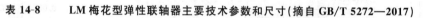

型号	公称转矩 T_n	最大转矩 T_{max}	许用转速 n_p	轴孔直径 d_1,d_2,d_z	轴孔长度			D_1	D_2	H	转动惯量	质量
					Y	J、Z						
					L	L_1	L					
	N·m		r/min		mm						kg·m²	kg
LM50	28	50	15 000	10,11	22	—	—	50	42	16	0.000 2	1.00
				12,14	27	—	—					
				16,18,19	30	—	—					
				20,22,24	38	—	—					
LM70	112	200	11 000	12,14	27	—	—	70	55	23	0.001 1	2.50
				16,18,19	30	—	—					
				20,22,24	38	—	—					
				25,28	44	—	—					
				30,32,35,38	60	—	—					
LM85	160	288	9 000	16,18,19	30	—	—	85	60	24	0.002 2	3.42
				20,22,24	38	—	—					
				25,28	44	—	—					
				30,32,35,38	60	—	—					
LM105	355	640	7 250	18,19	30	—	—	105	65	27	0.005 1	5.15
				20,22,24	38	—	—					
				25,28	44	—	—					
				30,32,35,38	60	—	—					
				40,42	84	—	—					

型号	公称转矩 T_n	最大转矩 T_{max}	许用转速 n_p	轴孔直径 d_1,d_2,d_z	轴孔长度 Y L	轴孔长度 J、Z L_1	轴孔长度 J、Z L	D_1	D_2	H	转动惯量	质量
	N·m	N·m	r/min	mm							kg·m²	kg
LM125	450	810	6 000	20,22,24	38	52	38	125	85	33	0.014	10.1
				25,28	44	62	44					
				30,32,35,38*	60	82	60					
				40,42,45,48,50,55	84	—	—					
LM145	710	1 280	5 250	25,28	44	62	44	145	95	39	0.025	13.1
				30,32,35,38	60	82	60					
				40,42,45,48,50*,55*	84	112	84					
				60,63,65	107	—	—					
LM170	1 250	2 250	4 500	30,32,35,38	60	82	60	170	120	41	0.055	21.2
				40,42,45,48,50,55	84	112	84					
				60,63,65,70,75	107	—	—					
				80,85	132	—	—					
LM200	2 000	3 600	3 750	35,38	60	82	60	200	135	48	0.119	33.0
				40,42,45,48,50,55	84	112	84					
				60,63,65,70*,75*	107	142	107					
				80,85,90,95	132	—	—					
LM230	3 150	5 670	3 250	40,42,45,48,50,55	84	112	84	230	150	50	0.217	45.5
				60,63,65,70,75	107	142	107					
				80,85,90,95	132	—	—					
LM260	5 000	9 000	3 000	45,48,50,55	84	112	84	260	180	60	0.458	75.2
				60,63,65,70,75	107	142	107					
				80,85,90*,95*	132	172	132					
				100,110,120,125	167	—	—					
LM300	7 100	12 780	2 500	60,63,65,70,75	107	142	107	300	200	67	0.804	99.2
				80,85,90,95	132	172	132					
				100,110,120,125	167	—	—					
				130,140	202	—	—					
LM360	12 500	22 500	2 150	60,63,65,70,75	107	142	107	360	225	73	1.73	148.1
				80,85,90,95	132	172	132					
				100,110,120*,125*	167	212	167					
				130,140,150	202	—	—					
LM400	14 000	25 200	1 900	80,85,90,95	132	172	132	400	250	73	2.84	197.5
				100,110,120,125	167	212	167					
				130,140,150	202	—	—					
				160	242	—	—					

注:1. *无J、Z型轴孔形式。

2. 转动惯量和质量是按 Y 型最大轴孔长度、最小轴孔直径计算的数值。

15　减速器结构及附件

15.1　减速器的结构与尺寸

　　如图 15-1 和图 15-2 所示为两级圆柱齿轮减速器和蜗轮蜗杆减速器的结构。设计减速器箱体时,要考虑传动质量、加工工艺及成本等因素。具体结构尺寸可参考图 15-1～图 15-4 及表 15-1～表 15-2。

　　完整的减速器,其箱体上应设置有窥视孔及窥视孔盖、通气器、轴承盖、定位销、启盖螺钉、油标、放油孔及放油螺塞、起吊装置等附件。

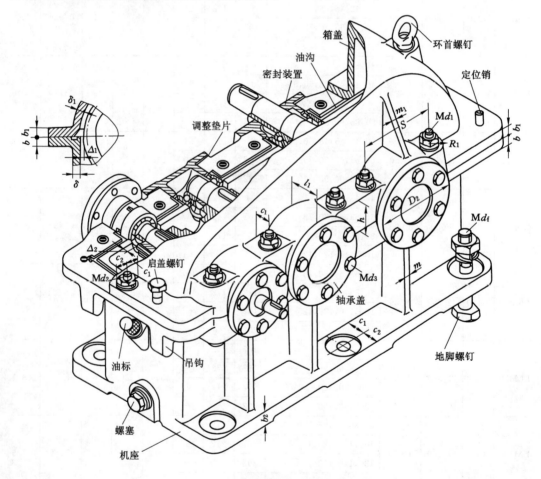

图 15-1　两级圆柱齿轮减速器结构

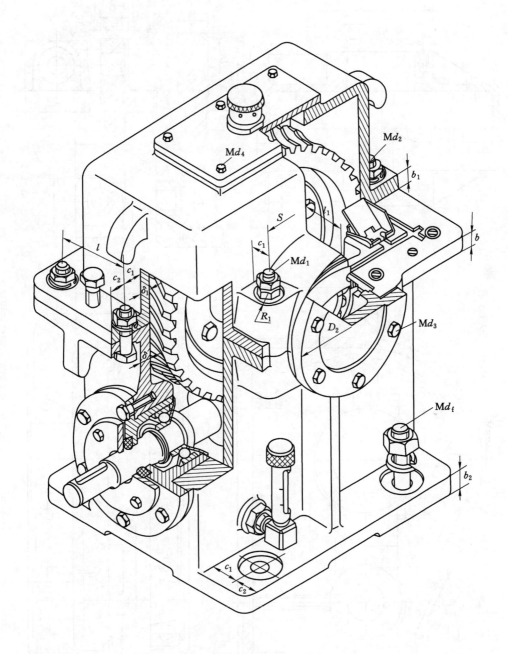

图 15-2 蜗轮蜗杆减速器结构

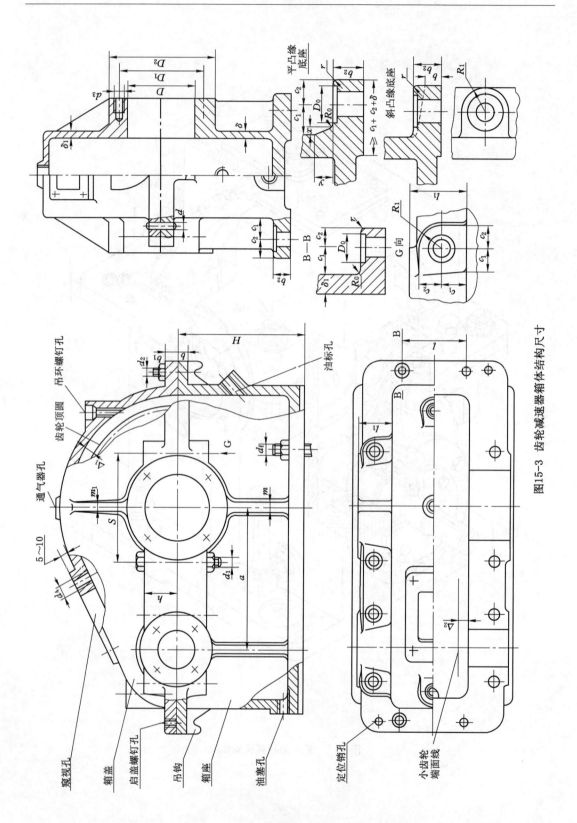

图15-3　齿轮减速器箱体结构尺寸

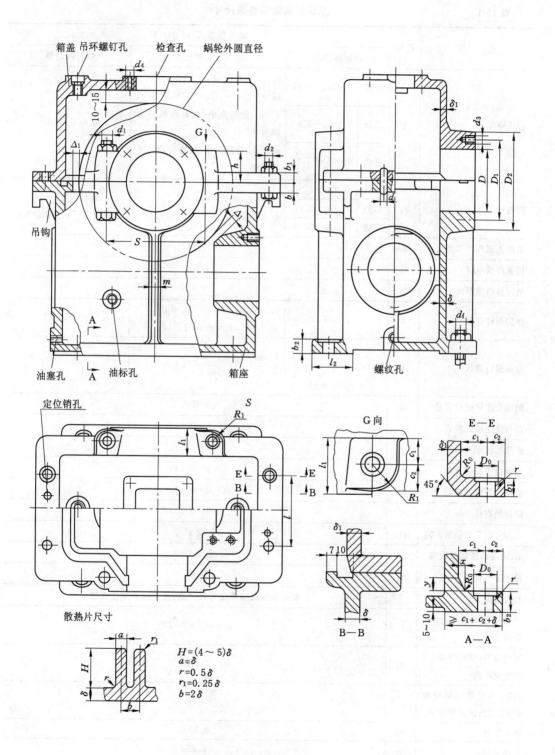

图 15-4　蜗杆减速器箱体结构尺寸

表 15-1　　　　　　　　　　　　　　　　减速器箱体的结构尺寸

名　　称	符号	减速器型式、尺寸关系		
		齿轮减速器		圆锥齿轮减速器	蜗杆减速器
箱座壁厚	δ	一级	$0.025a+1\geqslant8$	$0.0125(d_{1m}+d_{2m})+1\geqslant8$ 或 $0.01(d_1+d_2)+1\geqslant8$ d_1、d_2 分别为小、大锥齿轮的大端直径 d_{1m}、d_{2m} 分别为小、大锥齿轮的平均直径	$0.04a+3\geqslant8$
		二级	$0.025a+3\geqslant8$		
		三级	$0.025a+5\geqslant8$		
箱盖壁厚	δ_1	一级	$0.02a+1\geqslant8$	$0.01(d_{1m}+d_{2m})+1\geqslant8$ 或 $0.0085(d_1+d_2)+1\geqslant8$	蜗杆在上:$\approx\delta$ 蜗杆在下:$0.85\delta\geqslant8$
		二级	$0.02a+3\geqslant8$		
		三级	$0.02a+5\geqslant8$		
箱座上部凸缘厚度	b	1.5δ			
箱盖凸缘厚度	b_1	$1.5\delta_1$			
箱座底凸缘厚度	b_2	2.5δ			
地脚螺钉直径	d_f	$0.036a+12$		$0.018(d_{1m}+d_{2m})+1\geqslant12$ 或 $0.015(d_1+d_2)+1\geqslant12$	$0.036a+12$
地脚螺钉数目	n	$a\leqslant250:n=4$ $a>250\sim500:n=6$ $a>500:n=8$		$n=\dfrac{底凸缘周长之半}{200\sim300}\geqslant4$	
轴承旁连接螺栓直径	d_1	$0.75d_f$			
盖与座连接螺栓直径	d_2	$(0.5\sim0.6)d_f$			
连接螺栓 d_2 间距	l	$150\sim200$			
轴承端盖螺钉直径	d_3	$(0.4\sim0.5)d_f$			
检查孔盖螺钉直径	d_4	$(0.3\sim0.4)d_f$			
定位销直径	d	$(0.7\sim0.8)d_2$			
d_f、d_1、d_2 至外箱壁距离	c_1	见表 15-2			
d_f、d_2 至凸缘边缘距离	c_2	见表 15-2			
轴承旁凸台半径	R_1	c_2			
凸台高度	h	根据低速级轴承底外径确定,便于扳手操作为准			
外箱壁至轴承座端面距离	l_1	$c_1+c_2+(5\sim10)$			
齿轮顶圆(蜗轮外圆)与内箱壁距离	Δ_1	$>1.2\delta$			
齿轮(锥齿轮或蜗轮轮毂)端面与内箱壁距离	Δ_2	$>\delta$			
箱盖肋厚	m_1	$0.85\delta_1$			
箱座肋厚	m_2	0.85δ			
轴承端盖外径	D_2	$D+(5\sim5.5)d_3$,D 为轴承外径			
轴承旁连接螺栓距离	S	尽量靠近,d_1 和 d_2 不可干涉			

表 15-2 凸台和凸缘的结构尺寸

螺栓直径	M6	M8	M10	M12	M14	M16	M18	M20	M22	M24	M27	M30
c_{1min}	12	14	16	18	20	22	24	26	30	34	38	40
c_{2min}	10	12	14	16	18	20	22	24	26	28	32	35
D_0	13	18	22	26	30	33	36	40	43	48	53	61
R_{0max}				5				8			10	
r_{max}				3				5			8	

15.2 轴承端盖

轴承端盖是用来封闭减速器箱体上的轴承座,以及固定轴系部件的轴向位置并承受轴向载荷的。轴承端盖有凸缘式和嵌入式两种类型,凸缘式轴承端盖利用螺钉将其固定在箱体上,结构尺寸大,零件数目较多,但加工、装拆和用于调整轴承游隙比较方便、较为常用;嵌入式轴承端盖结构紧凑、质量轻,但加工、装拆和调整轴承游隙比较复杂,且只能用于沿轴承轴线剖分的箱体中。根据轴是否穿过端盖,轴承端盖又分为透盖和闷盖两种。透盖中央有孔,轴的外伸端穿过此孔伸出箱体,穿过处需有密封装置;闷盖中央无孔,用在轴的非外伸端。

表 15-3 凸缘式轴承端盖

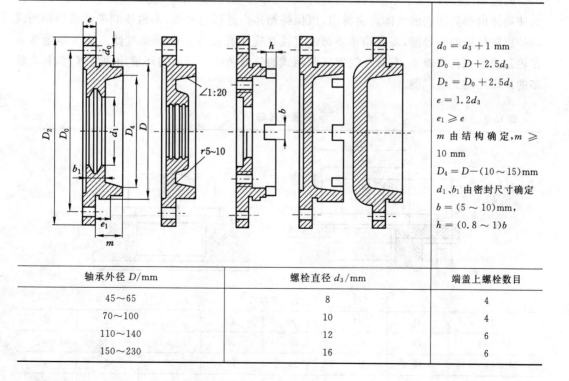

$d_0 = d_3 + 1 \text{ mm}$

$D_0 = D + 2.5d_3$

$D_2 = D_0 + 2.5d_3$

$e = 1.2d_3$

$e_1 \geqslant e$

m 由结构确定,$m \geqslant 10 \text{ mm}$

$D_4 = D - (10 \sim 15) \text{mm}$

d_1、b_1 由密封尺寸确定

$b = (5 \sim 10) \text{mm}$,

$h = (0.8 \sim 1)b$

轴承外径 D/mm	螺栓直径 d_3/mm	端盖上螺栓数目
45~65	8	4
70~100	10	4
110~140	12	6
150~230	16	6

表 15-4　　　　　　　　　　　　　　嵌入式轴承端盖　　　　　　　　　　　　　　mm

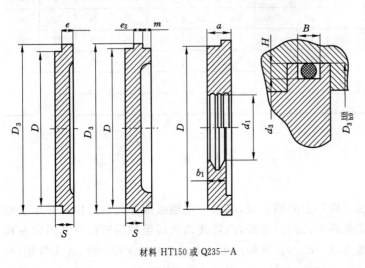

材料 HT150 或 Q235—A

$e_2 = 5 \sim 8$

$S = 10 \sim 15$

m 由结构确定

$D_3 = D + e_2$，装有 O 型圈的，按 O 型圈外径取

d_1、b_1、a 由密封尺寸确定

沟槽尺寸(GB3452.3—2005)

O 型圈截面直径 d_2	$B_0^{+0.23}$	$H_0^{+0.10}$	d_3 偏差值
2.65	3.6	2.07	$\begin{matrix}0\\-0.05\end{matrix}$
3.55	4.8	2.74	$\begin{matrix}0\\-0.06\end{matrix}$
5.3	7.1	4.19	$\begin{matrix}0\\-0.07\end{matrix}$

15.3　通气器

　　减速器工作时，由于箱体内部温度升高，气体膨胀，压力增大，使得箱体内外压力不等。为使箱体内受热膨胀的气体自由排出，以保持箱体内外压力平衡，不致使润滑油沿分箱面或轴伸密封件处向外渗漏，需在箱体顶部或直接在窥视孔盖板上设置通气器。通气器通常装在箱顶或窥视孔盖板上，它有通气螺塞和网式通气器两类。清洁的环境用通气螺塞，灰尘较多的环境用网式通气器。

表 15-5　　　　　　　　　　　　　　通气螺塞　　　　　　　　　　　　　　mm

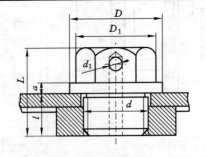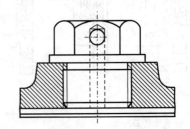

S 为扳手开口尺寸

d	D	D_1	S	L	l	a	d_1
M10×1	13	11.5	10	16	8	2	3
M12×1.25	18	16.5	14	19	10	2	4
M16×1.5	22	19.6	17	23	12	2	5

d	D	D_1	S	L	l	a	d_1
M20×1.5	30	25.4	22	28	15	4	6
M22×1.5	32	25.4	22	29	15	4	7
M27×1.5	38	31.2	27	34	18	4	8
M30×2	42	36.9	32	36	18	4	8
M33×2	45	36.9	32	38	20	4	8
M36×3	50	41.6	36	16	25	5	8

表 15-6   网式通气器   mm

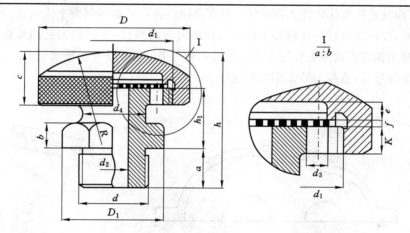

S 为扳手开口尺寸

d	d_1	d_2	d_3	d_4	D	h	a	b	c	h_1	R	D_1	S	K	e	f
M18×1.5	M33×1.5	8	3	16	40	40	12	7	16	18	40	25.4	22	6	2	2
M27×1.5	M48×1.5	12	4.5	24	60	54	15	10	22	24	60	36.9	32	7	2	2
M36×1.5	M64×1.5	16	6	30	80	70	20	13	28	32	80	53.1	41	10	3	3

表 15-7   通气帽   mm

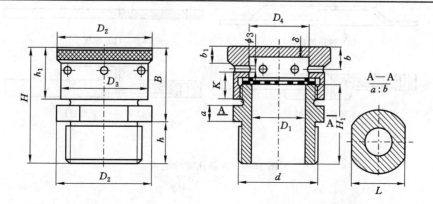

d	D_1	B	h	H	D_2	H_1	a	δ	K	b	h_1	b_1	D_3	D_4	L	孔数
M27×1.5	15	≈30	15	≈45	36	32	6	4	10	8	22	6	32	18	32	6
M36×2	20	≈30	20	≈60	48	42	8	4	12	11	29	8	42	24	41	6
M48×3	30	≈30	25	≈70	62	52	10	5	15	13	32	10	56	36	55	8

15.4　观察孔及观察孔盖

　　观察孔,又称窥视孔或检查孔,用于检查传动零件的啮合、润滑及轮齿损坏情况,并兼作注油孔,可向减速器箱体内注入润滑油,观察孔应设置在减速器箱盖上方的适当位置,并有足够的尺寸,以便直接进行观察和手能伸入箱体内进行操作,平时观察孔用观察孔盖盖住,观察孔盖常用螺钉将其固定在箱盖上。盖板可用铸铁、钢板或有机玻璃制成。盖板与箱盖之间应加密封垫片,盖板与箱盖用螺钉连接。

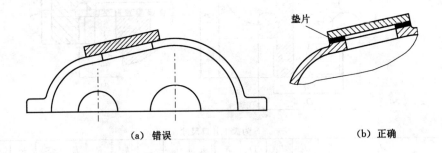

(a) 错误　　　　　　　　　　　　　　　(b) 正确

图 15-5　观察孔结构

　　观察孔盖可用薄钢板或铸铁铸造。铸造盖板应注意其工艺性。

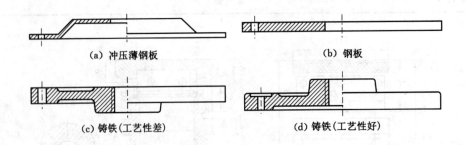

(a) 冲压薄钢板　　　　　　　　　　(b) 钢板

(c) 铸铁(工艺性差)　　　　　　　(d) 铸铁(工艺性好)

图 15-6　观察孔盖的结构

表 15-8　　　　　　　　　　　　检查孔及检查孔盖　　　　　　　　　　　　mm

A	100,120,150,180,200
A_1	$A+(5\sim6)d_4$
A_2	$(A+A_1)/2$
B	$B_1-(5\sim6)d_4$
B_1	箱体宽$-(15\sim20)$
B_2	$(B+B_1)/2$
d_4	M6～M8 螺钉数 4～6 个
R	5～10
h	自行设计

15.5　油标

　　为指示减速器内油面的高度是否符合要求,以便保持箱内正常的油量,在减速器箱体上需设置油面指示装置。油面指示器的种类很多,有杆式油标(油标尺)、圆形油标、长形油标。在难以观察到的地方,应采用杆式油标。杆式油标结构简单,在减速器中经常应用。油标上刻有最高和最低油面的标线。带油标隔套的油标,可以减轻油搅动的影响,故常用于长期运转的减速器,以便在运转时,测油面高度。间断工作的减速器可用不带油标隔套的油标。设置油标凸台的位置要注意,不可太低,以防油溢出。油标尺中心线一般与水平面成 45°或大于 45°,而且注意加工油标凸台和安装油标时,不与箱体凸缘或吊钩相干涉。减速器离地面较高,容易观察时或箱座较低无法安装杆式油标时,可采用圆形油标、长形油标等。油标的位置要考虑其加工工艺性。

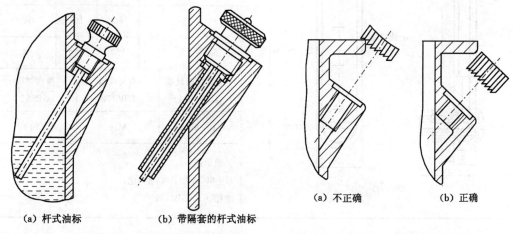

(a) 杆式油标　　　　　(b) 带隔套的杆式油标　　　　　(a) 不正确　　　　(b) 正确

图 15-7　油标结构　　　　　　　　　　图 15-8　油标位置工艺

表 15-9 　　　　　　　　　　　　　　　　　杆式油标　　　　　　　　　　　　　　　　　mm

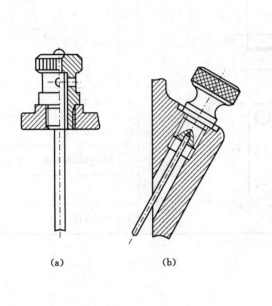

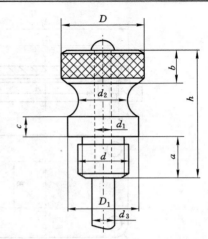

(a)　　　　　　　　　　(b)

d	d_1	d_2	d_3	h	a	b	c	D	D_1
M12	4	12	6	28	10	6	4	20	16
M16	4	16	6	35	12	8	5	26	22
M20	6	20	8	42	15	10	6	32	26

表 15-10 　　　　　　　　　　　　　　　　长形油标　　　　　　　　　　　　　　　　　mm

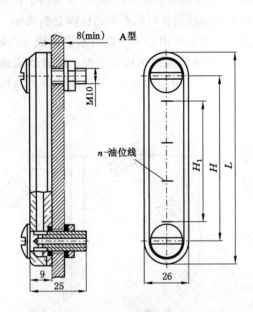

H		H_1	L	n(条数)
基本尺寸	极限偏差			
80	±0.17	40	110	2
100		60	130	3
125	±0.20	80	155	4
160		120	190	6

O 型橡胶密封圈 (GB3452.1)	六角螺母 GB6172	弹性垫圈 GB861
10×2.65	M10	10

标记示例:

H＝80,A 型长油标标记:

油标 A80 GB1161

| 表 15-11 | | | | | | | | 压配式圆形油标 | | | | | | mm |

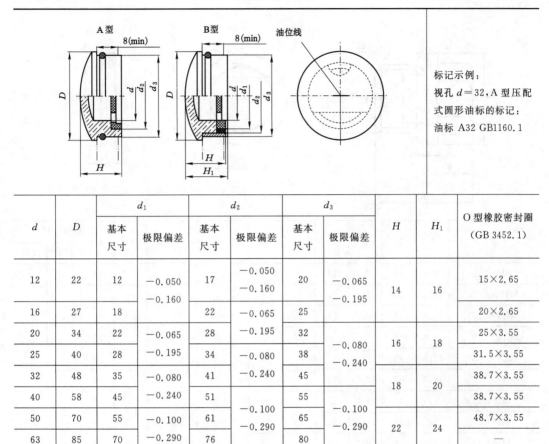

标记示例：
视孔 $d=32$，A 型压配式圆形油标的标记：
油标 A32 GB1160.1

d	D	d_1		d_2		d_3		H	H_1	O 型橡胶密封圈 (GB 3452.1)
		基本尺寸	极限偏差	基本尺寸	极限偏差	基本尺寸	极限偏差			
12	22	12	−0.050 −0.160	17	−0.050 −0.160	20	−0.065 −0.195	14	16	15×2.65
16	27	18		22	−0.065 −0.195	25				20×2.65
20	34	22	−0.065 −0.195	28		32	−0.080 −0.240	16	18	25×3.55
25	40	28		34	−0.080 −0.240	38				31.5×3.55
32	48	35	−0.080 −0.240	41		45		18	20	38.7×3.55
40	58	45		51		55				38.7×3.55
50	70	55	−0.100 −0.290	61	−0.100 −0.290	65	−0.100 −0.290	22	24	48.7×3.55
63	85	70		76		80				—

15.6 放油孔及放油螺塞

为排放减速器箱体内污油和便于清洗箱体内部,在箱座油池的最低处设置放油孔,箱体内底面做成斜面、向放油孔方向倾斜 $1°\sim2°$,油孔附近应做成凹坑,以便污油排尽。平时用放油螺塞将放油孔堵住,螺塞有六角头圆柱细牙螺纹和圆锥螺纹两种。圆柱细牙螺纹油塞自身不能防止漏油,应在六角头与放油孔接触处加油封垫片;而圆锥螺纹能直接密封,故不需油封垫片。螺塞直径可按减速器箱座壁厚 $2\sim2.5$ 倍选取。

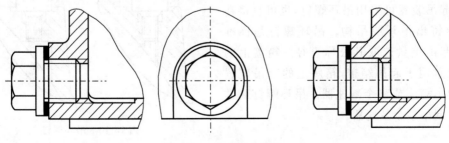

图 15-9 放油螺塞结构

表 15-12 外六角螺塞(JB/ZQ4450—86)、纸封油圈(ZB71—62)、皮封油圈(ZB70—62)　　　mm

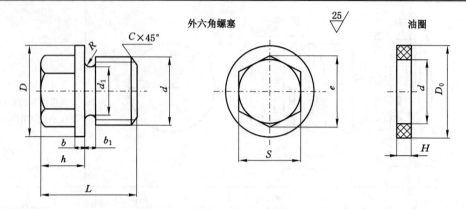

d	d_1	D	e	S	L	h	b	b_1	R	C	D_0	H	
												纸圈	皮圈
M10×1	8.5	18	12.7	11	20	10	3	2	0.5	0.7	18	2	2
M10×1.25	10.2	22	15	13	24	12				1.0	22		
M14×1.5	11.8	23	20.8	18	25								
M18×1.5	15.8	28	24.2	21	27	15		3			25		
M20×1.5	17.8	30			30						30		
M22×1.5	19.8	32	27.7	24					1		32		
M24×2	21	34	31.2	27	32	16	4			1.5	35	3	2.5
M27×2	24	38	34.6	30	35	17		4			40		
M30×2	27	42	39.3	34	38	18					45		

标记示例：螺塞 M20×1.5 JB/ZQ4450—86

　　　　　油圈 M30×20 ZB71—62(D_0=30,d=20 的纸封油圈)

　　　　　油圈 M30×20 ZB70—62(D_0=30,d=20 的皮封油圈)

材料：纸封油圈——石棉橡胶纸；皮封油圈——工业用革；螺塞——Q235

15.7 起吊装置

　　为便于减速器搬运,箱体上需设置起吊装置,起吊装置可采用吊环螺钉,也可直接在箱体上铸出吊耳或吊钩。吊环螺钉是标准件,按起吊重量选取其公称直径。箱盖上的起吊装置用于起吊箱盖,箱座上的起吊装置用于起吊箱座或整个减速器。吊环螺钉通常不用于起吊整个减速器。

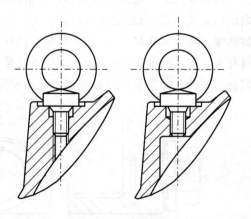

图 15-10 吊环螺钉

表 15-13　　　　　　　　　　**起重吊耳和吊钩**

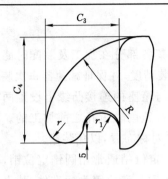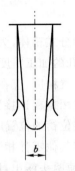	**吊耳**（在箱盖上铸出） $C_3 = (4 \sim 5)\delta_1$ $C_4 = (1.3 \sim 1.5)C_3$ $b = (1.84 \sim 2.5)\delta_1$ $R = C_4; r_1 \approx 0.2C_3; r \approx 0.25C_3$ δ_1——箱盖壁厚
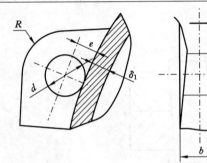	**吊耳环**（在箱盖上铸出） $d = b \approx (1.8 \sim 2.5)\delta_1$ $R \approx (1 \sim 1.2)d$ $e \approx (0.8 \sim 1)d$
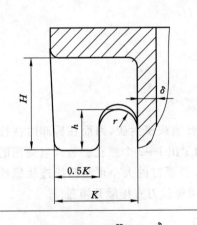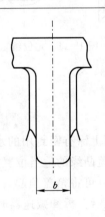	**吊钩**（在箱座上铸出） $K = c_1 + c_2$ $H \approx 0.8K$ $h \approx 0.5H$ $r \approx 0.25K$ $b \approx (1.8 \sim 2.5)\delta$
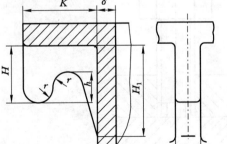	**吊钩**（在箱座上铸出） $K = c_1 + c_2$ $H \approx 0.8K$ $h \approx 0.5H$ $r \approx 0.25K$ $b \approx (1.8 \sim 2.5)\delta$ H_1 按结构确定

15.8　定位销

　　由箱盖和箱座通过连接而组成的剖分式箱体,为保证其各部分在加工及装配时能够保持精确位置,特别是为保证箱体轴承座孔的加工精度及安装精度,并保证减速器每次装拆后轴承座的上下半孔始终保持加工时的位置精度,应在箱盖与箱座的连接凸缘上设置两个定位销。定位销孔是在减速器箱盖与箱座用螺栓连接紧固后,镗削轴承孔之前加工的。两定位销相距应尽量远些。对称箱体的两定位销的位置应呈非对称布置,以免装错。

　　此外还要考虑到定位销装拆时不与其他零件相干涉。定位销通常用圆锥定位销,其长度应稍大于上下箱体连接凸缘总厚度,使两头露出,以便装拆。定位销为标准件,其直径可取凸缘连接螺栓直径的 0.8 倍。

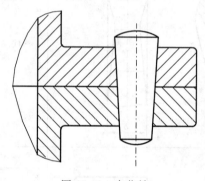

图 15-11　定位销

15.9　启盖螺钉

　　由于装配减速器时在箱体剖分面上涂有密封用的水玻璃或密封胶,因而在拆卸时往往因胶结紧密难于开盖。为此,常在箱盖凸缘的适当位置加工出 1～2 个螺孔。装入启盖用的圆柱端螺钉或平端螺钉,旋动启盖螺钉可将箱盖顶起。启盖螺钉的大小可与凸缘连接螺栓相同,对于小型减速器也可不设启盖螺钉,拆卸减速器时用螺丝刀直接撬开箱盖。

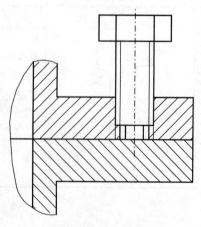

图 15-12　启盖螺钉

15.10 地脚螺栓

为了防止减速器倾倒和振动,减速器底座下部凸缘应设有地脚螺栓与地基连接。地脚螺栓一般在底座两侧对称布置,数目与齿轮中心距 a 有关。

表 15-14　　　　　　　　　　　　　地脚螺栓直径 d_f 与数目　　　　　　　　　　　　　mm

单级减速器			二级减速器			三级减速器		
a	d_f	数目	a_1+a_2	d_f	数目	$a_1+a_2+a_3$	d_f	数目
≤100	12		≤350	16		≤500	20	
≤150	14		≤400	20		≤650	24	
≤200	16		≤600	24		≤950	30	
≤250	20	4	≤750	30	6	≤1 250	36	8
≤350	24		≤1 000	36		≤1 650	42	
≤450	30		≤1 300	42		≤2 150	48	
≤600	36							

15.11 密封件

表 15-15　　　　　　　　　　　　　毡圈的油封型式和尺寸　　　　　　　　　　　　　mm

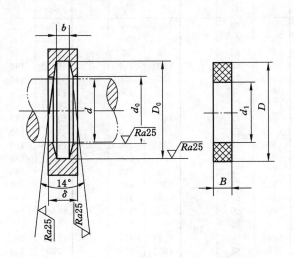

标记示例:
$d = 50$ mm 的毡圈油封:毡圈
50JB/ZQ 4606—1986

轴径	毡 圈				槽					轴径	毡 圈				槽				
								δ_{min}										δ_{min}	
d	D	d_1	B	质量 /kg	D_0	d_0	b	用于钢	用于铸铁	d	D	d_1	B	质量 /kg	D_0	d_0	b	用于钢	用于铸铁
15	29	14	6	0.001 0	28	16	5	10	12	80	102	78	9	0.011	100	82	8	15	18
20	33	19		0.001 2	32	21				85	107	83		0.012	105	87			
										90	112	88		0.012	110	92			
25	39	24	7	0.001 8	38	26	6			95	117	93	10	0.014	115	97			
30	45	29		0.002 3	44	31				100	122	98		0.015	120	102			
35	49	34		0.002 3	48	36				105	127	103		0.016	125	107			
40	53	89		0.002 6	52	41				110	132	108	10	0.017	130	112	8	15	18
45	61	44	8	0.004 0	60	46	7	12	15	115	137	113		0.018	135	117			
50	69	49		0.005 4	68	51				120	142	118		0.018	140	122			
55	74	53		0.006 0	72	56				125	147	123		0.018	145	127			
60	80	58		0.006 9	78	61				130	152	128	12	0.030	150	132	10	18	20
65	84	63		0.007 0	82	66				135	157	133		0.030	155	137			
70	90	68		0.007 9	88	71				140	162	138		0.032	160	143			
75	94	73		0.008 0	92	77				145	167	143		0.033	165	148			
										150	172	148		0.034	170	153			

表 15-16　　　　内包骨架和外露骨架密封的尺寸系列　　　　mm

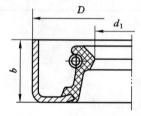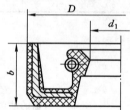

d_1	D	b	d_1	D	b	d_1	D	b	d_1	D	b	d_1	D	b
15	26		28	47		42	62		(65)	95		(100)	130	
15	30		28	52	7	(42)	65		70	90		(100)	140	
15	35		30	42		45	62		70	95	10	(105)	130	
(16)	28		30	47		45	65		(70)	100		(105)	140	
16	30		(30)	50		(45)	70		75	95		110	140	12
(16)	35		30	52		50	68		75	100		(110)	150	
18	30		32	45		(50)	70	8	80	100		(115)	140	
18	35		32	47		50	72		(80)	105		(115)	150	
(18)	40		32	52		(52)	72		80	110		120	150	
20	35	7	35	50		(52)	75		(85)	105		(120)	160	
20	40		35	52	8	(52)	80		85	110		(125)	150	
(20)	45		35	55		55	72		85	120		130	160	
22	35		38	55		(55)	75		(90)	110	12	(130)	170	
22	40		38	58		55	80		(90)	115		140	170	15
22	47		38	62		60	80		90	120		(140)	180	
25	40		40	55		60	85		95	120		150	180	
25	47		(40)	60		(60)	90	10	(95)	125		(150)	190	
25	52		40	62		65	85		(95)	130		160	190	
28	40		42	55		65	90		100	135		(160)	200	

表 15-17 　　　　　　　　　　　　**O型橡胶密封圈** 　　　　　　　　　　　　mm

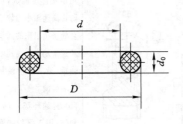

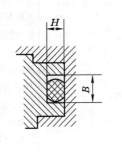

公称外径 D	公称内径 d	断面直径 d_0	实际内径 d_1	公称外径 D	公称内径 d	断面直径 d_0	实际内径 d_1
40	35		34.5	70	65		64.5
45	40		39.5	75	70		69.5
50	45		44.5	80	75		74.5
55	50		49.5	85	80		79.5
60	55	3.1	54.5	90	85	3.1	84.5
63	58		57.5	95	90		89.5
65	60		59.5	100	95		94.5
68	63		62.5	105	100		99.5

沟槽尺寸 $B = 4_0^{+0.15}$，$H = 2.4_{-0.05}^0$

表 15-18 　　　　　　　　　　　　**油沟式密封槽** 　　　　　　　　　　　　mm

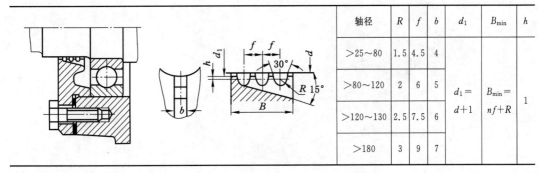

轴径	R	f	b	d_1	B_{min}	h
>25~80	1.5	4.5	4			
>80~120	2	6	5	$d_1 = d+1$	$B_{min} = nf+R$	1
>120~130	2.5	7.5	6			
>180	3	9	7			

表 15-19 　　　　　　　　　　　　**迷宫密封** 　　　　　　　　　　　　mm

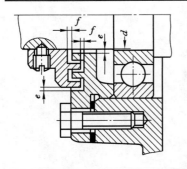

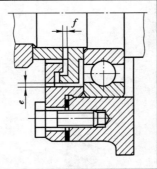

d	e	f
>10~50	0.2	1
>50~80	0.3	1.5
>80~110	0.4	2
>110~180	0.5	2.5

表 15-20	挡油盘和封油环	
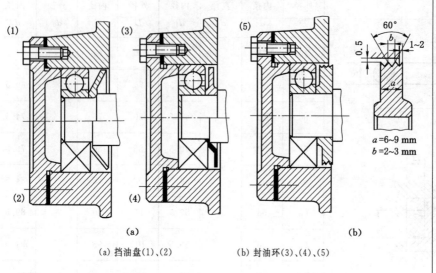 (a) 挡油盘(1)、(2)　　　(b) 封油环(3)、(4)、(5)		(a) 挡油盘(1)和(2)用钢板冲压而成,可防止高速轴小齿轮啮合处挤压出来的润滑油过量地进入高速轴轴承,造成润滑油从轴端泄漏 (b) 封油环(3)、(4)和(5)用于保护脂润滑轴承中的润滑脂,防止润滑脂流失和润滑油进入轴承,稀释和带走润滑脂。(3)和(4)为钢板冲压的,(5)是用材料 Q235 车制的,由于环边有沟槽,密封效果较好

$a = 6 \sim 9 \ \text{mm}$

$b = 2 \sim 3 \ \text{mm}$

16 电 动 机

电动机是系列化的标准产品,其中以三相异步电动机应用为最广。Y 系列电动机是一般用途的全封闭自扇冷鼠笼式三相异步电动机,适用于不易燃烧、不易爆、无腐蚀和无特殊要求的机械设备上,如金属切削机床、风机、输送机、搅拌机、农业机械、食品机械等,也用于某些需要高启动转矩的机器上,如压缩机。YZ 型鼠笼式与 YZR 型绕线式三相异步电动机,为冶金、起重电动机,具有较小的转动惯量和较大的过载能力,用于频繁启动、制动和正反转场合,如起重、提升设备上。其结构有开启式、防护式、封闭式和防爆式。

16.1 常用电动机的特点及用途

表 16-1 常用电动机的特点及用途

类别	系列名称	主要性能及特点	用 途	工作条件
一般异步电动机	Y 系列(IP44)封闭式三相异步电动机	效率高,耗电少,性能好,噪声低,振动小,体积小,重量轻,运行可靠,维修方便。为 B 级绝缘,结构为全封闭、自扇冷式,能防止灰尘、铁屑、杂物侵入电动机内部	适用于灰尘多、土扬水溅的场合,如农业机械、矿山机械、搅拌机、碾米机、磨粉机等,为一般用途电动机	1. 海拔不超过 1 000 m 2. 环境温度不超过 40 ℃ 3. 额定电压为 380 V,额定频率为 50 Hz 4. 3 kW 以下为 Y 联结,4 kW 及以上为△联结 5. 工作方式为连续使用
	Y 系列(IP23)防护型三相异步电动机	为一般用途防滴式电动机,可防止直径大于 12 mm 的小固体异物进入机壳内,并防止沿垂直线成 60°角或小于 60°角的淋水对电动机的影响	适用于驱动无特殊要求的各种机械设备,如金属切削机床、鼓风机、水泵、运输机械等	同 Y 系列(IP44)
	YR 系列(IP44)绕线转子三相异步电机	电动机有良好的密封性,广泛应用于机械工业粉尘多、环境恶劣的场合。冷却方式为自扇冷却 IC0141,B 级绝缘	适用于矿山、冶金等机械工业	1. 定子绕组△联结,转子绕组 Y 联结 2. 其他同 Y 系列(IP44)
	YR 系列(IP23)绕线转子三相异步电机	电动机转子采用绕线型绕组,使电动机能在较小的启动电流下提供较大的转矩,并能在一定范围内调速。冷却方式为 IC01,B 级绝缘	适用于不含燃、易爆或腐蚀性气体的场所,如压缩机、卷扬机、拔丝机、传输带、印刷机等	同 YR 系列(IP44)
	YH 系列高转差率三相异步电动机	为 Y(IP44)派生系列,转差率高,启动转矩大,启动电流小,机械特性软,能承受冲击负荷。电动机转子采用高电阻铝合金制造。冷却方式为 IC0141,B 级绝缘	适用于传动转动惯量较大和冲击负荷以及反转次数较多的金属加工机床,如冲击机、剪切机、冲击机、锻冶机等	1. 为 S3 工作方式 2. 其他同 Y 系列(IP44)
起重冶金电动机	YZR、YZ 系列起重及冶金用三相异步电动机	YZR 系列为绕线转子电动机,YZ 系列为笼型转子电动机,有较高的机械强度及过载能力,承冲击及振动,转动惯量小,适合频繁快速启动和反转频繁的制动场合	适用于室内外多尘环境及启动、逆转次数频繁的起重机械和冶金设备等	1. 工作方式 S3 2. 海拔不超过 1 000 m 3. 环境温度不超过 40 ℃(F级)、60 ℃(H 级)
隔爆异步电动机	YB 系列隔爆异步电动机	为全封闭自扇冷式隔爆型电动机,是 Y 系列(IP44)的派生产品	广泛用于爆炸性气体混合物存放的场所作一般用途驱动电动机	1. 工作方式 S1 2. 海拔不超过 1 000 m 3. 环境温度不超过 40 ℃

16.2　Y系列(IP44)电动机的技术数据

表16-2 　　　　　　　　　　　　Y系列(IP44)电动机的技术数据

电动机型号	额定功率/kW	满载转速/(r/min)	堵转转矩额定转矩	最大转矩额定转矩	电动机型号	额定功率/kW	满载转速/(r/min)	堵转转矩额定转矩	最大转矩额定转矩
同步转速3 000 r/min,2极					同步转速1 500 r/min,4极				
Y801-2	0.75	2 825			Y801-4	0.55	1 390		
Y802-2	1.1	2 825			Y802-4	0.75	1 390		
Y90S-2	1.5	2 840	2.2		Y90S-4	1.1	1 400		
Y90L-2	2.2	2 840			Y90L-4	1.5	1 400		
Y100L-2	3	2 880			Y100L1-4	2.2	1 420	2.2	
Y112M-2	4	2 890			Y100L2-4	3	1 420		
Y132S1-2	5.5	2 900		2.2	Y112M-4	4	1 440		
Y132S2-2	7.5	2 900			Y132S-4	5.5	1 440		
Y160M1-2	11	2 930			Y132M-4	7.5	1 440		2.2
Y160M2-2	15	2 930			Y160M-4	11	1 460		
Y160L-2	18.5	2 930	2.0		Y160L-4	15	1 460		
Y180M-2	22	2 940			Y180M-4	18.5	1 470		
Y200L1-2	30	2 950			Y180L-4	22	1 470	2.0	
Y200L2-2	37	2 950			Y200L-4	30	1 470		
Y225M-2	45	2 970			Y225S-4	37	1 480		
Y250M-2	55	2 970			Y225M-4	45	1 480	1.9	
同步转速1 000 r/min,6极					Y250M-4	55	1 480	2.0	
Y90S-6	0.75	910			Y280S-4	75	1 480	1.9	
Y90L-6	1.1	910			Y280M-4	90	1 480		
Y100L-6	1.5	940			同步转速750 r/min,8极				
Y112M-6	2.2	940			Y132S-8	2.2	710		
Y132S-6	3	960	2.0		Y132M-8	3	710		
Y132M1-6	4	960			Y160M1-8	4	720	2.0	
Y132M2-6	5.5	960			Y160M2-8	5.5	720		
Y160M-6	7.5	970		2.0	Y160L-8	7.5	720		
Y160L-6	11	970			Y180L-8	11	730	1.7	
Y180L-6	15	970			Y200L-8	15	730	1.8	2.0
Y200L1-6	18.5	970	1.8		Y225S-8	18.5	730	1.7	
Y200L2-6	22	970			Y225M-8	22	730		
Y225M-6	30	980	1.7		Y250M-8	30	730		
Y250M-6	37	980			Y280S-8	37	740	1.8	
Y280S-6	45	980	1.8		Y280M-8	45	740		
Y280M-6	55	980							

注:电动机型号意义:以Y132S2-2-B3为例,Y表示系列代号,132表示机座中心高,S2表示短机座第二种铁心长度(M——中机座,
L——长机座),2为电动机的极数,B3表示安装型式。

16.3 Y系列电动机的安装代号

表16-3　　Y系列电动机安装代号

安装型式	基本安装型	由 B3 派生安装型				
	B3	V5	V6	B6	B7	B8
示意图						
中心高/mm	80~280			89~160		

安装型式	基本安装型	由 B5 派生安装型				
	B5	V1	V3	B25	B35	V36
示意图						
中心高/mm	80~225	80~280	80~160	80~280	80~160	80~160

16.4 Y 系列电动机的安装及外形尺寸

表 16-4 机座带底脚、端盖无凸缘(B3、B6、B7、B8、V5、V6 型)电动机的安装及外形尺寸

mm

机座号	级数	A	B	C	D	E	F	G	H	K	AB	AC	AD	HD	BB	L
80	2,4	125	100	50	19 (+0.009/−0.004)	40	6	15.5	80	10	165	165	150	170	130	285
90S	2,4,6	140	125	56	24 (+0.009/−0.004)	50	8	20	90	10	180	175	155	190	155	310
90L		140	125	56	24	50	8	20	90	10	180	175	155	190	155	335
100L		160	140	63	28	60	8	24	100	12	205	205	180	245	170	380
112M		190	140	70	28	60	8	24	112	12	245	230	190	265	180	400
132S		216	178	89	38 (+0.018/+0.002)	80	10	33	132	12	280	270	210	315	200	475
132M		216	210	89	38	80	10	33	132	12	280	270	210	315	238	515
160M	2,4,6,8	254	254	108	42 (+0.018/+0.002)	110	12	37	160	15	330	325	255	385	270	600
160L		254	314	108	42	110	12	37	160	15	330	325	255	385	314	645
180M		279	241	121	48	110	14	42.5	180	15	355	360	285	430	311	670
180L		279	279	121	48	110	14	42.5	180	15	355	360	285	430	349	710
200L		318	305	133	55 (+0.030/+0.011)	140	16	49	200	19	395	400	310	475	379	775
225S	4,8	356	286	149	60	140	18	53	225	19	435	450	345	530	368	820
225M	2	356	311	149	55	110	16	49	225	19	435	450	345	530	393	815
225M	4,6,8	356	311	149	60	140	18	53	225	19	435	450	345	530	393	845
250M	2	406	349	168	60 (+0.030/+0.011)	140	16	49	250	24	490	495	385	575	455	930
250M	4,6,8	406	349	168	65	140	18	58	250	24	490	495	385	575	455	930
280S	2	457	368	190	65	140	20	67.5	280	24	550	555	410	640	530	1 000
280S	4,6,8	457	368	190	75	140	18	58	280	24	550	555	410	640	530	1 000
280M	2	457	419	190	65	140	20	67.5	280	24	550	555	410	640	581	1 050
280M	4,6,8	457	419	190	75	140	20	67.5	280	24	550	555	410	640	581	1 050

Y80~Y132   Y160~Y250

表 16-5　机座带底脚、端盖有凸缘（V35、V15、V36 型）电动机的安装及外形尺寸

Y80～Y132　Y160～Y280

mm

机座号	级数	A	B	C	D	E	F	G	H	K	M	N	P	R	S	T	凸缘孔数	AB	AC	AD	HD	BB	L
80	2、4	125	100	50	$19^{+0.009}_{-0.004}$	40	6	15.5	80	10	165	130	200	0	12	3.5	4	165	165	150	170	130	285
90S	2、4、6	140	100	56	$24^{+0.009}_{-0.004}$	50	8	20	90	10	165	130	200	0	12	3.5	4	180	175	155	190	155	310
90L	2、4、6	140	125	56	$24^{+0.009}_{-0.004}$	50	8	20	90	10	165	130	200	0	12	3.5	4	180	175	155	190	170	335
100L	2、4、6	160	140	63	$28^{+0.009}_{-0.004}$	60	8	24	100	12	215	180	250	0	15	4	4	205	205	180	245	180	380
112M	2、4、6	190	140	70	$28^{+0.009}_{-0.004}$	60	8	24	112	12	215	180	250	0	15	4	4	245	230	190	265	200	400
132S	2、4、6、8	216	140	89	$38^{+0.018}_{+0.002}$	80	10	33	132	12	265	230	300	0	15	4	4	280	270	210	315	238	475
132M	2、4、6、8	216	178	89	$38^{+0.018}_{+0.002}$	80	10	33	132	12	265	230	300	0	15	4	4	280	270	210	315	270	515
160M	2、4、6、8	254	210	108	$42^{+0.018}_{+0.002}$	110	12	37	160	15	300	250	350	0	15	5	8	330	325	255	385	314	600
160L	2、4、6、8	254	254	108	$42^{+0.018}_{+0.002}$	110	12	37	160	15	300	250	350	0	15	5	8	330	325	255	385	311	645
180M	2、4、6、8	279	241	121	$48^{+0.018}_{+0.002}$	110	14	42.5	180	15	350	300	400	0	19	5	8	355	360	285	430	349	670
180L	2、4、6、8	279	279	121	$48^{+0.018}_{+0.002}$	110	14	42.5	180	15	350	300	400	0	19	5	8	355	360	285	430	379	710
200L	2、4、6、8	318	305	133	$55^{+0.030}_{+0.011}$	110	16	49	200	19	350	300	400	0	19	5	8	395	400	310	475	368	775
225S	4、8	356	286	149	$60^{+0.030}_{+0.011}$	140	18	53	225	19	400	350	450	0	19	5	8	435	450	345	530	393	820
225M	2	356	311	149	$55^{+0.030}_{+0.011}$	110	16	49	225	19	400	350	450	0	19	5	8	435	450	345	530	455	815
250M	4、6、8	406	349	168	$65^{+0.030}_{+0.011}$	140	18	58	250	24	500	450	550	0	19	5	8	490	495	385	575	530	845
250M	2	406	349	168	$60^{+0.030}_{+0.011}$	140	18	53	250	24	500	450	550	0	19	5	8	490	495	385	575	530	930
280S	4、6、8	457	368	190	$75^{+0.030}_{+0.011}$	140	20	67.5	280	24	500	450	550	0	19	5	8	550	555	410	640	581	1 000
280M	2	457	419	190	$65^{+0.030}_{+0.011}$	140	18	58	280	24	500	450	550	0	19	5	8	550	555	410	640	581	1 050

表16-6　机座不带底脚、端盖有凸缘（B5、V3型）和立式安装、机座不带底脚、端盖有凸缘，轴伸向下（V1型）电动机的安装及外形尺寸　　mm

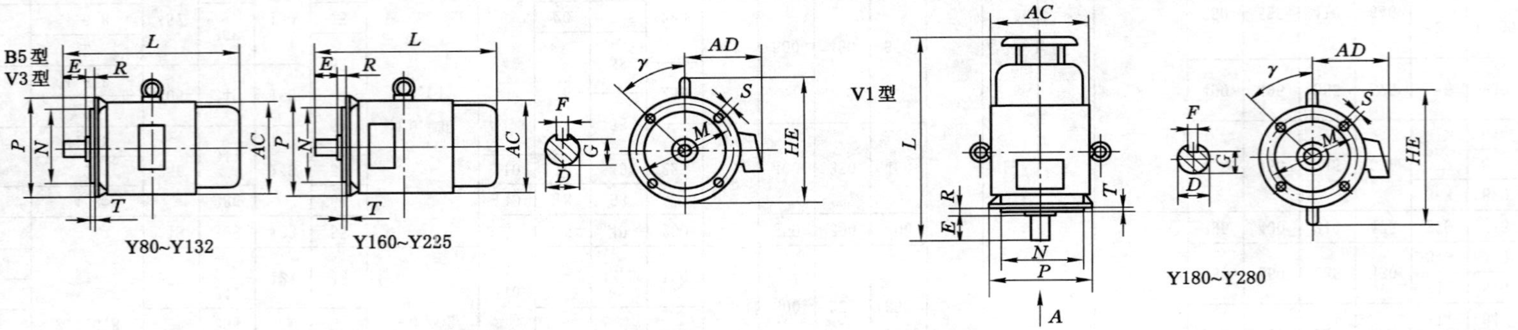

图示（左侧）：

- Y180~Y280（HE、AD、S、M、γ、F、G、D）
- V1型（AC、N、P、A、E、R、L）
- Y160~Y225（HE、AD、S、M、γ、F、G、D）
- Y80~Y132（AC、L、E、R、T、N、P）
- B5型、V3型

机座号	级数	D	E	F	G	M	N	P	R	S	T	凸缘孔数	AC	AD	HE(HE)	L(L)
80	2,4	19	40	6	15.5	165	130	200	0	12	3.5	4	165	150	185	285
90S	2,4,6	24 (+0.009/−0.004)	50	8	20	165	130	200	0	12	3.5	4	175	155	190	310
90L	2,4,6	28 (+0.009/−0.004)	60	8	20	165	130	200	0	12	3.5	4	175	155	190	335
100L	2,4,6,8	28	60	8	24	215	180	250	0	15	4	4	205	180	245	380
112M	2,4,6,8	28	60	10	24	215	180	250	0	15	4	4	230	190	265	400
132S	2,4,6,8	38 (+0.018/+0.002)	80	10	33	265	230	300	0	15	4	4	270	210	315	475
132M	2,4,6,8	38	80	10	33	265	230	300	0	15	4	4	270	210	315	515
160M	2,4,6,8	42 (+0.018/+0.002)	110	12	37	300	250	350	0	19	5	8	325	255	385	600
160L	2	42	110	12	37	300	250	350	0	19	5	8	325	255	385	645
180M	2,4,6,8	48	110	14	42.5	350	300	400	0	19	5	8	360	285	430(550)	670(730)
180L	2	48	110	14	42.5	350	300	400	0	19	5	8	360	285	430(550)	710(770)
200L	4,6,8	55	110	16	49	350	300	400	0	19	5	8	400	310	480(550)	775(850)
225S	4,8	60 (+0.030/+0.011)	140	18	53	400	350	450	0	19	5	8	450	345	530(610)	820(910)
225M	2	55/60	110	16	49	400	350	450	0	19	5	8	450	345	530(610)	815(905)
250M	2	60	140	18	53	400	350	450	0	19	5	8	495	385	(650)	845(935)
280S	4,6,8	65	140	20	67.5	500	450	550	0	19	5	8	555	410	(720)	(1 120)
280M	2	65/75	140	18/20	58/67.5	500	450	550	0	19	5	8	555	410	(720)	(1 170)

16.5 YZ 系列电动机

YZ 系列起重及冶金用三相异步电动机能承受频繁启动、制动、过载、逆转、超速、冲击和振动,并能在金属粉尘及高温环境中工作,适用于驱动各种起重机械和冶金机械。

YZ 系列电动机为鼠笼转子三相异步电动机,电动机绝缘等级分为 F 级和 H 级两种。F 级适用于环境空气温度不超过 40 ℃ 的一般场所,H 级适用于环境空气温度不超过 60 ℃ 的冶金场所。两种绝缘等级下的电动机具有相同的参数。

YZ 系列电动机具有良好的密封性,用于一般场所的电动机防护等级为 IP44,用于冶金场所的电动机防护等级为 IP54。电动机的额定频率为 50 Hz,额定电压为 380 V。

YZ 系列电动机的工作制有 S2、S3,其基准工作制为 S3—40%。

YZ 系列电动机技术参数见表 16-7,安装尺寸见表 16-8。

16.6 YBK3 系列防爆电动机

YBK3 系列防爆电动机全称为"YBK3 煤矿井下用隔爆型三相异步电动机",是在 YBK2 防爆电动机的基础上结合当前国内先进的电磁技术研制而成,该电动机具有高效、节能、寿命长、性能好、噪音低、防爆结构先进、启动性能优良、外形美观、可靠性高、防震、运行不产生火花、使用维护方便等优点。YBK3 系列防爆电动机效率指标符合 GB 18613—2012 《中小型三相异步电动机能效限定值及能效等级》电动机能效 2 级指标,并与 IEC60034—30 的 IE3 联结同等。

16.6.1 YBK3 系列防爆电动机技术参数

YBK3 系列防爆电动机技术参数见表 16-9。

16.6.2 YBK3 系列防爆电动机安装尺寸(B3)

YBK3 系列防爆电动机有 B3、B5、B35 共 3 种基本结构型式:B3 有底座,无直连安装法兰盘;B5 无底座,有直连安装法兰盘;B35 有底座,有直连安装法兰盘。这里只给出 B3 型安装尺寸,如表 16-10 所示,其他类型安装尺寸参考相应的国家标准。

表 16-7　YZ 系列电动机技术参数

工作方式	S3																					S2					
项目	15%			25%			40%									60%			100%			30 min			60 min		
型号	P/kW	I/A	n/(r/min)	P/kW	I/A	n/(r/min)	P/kW	U/V	I/A	n/(r/min)	T_{st}/T_N	T_{max}/T_N	I_{st}/I_N	η	cos Φ	P/kW	I/A	n/(r/min)	P/kW	I/A	n/(r/min)	P/kW	I/A	n/(r/min)	P/kW	I/A	n/(r/min)
							1 000 r/min																				
YZ112M-6	2.2	6.3	790	1.8	4.7	840	1.5	380	4	875	2.6	2.7	3.7	71	0.79	1.1	3	910	0.8	3	935	1.8	4.7	840	1.5	4	875
132M1-6	3	7	860	2.5	6	890	2.2	380	5.5	910	2.6	2.5	4.2	76	0.78	1.8	5	925	1.5	4	940	2.5	6	890	2.2	5.5	910
132M2-6	5	12	840	4	9.5	880	3.7	380	9	900	2.3	2.3	4	77	0.82	3	7	920	2.8	7	925	4	9.5	880	3.7	9	900
160M1-6	7.5	18	840	6.3	14.5	880	5.5	380	13	905	2.3	2.3	4	77	0.84	5	12	910	4	10	925	6.3	14.5	880	5.5	13	905
160M2-6	11	26	840	8.5	19	890	7.5	380	17	910	2.6	2.7	4.4	79	0.83	6.3	15	920	5.5	13.5	930	8.5	19	890	7.5	17	910
160L-6	15	35	840	13	29	870	11	380	24.5	905	2.4	2.5	4.3	79	0.85	9	20.5	920	7.5	18	930	13	29	870	11	24.5	905
型号							750 r/min																				
YZ160L-8	11	31	590	9	23	645	7.5	380	20	670	2.3	2.3	3.4	76	0.75	6	17	685	5	15	695	9	23	645	7.5	20	670
180L-8	15	36	635	13	30	660	11	380	26	680	2.3	2.4	4.2	79	0.81	7	22	690	7.5	19	700	13	30	660	11	26	680
200L-8	22	50	650	18.5	41	670	15	380	34	690	2.7	2.9	5.1	82	0.80	13	30	695	11	27	705	18.5	41	670	15	34	690
225M-8	33	76	640	26	58	670	22	380	49.5	690	2.6	3.1	5.1	83	0.81	18.5	43	695	17	40.5	700	26	58	670	22	49.5	690
250M1-8	42	95	645	35	77.5	670	30	380	67	685	2.6	3.1	5.1	83	0.81	26	59	690	22	52.5	700	35	77.5	670	30	67	685

16 电 动 机

表16-8 YZ系列电动机安装尺寸及公差

机座号	H 尺寸	H 极限偏差	A 尺寸	A 极限偏差	A/2 尺寸	A/2 极限偏差	B 尺寸	B 极限偏差	B 左右之差	C 尺寸	C 极限偏差	C 左右之差	CA	K 尺寸	K 极限偏差	螺栓直径	D 尺寸	D 极限偏差	D1	E 尺寸	E 极限偏差	E1	键 F(h9) 尺寸	键 F(h9) 极限偏差	GD 尺寸	GD 极限偏差	键槽 F(h9) 尺寸	键槽 F(h9) 极限偏差	G 尺寸	G 极限偏差	AC	AB	HD	BB	L	LC	HA
112M	112	0 / -0.5	190	±0.70	95	±0.50	140	±0.70	0.70	70	±2.0	0.30	135	12	+0.43	M10	32	+0.018 / +0.002	—	80	±0.37	—	10	0 / -0.036	8	0 / -0.09	10	0 / -0.036	27	0 / -0.2	245	250	330	235	400	505	15
132M	132		216		108		178	±0.70	0.70	89	±2.0	0.30	150	15	+0.43	M12	38	+0.018 / +0.002	—	80	±0.37	—	10	0 / -0.036	8	0 / -0.09	10	0 / -0.036	33	0 / -0.2	285	275	360	260	495	577	17
160M	160		254	±1.05	127	±0.75	210	±1.05	1.05	108	±3.0	0.45	180	19	+0.43	M16	48	+0.018 / +0.002	—	110	±0.43	—	14	0 / -0.036	9	0 / -0.09	14	0 / -0.036	42.5	0 / -0.2	325	320	420	290	608	718	20
160L	160		279		139.5		254	±1.05	1.05	121	±3.0	0.45	210	19	+0.43	M16	48	+0.018 / +0.002	—	110	±0.43	—	14	0 / -0.036	9	0 / -0.09	14	0 / -0.036	42.5	0 / -0.2	325	320	420	335	650	762	20
180L	180		318		159		279	±1.05	1.05	133	±3.0	0.45	258	24	+0.52	M20	55		M36×3	110	±0.43	82	16	0 / -0.043	10	0 / -0.11	16	0 / -0.043	19.9	0 / -0.2	360	360	460	380	685	800	22
200L	200		356	±1.40	178	±1.0	305	±1.40	1.40	149	±4.0	0.60	295	24	+0.52	M20	60		M42×3	140	±0.50	105	18	0 / -0.043	11	0 / -0.11	18	0 / -0.043	21.4	0 / -0.2	405	405	510	400	780	928	25
225M	225		406		203		311	±1.40	1.40	168	±4.0	0.60	295	24	+0.52	M20	65		M48×3	140	±0.50	105	18	0 / -0.043	11	0 / -0.11	18	0 / -0.043	23.9	0 / -0.2	430	455	545	410	850	998	28
250M	250		406		203		349	±1.40	1.40	168	±4.0	0.60	295	24	+0.52	M20	70			140	±0.50	105	18	0 / -0.043	11	0 / -0.11	18	0 / -0.043	25.4	0 / -0.2	480	515	605	510	935	1092	30

表 16-9　YBK3 系列防爆电动机技术参数

同步转速 3 000 r/min

电机型号	额定功率/kW	额定电流/A	额定转速/(r/min)	效率η/%	功率因数(cosφ)	额定转矩/N·m	堵转转矩/额定转矩	堵转电流/额定电流	最大转矩/额定转矩	噪声db/A	质量/kg
YBK3-80M1-2	0.75	1.7	2 875	80.7	0.83	2.5	2.3	6.8	2.3	67	32
YBK3-80M2-2	1.1	2.4	2 875	82.7	0.83	3.7	2.3	7.3	2.3	67	33
YBK3-90S-2	1.5	3.2	2 890	84.2	0.84	5	2.3	7.6	2.3	72	39
YBK3-90L-2	2.2	4.6	2 890	85.9	0.85	7.3	2.3	7.8	2.3	72	46
YBK3-100L-2	3	6	2 891	87.1	0.87	9.9	2.3	8.1	2.3	76	57
YBK3-112M-2	4	7.8	2 914	88.1	0.88	13.1	2.3	8.3	2.3	77	68
YBK3-132S1-2	5.5	10.6	2 937	89.2	0.88	17.9	2.2	8	2.3	80	87
YBK3-132S2-2	7.5	14.2	2 940	90.1	0.89	24.4	2.2	7.8	2.3	80	93
YBK3-160M1-2	11	20.6	2 930	91.2	0.89	35.9	2.2	7.9	2.3	86	136
YBK3-160M2-2	15	27.9	2 930	91.9	0.89	48.9	2.2	8	2.3	86	144
YBK3-160L-2	18.5	34.4	2 937	92.4	0.89	60.2	2.2	8.1	2.3	86	155
YBK3-180M-2	22	40.5	2 940	92.7	0.89	71.5	2.2	8.2	2.3	89	241
YBK3-200L1-2	30	54.9	2 950	93.3	0.89	97.1	2.2	7.5	2.3	92	275
YBK3-200L2-2	37	67.4	2 950	93.7	0.89	119.8	2.2	7.5	2.3	92	300
YBK3-225M-2	45	81.7	2 960	94	0.89	145.2	2.2	7.6	2.3	92	420
YBK3-250M-2	55	99.6	2 965	94.3	0.89	177.2	2.2	7.6	2.3	93	477
YBK3-280S-2	75	135.2	2 970	94.7	0.89	241.2	2	6.9	2.3	94	640
YBK3-280M-2	90	161.7	2 970	95	0.89	289.4	2	7	2.3	94	697
YBK3-315S-2	110	195.1	2 975	95.2	0.9	353.1	2	7.1	2.2	96	1 060
YBK3-315M-2	132	233.6	2 975	95.4	0.9	423.7	2	7.1	2.2	96	1 120
YBK3-315L1-2	160	279.4	2 975	95.6	0.91	513.6	2	7.1	2.2	99	1 290
YBK3-315L2-2	200	348.6	2 975	95.8	0.91	642	2	7.1	2.2	99	1 430
YBK3-355M-2	250	435.7	2 980	95.8	0.91	801.2	2	7.1	2.2	103	1 749
YBK3-355L-2	315	549	2 980	95.8	0.91	1 009.5	2	7.1	2.2	103	2 060

续表 16-9

电机型号	额定功率 /kW	额定电流 /A	额定转速 /(r/min)	效率 η/%	功率因数 (cos φ)	额定转矩 /N·m	堵转转矩 额定转矩	堵转电流 额定电流	最大转矩 额定转矩	噪声 db /A	质量 /kg
				同步转速 1 500 r/min							
YBK3-80M1-4	0.55	1.4	1 400	80.7	0.75	3.8	2.3	6.3	2.3	58	31
YBK3-80M2-4	0.75	1.8	1 400	82.5	0.75	5.1	2.3	6.5	2.3	58	32
YBK3-90S-4	1.1	2.6	1 440	84.1	0.75	7.3	2.3	6.6	2.3	61	43
YBK3-90L-4	1.5	3.6	1 445	85.3	0.75	9.9	2.3	6.9	2.3	61	47
YBK3-100L1-4	2.2	4.8	1 440	86.7	0.81	14.6	2.3	7.5	2.3	64	56
YBK3-100L2-4	3	6.3	1 440	87.7	0.82	19.9	2.3	7.6	2.3	64	62
YBK3-112M-4	4	8.4	1 445	88.6	0.82	26.4	2.3	7.7	2.3	65	74
YBK3-132S-4	5.5	11.4	1 455	89.6	0.82	36.1	2	7.5	2.3	71	93
YBK3-132M-4	7.5	15.2	1 455	90.4	0.83	49.2	2	7.4	2.3	71	105
YBK3-160M-4	11	21.5	1 460	91.4	0.85	72	2.2	7.5	2.3	75	141
YBK3-160L-4	15	28.8	1 460	92.1	0.86	98.1	2.2	7.5	2.3	75	153
YBK3-180M-4	18.5	35.3	1 470	92.6	0.86	120.2	2.2	7.7	2.3	76	235
YBK3-180L-4	22	41.8	1 470	93	0.86	142.9	2.2	7.8	2.3	76	255
YBK3-200L-4	30	56.6	1 470	93.6	0.86	194.9	2.2	7.2	2.3	79	285
YBK3-225S-4	37	69.6	1 480	93.9	0.86	238.8	2.2	7.3	2.3	81	360
YBK3-225M-4	45	84.4	1 480	94.2	0.86	290.4	2.2	7.4	2.3	81	390
YBK3-250M-4	55	102.7	1 480	94.6	0.86	354.9	2.2	7.4	2.3	83	490
YBK3-280S-4	75	136.3	1 480	95	0.88	484	2.2	6.7	2.3	86	718
YBK3-280M-4	90	163.2	1 480	95.2	0.88	580.7	2.2	6.9	2.3	86	816
YBK3-315S-4	110	199.1	1 485	95.4	0.88	707.4	2.2	6.9	2.2	93	1 050
YBK3-315M-4	132	238.4	1 485	95.6	0.88	848.9	2.2	6.9	2.2	93	1 210
YBK3-315L1-4	160	285.1	1 485	95.8	0.89	1 029	2.2	6.9	2.2	97	1 290
YBK3-315L2-4	200	355.7	1 485	96	0.89	1 286.2	2.2	6.9	2.2	97	1 400
YBK3-355M-4	250	439.6	1 490	96	0.9	1 602.3	2.2	6.9	2.2	101	1 805
YBK3-355L-4	315	553.9	1 490	96	0.9	2 019	2.2	6.9	2.2	101	2 130

表 16-10　YBK3 系列防爆电动机安装尺寸 (B3)

机座号	极数	安装尺寸									进线口螺纹	外形尺寸							
		A	B	C	D	E	F	G	H	K		AA	AB	AC	AD	BB	HA	HD	L
100L	2、4、6、8	160	140	63	28	60	8	24	100	12	M30×2	43	200	205	225	176	14	380	475
112M	2、4、6、8	190	140	70	38	80	10	33	112	12	M30×2	50	245	230	225	180	16	400	515
132S	2、4、6、8	216	140	89	38	80	10	33	132	12	M30×2	60	280	270	225	190	18	470	545
132M	2、4、6、8	216	178	89	38	80	10	33	132	12	M30×2	60	280	270	225	230	18	470	590
160M	2、4、6、8	254	210	108	42	110	12	37	160	15	M36×2	70	330	325	240	258	25	530	730
160L	2、4、6、8	254	254	108	42	110	12	37	160	15	M36×2	70	330	325	240	302	25	530	760
180M	2、4、6、8	279	241	121	48	110	14	42.5	180	15	M36×2	75	355	360	240	311	22	565	815
180L	2、4、6、8	279	279	121	48	110	14	42.5	180	15	M36×2	75	355	360	240	349	22	565	835
200L	2、4、6、8	318	305	133	55／60	140	16	49	200	19	M48×2	80	390	400	290	366	25	625	880
225S	4、8／2、6	356	286	149	55／60	140／110	16／18	49／53	225	19	M48×2	80	435	450	290	355	28	670	920
225M	2／4、6、8	356	311	149	55／60	140	16／18	49／53	225	19	M48×2	80	435	450	290	380	28	670	950
250M	2／4、6、8	406	349	168	60／65	140	18	53	250	24	M64×2	85	490	500	330	420	30	770	1005
280S	2／4、6、8	457	368	190	65／75	140／170	18／20	58／67.5	280	24	M64×2	85	545	560	330	438	35	830	1060
280M	2／4、6、8	457	419	190	65／75	140／170	18／20	58／67.5	280	24	M64×2	85	545	560	330	489	35	830	1115
315S	2／4、6、8、10、16	508	406	216	65／80	140／170	18／22	58／71	315	28	M64×2	130	640	630	400	550	38	1020	1290／1320
315M	2／4、6、8、10、16	508	457	216	65／80	140／170	18／22	58／71	315	28	M64×2	130	640	630	400	680	38	1020	1420／1450
315L	2／4、6、8、10、16	508	508	216	65／80	140／170	18／22	58／71	315	28	M64×2	130	640	630	400	800	38	1020	1420／1450
355S	2／4、6、8、10、16	610	500	254	75／95	140／170	20／25	67.5／86	355	28	M72×2	150	740	750	500	800	40	1080	1540／1605
355M	M1-2／M2-2／M4、6、8／M10、16	610	560	254	75／95	140／170	20／25	67.5／86	355	28	M72×2	150	740	750	500	900	40	1080	1540／1650／1605／1715
355L	4、6、8／10、16	610	630	254	75／95	140／170	20／25	67.5／86	355	28	M72×2	150	740	750	500	1000	40	1080	1650／1715／1805

17 极限与配合

17.1 光滑圆柱体极限与配合

表 17-1　　　　　标准公差 IT 数值(摘自 GB/T 1800.1—2009)　　　　μm

基本尺寸 /mm	标准公差等级																	
	IT1	IT2	IT3	IT4	IT5	IT6	IT7	IT8	IT9	IT10	IT11	IT12	IT13	IT14	IT15	IT16	IT17	IT18
>10~18	1.2	2	3	5	8	11	18	27	43	70	110	180	270	430	700	1 100	1 800	2 700
>18~30	1.5	2.5	4	6	9	13	21	33	52	84	130	210	330	520	840	1 300	2 100	3 300
>30~50	1.5	2.5	4	7	11	16	25	39	62	100	160	250	390	620	1 000	1 600	2 500	3 900
>50~80	2	3	5	8	13	19	30	46	74	120	190	300	460	740	1 200	1 900	3 000	4 600
>80~120	2.5	4	6	10	15	22	35	54	87	140	220	350	540	870	1 400	2 200	3 500	5 400
>120~180	3.5	5	8	12	18	25	40	63	100	160	250	400	630	1 000	1 600	2 500	4 000	6 300
>180~250	4.5	7	10	14	20	29	46	72	115	185	290	460	720	1 150	1 850	2 900	4 600	7 200
>250~315	6	8	12	16	23	32	52	81	130	210	320	520	810	1 300	2 100	3 200	5 200	8 100
>315~400	7	9	13	18	25	36	57	89	140	230	360	570	890	1 400	2 300	3 600	5 700	8 900
>400~500	8	10	15	20	27	40	63	97	155	250	400	630	970	1 550	2 500	4 000	6 300	9 700
>500~630	9	11	16	22	32	44	70	110	175	280	440	700	1 100	1 750	2 800	4 400	7 000	11 000
>630~800	10	13	18	25	36	50	80	125	200	320	500	800	1 250	2 000	3 200	5 000	8 000	12 500

注:(1) 基本尺寸大于 500 mm 的 IT1 至 IT5 的标准公差数值为试行。

　　(2) 基本尺寸小于或等于 1 mm 时,无 IT14 至 IT18。

表 17-2		各种基本偏差的应用实例
配合	基本偏差	各种基本偏差的特点及应用实例
间隙配合	a(A) b(B)	可得到特别大的间隙,很少采用。主要用于工作时温度高、热变形大的零件的配合,如内燃机中铝活塞与气缸钢套孔的配合为 H9/a9
	c(C)	可得到很大的间隙。一般用于工作条件较差(如农业机械)、工作时受力变形大及装配工艺性不好的零件的配合,也适用于高温工作的间隙配合,如内燃机排气阀杆与导管孔的配合为 H8/c7
	d(D)	与 IT7～IT11 对应,适用于较松的间隙配合(如滑轮、活套的带轮的孔与轴的配合),以及大尺寸滑动轴承与轴颈的配合(如涡轮机、球磨机等的滑动轴承)。活塞环与活塞环槽的配合可用 H9/d9
	e(E)	与 IT6～IT9 对应,具有明显的间隙,用于大跨距及多支点的转轴轴颈与轴承的配合,以及高速、重载的大尺寸轴颈与轴承的配合,如大型电动机、内燃机的主要轴承处的配合为 H8/e7
	f(F)	多与 IT6～IT8 对应,用于一般的转动配合,受温度影响不大,采用普通润滑油的轴颈与滑动轴承的配合,如齿轮箱、小电动机、泵等的转轴轴颈与滑动轴承的配合为 H7/f6
	g(G)	多与 IT5～IT7 对应,形成配合的间隙较小,用于轻载精密装置中的转动配合,用于插销的定位配合,滑阀、连杆销等处的配合,钻套导向孔多用 G6
	h(H)	多与 IT4～IT11 对应,广泛用于无相对转动的配合、一般的定位配合。若没有温度、变形的影响,也可用于精密轴向移动部位,如车床尾座导向孔与滑动套筒的配合为 H6/h5
过渡配合	js (JS)	多用于 IT4～IT7 具有平均间隙的过渡配合,用于略有过盈的定位配合,如联轴器与轴、齿圈与轮毂的配合,滚动轴承外圈与外壳孔的配合多用 JS7。一般用手或木槌装配
	k(K)	多用于 IT4～IT7 平均间隙接近于零的配合,用于定位配合,如滚动轴承的内、外圈分别与轴颈、外壳孔的配合。用木槌装配
	m(M)	多用于 IT4～IT7 平均过盈较小的配合,用于精密的定位配合,如蜗轮的青铜轮缘与轮毂的配合为 H7/m6
	n(N)	多用于 IT4～IT7 平均过盈较大的配合,很少形成间隙。用于加键传递较大转矩的配合,如冲床上齿轮的孔与轴的配合。用槌子或压力机装配
过盈配合	p(P)	用于过盈小的配合。与 H6 或 H7 孔形成过盈配合,而与 H8 孔形成过渡配合。碳钢和铸铁零件形成的配合为标准压入配合,如卷扬机绳轮的轮毂与齿圈的配合为 H7/p6。合金钢零件的配合需要过盈小时可用 p(或 P)
	r(R)	用于传递大转矩或受冲击负荷而需要加键的配合,如蜗轮孔与轴的配合为 H7/r6。必须注意,H8/r7 配合在公称尺寸≤ 100 mm 时,为过渡配合
	s(S)	用于钢和铸铁零件的永久性和半永久性结合,可产生相当大的结合力,如套环压在轴、阀座上用 H7/s6 配合
	t(T)	用于钢和铸铁零件的永久性结合,不用键就能传递转矩,需用热套法或冷轴法装配,如联轴器与轴的配合 H7/t6
	u(U)	用于过盈大的配合,最大过盈需验算,用热套法进行装配,如火车车轮轮毂孔与轴的配合为 H6/u5

表 17-3 优先配合特性及应用

基孔制	基轴制	优先配合特性及应用举例
$\dfrac{H11}{c11}$	$\dfrac{C11}{h11}$	间隙非常大,用于很松的、转动很慢的间隙配合;要求大公差与大间隙的外露组件;要求装配方便的、很松的配合
$\dfrac{H9}{d9}$	$\dfrac{D9}{h9}$	间隙很大的自由转动配合,用于精度非主要要求时,或有大的温度变动、高转速或大的轴颈压力时
$\dfrac{H8}{f7}$	$\dfrac{F8}{h7}$	间隙不大的转动配合,用于中等转速与中等轴颈压力的精确转动,也用于装配较易的中等定位配合
$\dfrac{H7}{g6}$	$\dfrac{G7}{h6}$	间隙很小的滑动配合,用于不希望自由转动、但可自由移动和滑动并精密定位时,也可用于要求明确的定位配合
$\dfrac{H7}{h6}$ $\dfrac{H8}{h7}$ $\dfrac{H9}{h9}$ $\dfrac{H11}{h11}$	$\dfrac{H7}{h6}$ $\dfrac{H8}{h7}$ $\dfrac{H9}{h9}$ $\dfrac{H11}{h11}$	均为间隙定位配合,零件可自由装拆,而工作时一般相对静止不动。在最大实体条件下的间隙为零,在最小实体条件下的间隙由公差等级决定
$\dfrac{H7}{k6}$	$\dfrac{K7}{h6}$	过渡配合,用于精密定位
$\dfrac{H7}{n6}$	$\dfrac{N7}{h6}$	过渡配合,允许有较大过盈的更精密定位
$\dfrac{H7}{p6}$	$\dfrac{P7}{h6}$	过盈定位配合,即小过盈配合,用于定位精度特别重要时,能以最好的定位精度达到部件的刚性及对中性要求,而对内孔承受压力无特殊要求,不依靠配合的紧固性传递摩擦负荷
$\dfrac{H7}{s6}$	$\dfrac{S7}{h6}$	中等压入配合,适用于一般钢件,或用于薄壁件的冷缩配合;用于铸铁件可得到最紧的配合
$\dfrac{H7}{u6}$	$\dfrac{U7}{h6}$	压入配合,适用于可以承受大压入力的零件或不宜承受大压入力的冷缩配合

表17-4　轴的极限偏差（摘自 GB/T 1800.1—2009）　μm

公差带	等级	基本尺寸/mm																			
		>3~6	>6~10	>10~18	>18~30	>30~40	>40~50	>50~65	>65~80	>80~100	>100~120	>120~140	>140~160	>160~180	>180~200	>200~225	>225~250	>250~280	>280~315	>315~355	>355~400
a	11	-270 -345	-280 -370	-290 -400	-300 -430	-310 -470	-320 -480	-340 -530	-360 -550	-380 -600	-410 -630	-460 -710	-520 -770	-580 -830	-660 -950	-740 -1 030	-820 -1 110	-920 -1 240	-1 050 -1 370	-1 200 -1 560	-1 350 -1 710
c	11	-70 -145	-80 -170	-95 -205	-110 -240	-120 -280	-130 -290	-140 -330	-150 -340	-170 -390	-180 -400	-200 -450	-210 -460	-230 -480	-240 -530	-260 -550	-280 -570	-300 -620	-330 -650	-360 -720	-400 -760
d	8	-30 -48	-40 -62	-50 -77	-65 -98	-80 -119		-100 -146		-120 -174		-145 -208			-170 -242			-190 -271		-210 -299	
d	9	-30 -60	-40 -76	-50 -93	-65 -117	-80 -142		-100 -174		-120 -207		-145 -245			-170 -285			-190 -320		-210 -350	
d	10	-30 -78	-40 -98	-50 -120	-65 -149	-80 -180		-100 -220		-120 -260		-145 -305			-170 -355			-190 -400		-210 -440	
d	11	-30 -105	-40 -130	-50 -160	-65 -195	-80 -240		-100 -290		-120 -340		-145 -395			-170 -460			-190 -510		-210 -570	
e	7	-20 -32	-25 -40	-32 -50	-40 -61	-50 -75		-60 -90		-72 -107		-85 -125			-100 -146			-110 -162		-125 -182	
e	8	-20 -38	-25 -47	-32 -59	-40 -73	-50 -89		-60 -106		-72 -126		-85 -148			-100 -172			-110 -191		-125 -214	
e	9	-20 -50	-25 -61	-32 -75	-40 -92	-50 -112		-60 -134		-72 -159		-85 -185			-100 -215			-110 -240		-125 -265	

续表 17-4

基本尺寸/mm

公差带	等级	>3~6	>6~10	>10~18	>18~30	>30~40	>40~50	>50~65	>65~80	>80~100	>100~120	>120~140	>140~160	>160~180	>180~200	>200~225	>225~250	>250~280	>280~315	>315~355	>355~400
f	5	-10 -15	-13 -19	-16 -24	-20 -29	-25 -36	-25 -36	-30 -43	-30 -43	-36 -51	-36 -51	-43 -61	-43 -61	-43 -61	-50 -70	-50 -70	-50 -70	-56 -79	-56 -79	-62 -87	-62 -87
	6	-10 -18	-13 -22	-16 -27	-20 -33	-25 -41	-25 -41	-30 -49	-30 -49	-36 -58	-36 -58	-43 -68	-43 -68	-43 -68	-50 -79	-50 -79	-50 -79	-56 -88	-56 -88	-62 -98	-62 -98
	7	-10 -22	-13 -28	-16 -34	-20 -41	-25 -50	-25 -50	-30 -60	-30 -60	-36 -71	-36 -71	-43 -83	-43 -83	-43 -83	-50 -96	-50 -96	-50 -96	-56 -108	-56 -108	-62 -119	-62 -119
	8	-10 -28	-13 -35	-16 -43	-20 -53	-25 -64	-25 -64	-30 -76	-30 -76	-36 -90	-36 -90	-43 -106	-43 -106	-43 -106	-50 -122	-50 -122	-50 -122	-56 -137	-56 -137	-62 -151	-62 -151
	9	-10 -40	-13 -49	-16 -59	-20 -72	-25 -87	-25 -87	-30 -104	-30 -104	-36 -123	-36 -123	-43 -143	-43 -143	-43 -143	-50 -165	-50 -165	-50 -165	-56 -186	-56 -186	-62 -202	-62 -202
g	5	-4 -9	-5 -11	-6 -14	-7 -16	-9 -20	-9 -20	-10 -23	-10 -23	-12 -27	-12 -27	-14 -32	-14 -32	-14 -32	-15 -35	-15 -35	-15 -35	-17 -40	-17 -40	-18 -43	-18 -43
	6	-4 -12	-5 -14	-6 -17	-7 -20	-9 -25	-9 -25	-10 -29	-10 -29	-12 -34	-12 -34	-14 -39	-14 -39	-14 -39	-15 -44	-15 -44	-15 -44	-17 -49	-17 -49	-18 -54	-18 -54
	7	-4 -16	-5 -20	-6 -24	-7 -28	-9 -34	-9 -34	-10 -40	-10 -40	-12 -47	-12 -47	-14 -54	-14 -54	-14 -54	-15 -61	-15 -61	-15 -61	-17 -69	-17 -69	-18 -75	-18 -75
h	5	0 -5	0 -6	0 -8	0 -9	0 -11	0 -11	0 -13	0 -13	0 -15	0 -15	0 -18	0 -18	0 -18	0 -20	0 -20	0 -20	0 -23	0 -23	0 -25	0 -25
	6	0 -8	0 -9	0 -11	0 -13	0 -16	0 -16	0 -19	0 -19	0 -22	0 -22	0 -25	0 -25	0 -25	0 -29	0 -29	0 -29	0 -32	0 -32	0 -36	0 -36
	7	0 -12	0 -15	0 -18	0 -21	0 -25	0 -25	0 -30	0 -30	0 -35	0 -35	0 -40	0 -40	0 -40	0 -46	0 -46	0 -46	0 -52	0 -52	0 -57	0 -57
	8	0 -18	0 -22	0 -27	0 -33	0 -39	0 -39	0 -46	0 -46	0 -54	0 -54	0 -63	0 -63	0 -63	0 -72	0 -72	0 -72	0 -81	0 -81	0 -89	0 -89
	9	0 -30	0 -36	0 -43	0 -52	0 -62	0 -62	0 -74	0 -74	0 -87	0 -87	0 -100	0 -100	0 -100	0 -115	0 -115	0 -115	0 -130	0 -130	0 -140	0 -140
	10	0 -48	0 -58	0 -70	0 -84	0 -100	0 -100	0 -120	0 -120	0 -140	0 -140	0 -160	0 -160	0 -160	0 -185	0 -185	0 -185	0 -210	0 -210	0 -230	0 -230
	11	0 -75	0 -90	0 -110	0 -130	0 -160	0 -160	0 -190	0 -190	0 -220	0 -220	0 -250	0 -250	0 -250	0 -290	0 -290	0 -290	0 -320	0 -320	0 -360	0 -360
	12	0 -120	0 -150	0 -180	0 -210	0 -250	0 -250	0 -300	0 -300	0 -350	0 -350	0 -400	0 -400	0 -400	0 -460	0 -460	0 -460	0 -520	0 -520	0 -570	0 -570

续表 17-4

基本尺寸/mm

公差带	等级	>3~6	>6~10	>10~18	>18~30	>30~40	>40~50	>50~65	>65~80	>80~100	>100~120	>120~140	>140~160	>160~180	>180~200	>200~225	>225~250	>250~280	>280~315	>315~355	>355~400
j	5	+3/−2	+4/−2	+5/−3	+5/−4	+6/−5	+6/−5	+6/−7	+6/−7	+6/−9	+6/−9	+7/−11	+7/−11	+7/−11	+7/−13	+7/−13	+7/−13	+7/−16	+7/−16	+7/−18	+7/−18
j	6	+6/−2	+7/−2	+8/−3	+9/−4	+11/−5	+11/−5	+12/−7	+12/−7	+13/−9	+13/−9	+14/−11	+14/−11	+14/−11	+16/−13	+16/−13	+16/−13	—	—	—	—
js	5	±2.5	±3	±4	±4.5	±5.5	±5.5	±6.5	±6.5	±7.5	±7.5	±9	±9	±9	±10	±10	±10	±11.5	±11.5	±12.5	±12.5
js	6	±4	±4.5	±5.5	±6.5	±8	±8	±9.5	±9.5	±11	±11	±12.5	±12.5	±12.5	±14.5	±14.5	±14.5	±16	±16	±18	±18
js	7	±6	±7	±9	±10	±12	±12	±15	±15	±17	±17	±20	±20	±20	±23	±23	±23	±26	±26	±28	±28
k	5	+6/+1	+7/+1	+9/+1	+11/+2	+13/+2	+13/+2	+15/+2	+15/+2	+18/+3	+18/+3	+21/+3	+21/+3	+21/+3	+24/+4	+24/+4	+24/+4	+27/+4	+27/+4	+29/+4	+29/+4
k	6	+9/+1	+10/+1	+12/+1	+15/+2	+18/+2	+18/+2	+21/+2	+21/+2	+25/+3	+25/+3	+28/+3	+28/+3	+28/+3	+33/+4	+33/+4	+33/+4	+36/+4	+36/+4	+40/+4	+40/+4
k	7	+13/+1	+16/+1	+19/+1	+23/+2	+27/+2	+27/+2	+32/+2	+32/+2	+38/+3	+38/+3	+43/+3	+43/+3	+43/+3	+50/+4	+50/+4	+50/+4	+56/+4	+56/+4	+61/+4	+61/+4
m	5	+9/+4	+12/+6	+15/+7	+17/+8	+20/+9	+20/+9	+24/+11	+24/+11	+28/+13	+28/+13	+33/+15	+33/+15	+33/+15	+37/+17	+37/+17	+37/+17	+43/+20	+43/+20	+46/+21	+46/+21
m	6	+12/+4	+15/+6	+18/+7	+21/+8	+25/+9	+25/+9	+30/+11	+30/+11	+35/+13	+35/+13	+40/+15	+40/+15	+40/+15	+46/+17	+46/+17	+46/+17	+52/+20	+52/+20	+57/+21	+57/+21
m	7	+16/+4	+21/+6	+25/+7	+29/+8	+34/+9	+34/+9	+41/+11	+41/+11	+48/+13	+48/+13	+55/+15	+55/+15	+55/+15	+63/+17	+63/+17	+63/+17	+72/+20	+72/+20	+78/+21	+78/+21

续表 17-4

基本尺寸/mm

公差带	等级	>3~6	>6~10	>10~18	>18~30	>30~40	>40~50	>50~65	>65~80	>80~100	>100~120	>120~140	>140~160	>160~180	>180~200	>200~225	>225~250	>250~280	>280~315	>315~355	>355~400
n	5	+13/+8	+16/+10	+20/+12	+24/+15	+28/+17	+28/+17	+33/+20	+33/+20	+38/+23	+38/+23		+45/+27	+45/+27		+51/+31		+57/+34	+57/+34	+62/+37	+62/+37
	6	+16/+8	+19/+10	+23/+12	+28/+15	+33/+17	+33/+17	+39/+20	+39/+20	+45/+23	+45/+23		+52/+27	+52/+27		+60/+31		+66/+34	+66/+34	+73/+37	+73/+37
	7	+20/+8	+25/+10	+30/+12	+36/+15	+42/+17	+42/+17	+50/+20	+50/+20	+58/+23	+58/+23		+67/+27	+67/+27		+77/+31		+86/+34	+86/+34	+94/+37	+94/+37
p	6	+20/+12	+24/+15	+29/+18	+35/+22	+42/+26	+42/+26	+51/+32	+51/+32	+59/+37	+59/+37		+68/+43	+68/+43		+79/+50		+88/+56	+88/+56	+98/+62	+98/+62
	7	+24/+12	+30/+15	+36/+18	+43/+22	+51/+26	+51/+26	+61/+32	+61/+32	+72/+37	+72/+37		+83/+43	+83/+43		+96/+50		+108/+56	+108/+56	+119/+62	+119/+62
r	6	+23/+15	+28/+19	+34/+23	+41/+28	+50/+34	+50/+34	+60/+41	+62/+43	+73/+51	+76/+54	+88/+63	+90/+65	+93/+68	+106/+77	+109/+80	+113/+84	+126/+94	+130/+98	+144/+108	+150/+114
	7	+27/+15	+34/+19	+41/+23	+49/+28	+59/+34	+59/+34	+71/+41	+73/+43	+86/+51	+89/+54	+103/+63	+105/+65	+108/+68	+123/+77	+126/+80	+130/+84	+146/+94	+150/+98	+165/+108	+171/+114
s	6	+27/+19	+32/+23	+39/+28	+48/+35	+59/+43	+59/+43	+72/+53	+78/+59	+93/+71	+101/+79	+117/+92	+125/+100	+133/+108	+151/+122	+159/+130	+169/+140	+190/+158	+202/+170	+226/+190	+244/+208

表 17-5　　孔的极限偏差（摘自 GB/T 1800.1—2009）　　　　　　μm

基本尺寸/mm

公差带	等级	>3~6	>6~10	>10~18	>18~30	>30~40	>40~50	>50~65	>65~80	>80~100	>100~120	>120~140	>140~160	>160~180	>180~200	>200~225	>225~250	>250~280	>280~315	>315~355	>355~400
C	11	+145/+70	+170/+80	+205/+95	+240/+110	+280/+120	+290/+130	+330/+140	+340/+150	+390/+170	+400/+180	+450/+200	+460/+210	+480/+230	+530/+240	+550/+260	+570/+280	+620/+300	+650/+330	+720/+360	+760/+400
D	8	+48/+30	+62/+40	+77/+50	+98/+65	+119/+80		+146/+100		+174/+120			+208/+145			+242/+170		+271/+190		+299/+210	
D	9	+60/+30	+76/+40	+93/+50	+117/+65	+142/+80		+174/+100		+207/+120			+245/+145			+285/+170		+320/+190		+350/+210	
D	10	+78/+30	+98/+40	+120/+50	+149/+65	+180/+80		+220/+100		+260/+120			+305/+145			+355/+170		+400/+190		+440/+210	
D	11	+105/+30	+130/+40	+160/+50	+195/+65	+240/+80		+290/+100		+340/+120			+395/+145			+460/+170		+510/+190		+570/+210	
E	8	+38/+20	+47/+25	+59/+32	+73/+40	+89/+50		+106/+60		+126/+72			+148/+85			+172/+100		+191/+110		+214/+125	
E	9	+50/+20	+61/+25	+75/+32	+92/+40	+112/+50		+134/+60		+159/+72			+185/+85			+215/+100		+240/+110		+265/+125	
F	6	+18/+10	+22/+13	+27/+16	+33/+20	+41/+25		+49/+30		+58/+36			+68/+43			+79/+50		+88/+56		+98/+62	
F	7	+22/+10	+28/+13	+34/+16	+41/+20	+50/+25		+60/+30		+71/+36			+83/+43			+96/+50		+108/+56		+119/+62	
F	8	+28/+10	+35/+13	+43/+16	+53/+20	+64/+25		+76/+30		+90/+36			+106/+43			+122/+50		+137/+56		+151/+62	
F	9	+40/+10	+49/+13	+59/+16	+72/+20	+87/+25		+104/+30		+123/+36			+143/+43			+165/+50		+186/+56		+202/+62	

续表 17-5

基本尺寸/mm

公差带	等级	>3~6	>6~10	>10~18	>18~30	>30~50	>50~80	>80~120	>120~180	>180~250	>250~315	>315~400
G	6	+12 / +4	+14 / +5	+17 / +6	+20 / +7	+25 / +9	+29 / +10	+34 / +12	+39 / +14	+44 / +15	+49 / +17	+54 / +18
	7	+16 / +4	+20 / +5	+24 / +6	+28 / +7	+34 / +9	+40 / +10	+47 / +12	+54 / +14	+61 / +15	+69 / +17	+75 / +18
H	5	+5 / 0	+6 / 0	+8 / 0	+9 / 0	+11 / 0	+13 / 0	+15 / 0	+18 / 0	+20 / 0	+23 / 0	+25 / 0
	6	+8 / 0	+9 / 0	+11 / 0	+13 / 0	+16 / 0	+19 / 0	+22 / 0	+25 / 0	+29 / 0	+32 / 0	+36 / 0
	7	+12 / 0	+15 / 0	+18 / 0	+21 / 0	+25 / 0	+30 / 0	+35 / 0	+40 / 0	+46 / 0	+52 / 0	+57 / 0
	8	+18 / 0	+22 / 0	+27 / 0	+33 / 0	+39 / 0	+46 / 0	+54 / 0	+63 / 0	+72 / 0	+81 / 0	+89 / 0
	9	+30 / 0	+36 / 0	+43 / 0	+52 / 0	+62 / 0	+74 / 0	+87 / 0	+100 / 0	+115 / 0	+130 / 0	+140 / 0
	10	+48 / 0	+58 / 0	+70 / 0	+84 / 0	+100 / 0	+120 / 0	+140 / 0	+160 / 0	+185 / 0	+210 / 0	+230 / 0
	11	+75 / 0	+90 / 0	+110 / 0	+130 / 0	+160 / 0	+190 / 0	+220 / 0	+250 / 0	+290 / 0	+320 / 0	+360 / 0
	12	+120 / 0	+150 / 0	+180 / 0	+210 / 0	+250 / 0	+300 / 0	+350 / 0	+400 / 0	+460 / 0	+520 / 0	+570 / 0

续表 17-5

基本尺寸/mm

公差带	等级	>3~6	>6~10	>10~18	>18~30	>30~40	>40~50	>50~65	>65~80	>80~100	>100~120	>120~140	>140~160	>160~180	>180~200	>200~225	>225~250	>250~280	>280~315	>315~355	>355~400
J	6	+5 -3	+5 -4	+6 -5	+8 -5	+10 -6	+10 -6	+13 -6	+13 -6	+16 -6	+16 -6	+18 -7	+18 -7	+18 -7	+22 -7	+22 -7	+22 -7	+25 -7	+25 -7	+29 -7	+29 -7
	7	—	+8 -7	+10 -8	+12 -9	+14 -11	+14 -11	+18 -12	+18 -12	+22 -13	+22 -13	+26 -14	+26 -14	+26 -14	+30 -16	+30 -16	+30 -16	+36 -16	+36 -16	+39 -18	+39 -18
JS	6	±4	±4.5	±5.5	±6.5	±8	±8	±9.5	±9.5	±11	±11	±12.5	±12.5	±12.5	±14.5	±14.5	±14.5	±16	±16	±18	±18
	7	±6	±7	±9	±10	±12	±12	±15	±15	±17	±17	±20	±20	±20	±23	±23	±23	±26	±26	±28	±28
	8	±9	±11	±13	±16	±19	±19	±23	±23	±27	±27	±31	±31	±31	±36	±36	±36	±40	±40	±44	±44
K	6	+2 -6	+2 -7	+2 -9	+2 -11	+3 -13	+3 -13	+4 -15	+4 -15	+4 -18	+4 -18	+4 -21	+4 -21	+4 -21	+5 -24	+5 -24	+5 -24	+5 -27	+5 -27	+7 -29	+7 -29
	7	+3 -9	+5 -10	+6 -12	+6 -15	+7 -18	+7 -18	+9 -21	+9 -21	+10 -25	+10 -25	+12 -28	+12 -28	+12 -28	+13 -33	+13 -33	+13 -33	+16 -36	+16 -36	+17 -40	+17 -40
	8	+5 -13	+6 -16	+8 -19	+10 -23	+12 -27	+12 -27	+14 -32	+14 -32	+16 -38	+16 -38	+20 -43	+20 -43	+20 -43	+22 -50	+22 -50	+22 -50	+25 -56	+25 -56	+28 -61	+28 -61
M	6	-1 -9	-3 -12	-4 -15	-4 -17	-4 -20	-4 -20	-5 -24	-5 -24	-6 -28	-6 -28	-8 -33	-8 -33	-8 -33	-8 -37	-8 -37	-8 -37	-9 -41	-9 -41	-10 -46	-10 -46
	7	0 -12	0 -15	0 -18	0 -21	0 -25	0 -25	0 -30	0 -30	0 -35	0 -35	0 -40	0 -40	0 -40	0 -46	0 -46	0 -46	0 -52	0 -52	0 -57	0 -57
	8	+2 -16	+1 -21	+2 -25	+4 -29	+5 -34	+5 -34	+5 -41	+5 -41	+6 -48	+6 -48	+8 -55	+8 -55	+8 -55	+9 -63	+9 -63	+9 -63	+9 -72	+9 -72	+11 -78	+11 -78

续表 17-5

基本尺寸/mm

公差带	等级	>3~6	>6~10	>10~18	>18~30	>30~40	>40~50	>50~65	>65~80	>80~100	>100~120	>120~140	>140~160	>160~180	>180~200	>200~225	>225~250	>250~280	>280~315	>315~355	>355~400
N	6	-5/-13	-7/-16	-9/-20	-11/-24	-12/-28	-12/-28	-14/-33	-14/-33	-16/-38	-16/-38	-20/-45	-20/-45	-20/-45	-22/-51	-22/-51	-22/-51	-25/-57	-25/-57	-26/-62	-26/-62
N	7	-4/-16	-4/-19	-5/-23	-7/-28	-8/-33	-8/-33	-9/-39	-9/-39	-10/-45	-10/-45	-12/-52	-12/-52	-12/-52	-14/-60	-14/-60	-14/-60	-14/-66	-14/-66	-16/-73	-16/-73
N	8	-2/-20	-3/-25	-3/-30	-3/-36	-3/-42	-3/-42	-4/-50	-4/-50	-4/-58	-4/-58	-4/-67	-4/-67	-4/-67	-5/-77	-5/-77	-5/-77	-5/-86	-5/-86	-5/-94	-5/-94
P	6	-9/-17	-12/-21	-15/-26	-18/-31	-21/-37	-21/-37	-26/-45	-26/-45	-30/-52	-30/-52	-36/-61	-36/-61	-36/-61	-41/-70	-41/-70	-41/-70	-47/-79	-47/-79	-51/-87	-51/-87
P	7	-8/-20	-9/-24	-11/-29	-14/-35	-17/-42	-17/-42	-21/-51	-21/-51	-24/-59	-24/-59	-28/-68	-28/-68	-28/-68	-33/-79	-33/-79	-33/-79	-36/-88	-36/-88	-41/-98	-41/-98
R	6	-12/-20	-16/-25	-20/-31	-24/-37	-29/-45	-29/-45	-35/-54	-37/-56	-44/-66	-47/-69	-56/-81	-58/-83	-61/-86	-68/-97	-71/-100	-75/-104	-85/-117	-89/-121	-97/-133	-103/-139
R	7	-11/-23	-13/-28	-16/-34	-20/-41	-25/-50	-25/-50	-30/-60	-32/-62	-38/-73	-41/-76	-48/-88	-50/-90	-53/-93	-60/-106	-63/-109	-67/-113	-74/-126	-78/-130	-87/-144	-93/-150
S	6	-16/-24	-20/-29	-25/-36	-31/-44	-38/-54	-38/-54	-47/-66	-53/-72	-64/-86	-72/-94	-85/-110	-93/-118	-101/-126	-113/-142	-121/-150	-131/-160	-149/-181	-161/-193	-179/-215	-197/-233
S	7	-15/-27	-17/-32	-21/-39	-27/-48	-34/-59	-34/-59	-42/-72	-48/-78	-58/-93	-66/-101	-77/-117	-85/-125	-93/-133	-105/-151	-113/-159	-123/-169	-138/-190	-150/-202	-169/-226	-187/-244

17.2　几何公差

表 17-6	平行度、垂直度、倾斜度公差(摘自 GB/T 1184—1996)	μm

主参数 $L, d, (D)$ 图例

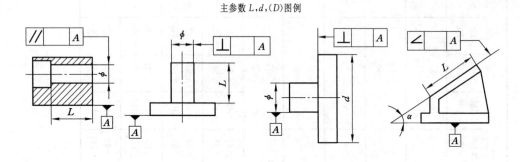

公差等级	主参数 $L, d, (D)$ /mm											应用举例	
	≤10	>10 ~16	>16 ~25	>25 ~40	>40 ~63	>63 ~100	>100 ~160	>160 ~250	>250 ~400	>400 ~630	>630 ~1000	平行度	垂直度和倾斜度
5	5	6	8	10	12	15	20	25	30	40	50	用于重要轴承孔对基准面的要求,一般减速器箱体孔的中心线等	用于安装/P4、/P5 级轴承的箱体的凸肩,发动机轴和离合器的凸缘
6	8	10	12	15	20	25	30	40	50	60	80	用于一般机械中箱体孔中心线间的要求,如减速器箱体的轴承孔,7~10 级精度齿轮传动箱体孔的中心线	用于安装/P6、/P0 级轴承的箱体孔的中心线,低精度机床主要基准面和工作面
7	12	15	20	25	30	40	50	60	80	100	120		
8	20	25	30	40	50	60	80	100	120	150	200	用于重型机械轴承盖的端面,手动传动装置中的传动轴	用于一般导轨,普通传动箱体中的轴肩
9	30	40	50	60	80	100	120	150	200	250	300	用于低精度零件、重型机械滚动轴承端盖	用于花键轴肩端面、减速器箱体平面等
10	50	60	80	100	120	150	200	250	300	400	500		
11	80	100	120	150	200	250	300	400	500	600	800	零件的非工作面,卷扬机、运输机上用的减速器壳体平面	农业机械齿轮端面等
12	120	150	200	250	300	400	500	600	800	1 000	1 200		

表 17-7　　　　　　　　**直线度、平面度公差（摘自 GB/T 1184—1996）**　　　　　μm

主参数 *L* 图例

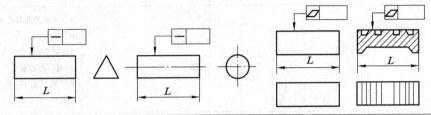

公差等级	主参数 *L*/mm													应用举例
	≤10	>10 ~16	>16 ~25	>25 ~40	>40 ~63	>63 ~100	>100 ~160	>160 ~250	>250 ~400	>400 ~630	>630 ~1 000	>1 000 ~1 600	>1 600 ~2 500	
5	2	2.5	3	4	5	6	8	10	12	15	20	25	30	普通精度机床导轨,柴油机进、排气门导杆
6	3	4	5	6	8	10	12	15	20	25	30	40	50	
7	5	6	8	10	12	15	20	25	30	40	50	60	80	轴承体的支承面,压力机导轨及滑块,减速器箱体、油泵、轴系支承轴承的接合面
8	8	10	12	15	20	25	30	40	50	60	80	100	120	
9	12	15	20	25	30	40	50	60	80	100	120	150	200	辅助机构及手动机械的支承面,液压管件和法兰的连接面
10	20	25	30	40	50	60	80	100	120	150	200	250	300	
11	30	40	50	60	80	100	120	150	200	250	300	400	500	离合器的摩擦片,汽车发动机缸盖结合面
12	60	80	100	120	150	200	250	300	400	500	600	800	1 000	

表 17-8　　　　　　　　**圆度、圆柱度公差（摘自 GB/T 1184—1996）**　　　　　μm

主参数 *d*,(*D*)图例

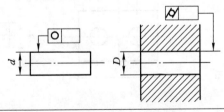

精度等级	主参数 *d*,(*D*)/mm												应用举例
	>3 ~6	>6 ~10	>10 ~18	>18 ~30	>30 ~50	>50 ~80	>80 ~120	>120 ~180	>180 ~250	>250 ~315	>315 ~400	>400 ~500	
5	1.5	1.5	2	2.5	2.5	3	4	5	7	8	9	10	安装/P6、/P0 级滚动轴承的配合面,中等压力下的液压装置工作面(包括泵、压缩机的活塞和气缸),风动绞车曲轴,通用减速器轴颈,一般机床主轴
6	2.5	2.5	3	4	4	5	6	8	10	12	13	15	

续表 17-8

精度等级	主参数 $d,(D)$/mm												应用举例
	>3~6	>6~10	>10~18	>18~30	>30~50	>50~80	>80~120	>120~180	>180~250	>250~315	>315~400	>400~500	
7	4	4	5	6	7	8	10	12	14	16	18	20	发动机的涨圈和活塞销及连杆中装衬套的孔等,千斤顶或压力油缸活塞,水泵及减速器轴颈,液压传动系统的分配机构,拖拉机气缸体,炼胶机冷铸轧辊
8	5	6	8	9	11	13	15	18	20	23	25	27	
9	8	9	11	13	16	19	22	25	29	32	36	40	起重机、卷扬机用的滑动轴承,带软密封的低压泵的活塞和气缸,通用机械杠杆与拉杆,拖拉机的活塞环与套筒孔
10	12	15	18	21	25	30	35	40	46	52	57	63	
11	18	22	27	33	39	46	54	63	72	81	89	97	
12	30	36	43	52	62	74	87	100	115	130	140	155	

表 17-9　同轴度、对称度、圆跳动和全跳动公差(摘自 GB/T 1184—1996)　　μm

主参数 $d,(D),L,B$ 图例

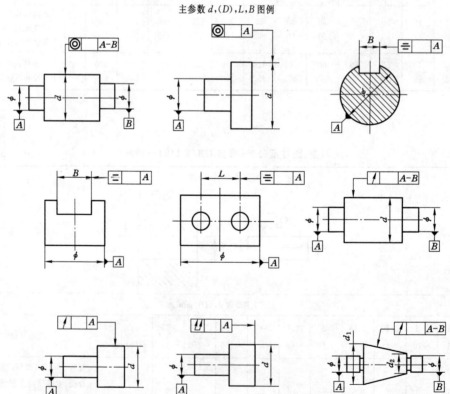

精度等级	主参数 $d,(D),L,B$/mm											应用举例
	>3~6	>6~10	>10~18	>18~30	>30~50	>50~120	>120~250	>250~500	>500~800	>800~1 250	>1 250~2 000	
5 6	3 5	4 6	5 8	6 10	8 12	10 15	12 20	15 25	20 30	25 40	30 50	6级和7级精度齿轮轴的配合面,较高精度的高速轴,汽车发动机曲轴和分配轴的支承轴颈,较高精度机床的轴套
7 8	8 12	10 15	12 20	15 25	20 30	25 40	30 50	40 60	50 80	60 100	80 120	8级和9级精度齿轮轴的配合面,拖拉机发动机分配轴轴颈,普通精度高速轴(1 000 r/min以下),长度在1 m以下的主传动轴,起重运输机的鼓轮配合孔和导轮的滚动面
9 10	25 50	30 60	40 80	50 100	60 120	80 150	100 200	120 250	150 300	200 400	250 500	10级和11级精度齿轮轴的配合面,发动机气缸套配合面,水泵叶轮离心泵泵件,摩托车活塞,自行车中轴
11 12	80 150	100 200	120 250	200 300	200 400	250 500	300 600	500 800	500 1 000	600 1 200	800 1 500	用于无特殊要求,一般按尺寸公差等级IT12制造的零件

17.3　表面粗糙度轮廓

表 17-10　　　加工方法与表面粗糙度轮廓幅度参数 R_a 值的关系　　　μm

加工方法		R_a	加工方法		R_a	加工方法		R_a
砂模铸造		80~20①	铰孔	粗铰	40~20	齿轮加工	插齿	5~1.25①
模型锻造		80~10		半精铰,精铰	2.5~0.32①		滚齿	2.5~1.25①
车外圆	粗车	20~10	拉削	半精拉	2.5~0.63		剃齿	1.25~0.32①
	半精车	10~2.5		精拉	0.32~0.16	切螺纹	板牙	10~2.5
	精车	1.25~0.32	刨削	粗刨	20~10		铣	5~1.25①
镗孔	粗镗	40~10		精刨	1.25~0.63		磨削	2.5~0.32①
	半精镗	2.5~0.63①	钳工加工	粗锉	40~10	镗磨		0.32~0.04
	精镗	0.63~0.32		细锉	10~2.5	研磨		0.63~0.16①
圆柱端铣	粗铣	20~5①		刮削	2.5~0.63	精研磨		0.08~0.02
	精铣	1.25~0.63①		研磨	1.25~0.08	抛光	一般抛	1.25~0.16
钻孔,扩孔		20~5	插削		40~2.5		精抛	0.08~0.04
锪孔,锪端面		5~1.25	磨削		5~0.01①			

注:① 为该加工方法可达到的 R_a 的极限值。

表 17-11　　　　　　轴颈和外壳孔的表面粗糙度轮廓幅度参数 R_a 值　　　　　　μm

轴颈或外壳孔的直径 /mm	轴颈或外壳孔的标准公差等级					
	IT7		IT6		IT5	
	表面粗糙度轮廓幅度参数 R_a					
	磨	车(镗)	磨	车(镗)	磨	车(镗)
≤80	≤1.6	≤3.2	≤0.8	≤1.6	≤0.4	≤0.8
>80~500	≤1.6	≤3.2	≤1.6	≤3.2	≤0.8	≤1.6
端面	≤3.2	≤6.3	≤3.2	≤6.3	≤1.6	≤3.2

17.4　渐开线圆柱齿轮精度

　　我国现行的齿轮精度标准为 GB/T 10095.1—2008《圆柱齿轮　精度制　第 1 部分:轮齿同侧齿面偏差的定义和允许值》和 GB/T 10095.2—2008《圆柱齿轮　精度制　第 2 部分:径向综合偏差与径向跳动的定义和允许值》两个部分,与 GB/Z 18620.1—2008、GB/Z 18620.2- 2008、GB/Z 18620.3—2008、GB/Z 18620.4—2008《圆柱齿轮　检验实施规范》组成一个标准和指导性技术文件的体系。

17.4.1　精度等级与检验要求

　　《圆柱齿轮　精度制　第 1 部分:轮齿同侧齿面偏差的定义和允许值》(GB/T 10095.1—2008)标准对轮齿同侧齿面的 11 项规定了 13 个精度等级,即 0、1、2、…、12 级,其中,0 级最高,12 级最低。《圆柱齿轮　精度制　第 2 部分:径向综合偏差与径向跳动的定义和允许值》(GB/T 10095.2—2008)标准对径向综合总偏差和一齿径向综合偏差规定了 4、5、…、12 共 9 个精度等级,其中 4 级最高,12 级最低。齿轮各项偏差的术语及允许值见表 17-12~表 17-24。表 17-24 为旧标准推荐值。

表 17-12　　　　　　　　　　齿轮精度标准中的术语定义及符号

精度位置	偏差种类	偏差项目	符号	定义和计算公式[①]	数值和说明图
渐开线圆柱齿轮轮齿同侧齿面偏差	齿距偏差	单个齿距偏差	Δf_{pt}	端平面上接近齿高中部的一个与齿轮轴线同心的圆上实际齿距与理论齿距的代数差 $\Delta f_{pt}=0.3(m_n+0.4d^{1/2})+4$	表 17-13 图 17-1
		齿距累积偏差	ΔF_{pk}	任意 k 个齿距的实际弧长与理论弧长的代数差,理论上等于这 k 个齿距的各单个齿距偏差的代数和,且一般 $k≤z/8$ $\Delta F_{pk}=f_{pt}+1.6[(k-1)m_n]^{1/2}$	图 17-1
		齿距累积总公差	F_p	齿轮同侧齿面任意弧段内的最大齿距积累偏差,它表现为齿距积累偏差的总幅值 $F_p=0.3m_n+1.25d^{1/2}+7$	表 17-14

精度位置	偏差种类	偏差项目	符号	定义和计算公式①	数值和说明图
渐开线圆柱齿轮轮齿同侧齿面偏差	齿廓偏差	齿廓偏差可用长度	L_{AF}	两条端面基圆切线之差,两切线分别为从基圆到可用齿廓的外界限点和内界限点,前者被齿顶、齿顶倒棱或倒圆的起始点限定(图 17-2 中 A),后者即齿根方向上内界限点被齿根圆角或根切的起始点限定(图 17-2 中 F)	图 17-2(a)
		齿廓偏差有效长度	L_{AE}	可用长度对应于有效齿廓的部分,图 17-2 中 E 为齿根上有效长度延伸到与之配对齿轮有效啮合的终止点	图 17-2(a)
		齿廓偏差齿廓计值范围	L_{α}	可用长度的一部分,除另有规定外,其长度等于 L_{AE} 的 92%	图 17-2(a)
		齿廓偏差设计齿廓		符合设计规定的齿廓,无其他规定时指齿面齿廓	
		齿廓偏差被测齿面平均齿廓		设计齿廓迹线的纵坐标减去一条斜直线的纵坐标后得到的一条迹线	
		齿廓总偏差	F_{α}	计值范围内包容实际廓线的两条设计齿廓迹线间的距离 $F_{\alpha}=3.2m_n^{1/2}+0.22d^{1/2}+0.7$	表 17-15 图 17-2(b)
		齿廓形状公差	$f_{f\alpha}$	计值范围内包容实际廓线的两条与平均齿廓迹线完全相同的区线间的距离,且两条区线与平均齿廓迹线的距离为常数	表 17-16 图 17-2(c)
		齿廓倾斜偏差	$f_{H\alpha}$	计值范围内的两段面与平均迹线相交的两条设计齿廓迹线间的距离	表 17-17 图 17-2(d)
渐开线圆柱齿轮轮齿同侧齿面偏差	螺旋线偏差	螺旋线偏差迹线长度		与齿宽成正比而不包括齿端倒角或修圆在内的长度	
		螺旋线偏差计值范围	L_{β}	5% 齿宽或等于一个模数的长度	
		螺旋线偏差设计螺旋线		符合设计规定的螺旋线	
		螺旋线偏差被测齿面平均螺旋线		设计螺旋线迹线的纵坐标减去一条斜直线的纵坐标后得到的一条迹线	
		螺旋线总偏差	F_{β}	计值范围内包括实际螺旋迹线的两条设计螺旋线间的距离 $F_{\beta}=0.1d^{1/2}+0.63b^{1/2}+4.2$	表 17-18 图 17-3(a)
		螺旋线形状公差	$f_{f\beta}$	计值范围内包括实际螺旋迹线的两条与平均螺旋线迹线完全相同的区线间的距离,且两条曲线与平均螺旋线迹线的距离为常数	表 17-19 图 17-3(b)
		螺旋线倾斜偏差	$f_{H\beta}$	计值范围内的两端与平均螺旋线迹线相交的设计螺旋间的距离	表 17-19 图 17-3(c)
	切向综合偏差	切向综合总偏差	F'_i	被测齿轮与测量齿轮单面啮合检验时被测齿轮一转内齿轮分度圆上实际圆周位移与理论圆周位移的最大差值 $F'_i=F_p+f'_i$	图 17-4

精度位置	偏差种类	偏差项目	符号	定义和计算公式①	数值和说明图
渐开线圆柱齿轮轮齿同侧齿面偏差	切向综合偏差	一齿切向综合偏差	f'_i	在一个齿距内的切向综合偏差 $f'_i = K(4.3 + f_{pt} + F_\alpha)$ 其中 $K = 0.2(\varepsilon_\gamma + 4)/\varepsilon_\gamma (\varepsilon_\gamma < 4)$ $K = 0.4(\varepsilon_\gamma \geqslant 4)$	表 17-20 图 17-4
渐开线圆柱轮齿径向综合偏差与径向跳动	径向综合偏差	径向综合总偏差	F''_i	在径向(双面)综合检验时产品齿轮的左右齿面同时与测量齿轮接触并转过一整圈时出现的中心距最大值与最小值之差	表 17-21 图 17-5
		一齿径向综合公差	f''_i	产品齿轮啮合一整圈时对应一个齿距(360/Z)的径向综合偏差值,产品齿轮所有轮齿的 f''_i 中的最大值不应超过规定的允许值	表 17-22 图 17-5
	径向跳动	径向跳动公差	F_r	侧头相继位于每个齿槽内,在近似齿高中部与左右齿面接触,其与齿轮轴线间的最大和最小径向距离之差	表 17-23 图 17-6

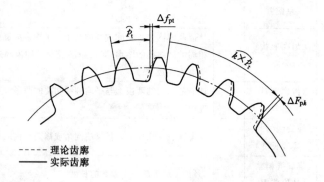

----- 理论齿廓
—— 实际齿廓

图 17-1 齿距偏差与齿距累积偏差($k = 3$)

表 17-13 　　　　　　　　　　　　单个齿距极限偏差±f_{pt} 　　　　　　　　μm

分度圆直径 d/mm	法向模数 m_n/mm	精度等级							
		5	6	7	8	9	10	11	12
$5 \leqslant d \leqslant 20$	$0.5 \leqslant m_n \leqslant 2$	4.7	6.5	9.5	13.0	19.0	26.0	37.0	53.0
	$2 < m_n \leqslant 3.5$	5.0	7.5	10.0	15.0	21.0	29.0	41.0	59.0
$20 < d \leqslant 50$	$0.5 \leqslant m_n \leqslant 2$	5.0	7.0	10.0	14.0	20.0	28.0	40.0	56.0
	$2 < m_n \leqslant 3.5$	5.5	7.5	11.0	15.0	22.0	31.0	44.0	62.0
	$3.5 < m_n \leqslant 6$	6.0	8.5	12.0	17.0	24.0	34.0	48.0	68.0
	$6 < m_n \leqslant 10$	7.0	10.0	14.0	20.0	28.0	40.0	56.0	79.0
$50 < d \leqslant 125$	$0.5 \leqslant m_n \leqslant 2$	5.5	7.5	11.0	15.0	21.0	30.0	43.0	61.0
	$2 < m_n \leqslant 3.5$	6.0	8.5	12.0	17.0	23.0	33.0	47.0	66.0
	$3.5 < m_n \leqslant 6$	6.5	9.0	13.0	18.0	26.0	36.0	52.0	73.0
	$6 < m_n \leqslant 10$	7.5	10.0	15.0	21.0	30.0	42.0	59.0	84.0
	$10 < m_n \leqslant 16$	9.0	13.0	18.0	25.0	35.0	50.0	71.0	100.0
	$16 < m_n \leqslant 25$	11.0	16.0	22.0	31.0	44.0	63.0	89.0	125.0

分度圆直径 d/mm	法向模数 m_n/mm	精度等级							
		5	6	7	8	9	10	11	12
125<d≤280	0.5≤m_n≤2	6.0	8.5	12.0	17.0	24.0	34.0	48.0	67.0
	2<m_n≤3.5	6.5	9.0	13.0	18.0	26.0	36.0	51.0	73.0
	3.5<m_n≤6	7.0	10.0	14.0	20.0	28.0	40.0	56.0	79.0
	6<m_n≤10	8.0	11.0	16.0	23.0	32.0	45.0	64.0	90.0
	10<m_n≤16	9.5	13.0	19.0	27.0	38.0	53.0	75.0	107.0
	16<m_n≤25	12.0	16.0	23.0	33.0	47.0	66.0	93.0	132.0
280<d≤560	0.5≤m_n≤2	6.5	9.5	13.0	19.0	27.0	38.0	54.0	76.0
	2<m_n≤3.5	7.0	10.0	14.0	20.0	29.0	41.0	57.0	81.0
	3.5<m_n≤6	8.0	11.0	16.0	22.0	31.0	44.0	62.0	88.0
	6<m_n≤10	8.5	12.0	17.0	25.0	35.0	49.0	70.0	99.0
	10<m_n≤16	10.0	14.0	20.0	29.0	41.0	58.0	81.0	115.0
	16<m_n≤25	12.0	18.0	25.0	35.0	50.0	70.0	99.0	140.0
560<d≤1 000	0.5≤m_n≤2	7.5	11.0	15.0	21.0	30.0	43.0	61.0	86.0
	2<m_n≤3.5	8.0	11.0	16.0	23.0	32.0	46.0	65.0	91.0
	3.5<m_n≤6	8.5	12.0	17.0	24.0	35.0	49.0	69.0	98.0
	6<m_n≤10	9.5	14.0	19.0	27.0	38.0	54.0	77.0	109.0
	10<m_n≤16	11.0	16.0	22.0	31.0	44.0	63.0	89.0	125.0
	16<m_n≤25	13.0	19.0	27.0	38.0	53.0	75.0	106.0	150.0

表 17-14　　　　　　　　　　　**齿距累积总公差 F_p**　　　　　　　　　　μm

分度圆直径 d/mm	法向模数 m_n/mm	精度等级							
		5	6	7	8	9	10	11	12
5≤d≤20	0.5≤m_n≤2	11.0	16.0	23.0	32.0	45.0	64.0	90.0	127.0
	2<m_n≤3.5	12.0	17.0	23.0	33.0	47.0	66.0	94.0	133.0
20<d≤50	0.5≤m_n≤2	14.0	20.0	29.0	41.0	57.0	81.0	115.0	162.0
	2<m_n≤3.5	15.0	21.0	30.0	42.0	59.0	84.0	119.0	168.0
	3.5<m_n≤6	15.0	22.0	31.0	44.0	62.0	87.0	123.0	174.0
	6<m_n≤10	16.0	23.0	33.0	46.0	65.0	93.0	131.0	185.0
50<d≤125	0.5≤m_n≤2	18.0	26.0	37.0	52.0	74.0	104.0	147.0	208.0
	2<m_n≤3.5	19.0	27.0	38.0	53.0	76.0	107.0	151.0	214.0
	3.5<m_n≤6	19.0	28.0	39.0	55.0	78.0	110.0	156.0	220.0
	6<m_n≤10	20.0	29.0	41.0	58.0	82.0	116.0	164.0	231.0
	10<m_n≤16	22.0	31.0	44.0	62.0	88.0	124.0	175.0	248.0
	16<m_n≤25	24.0	34.0	48.0	68.0	96.0	136.0	193.0	273.0

续表 17-14

分度圆直径	法向模数	精度等级							
d/mm	m_n/mm	5	6	7	8	9	10	11	12
125<d≤280	0.5≤m_n≤2	24.0	35.0	49.0	69.0	98.0	138.0	195.0	276.0
	2<m_n≤3.5	25.0	35.0	50.0	70.0	100.0	141.0	199.0	282.0
	3.5<m_n≤6	25.0	36.0	51.0	72.0	102.0	144.0	204.0	288.0
	6<m_n≤10	26.0	37.0	53.0	75.0	106.0	149.0	211.0	299.0
	10<m_n≤16	28.0	39.0	56.0	79.0	112.0	158.0	223.0	316.0
	16<m_n≤25	30.0	43.0	60.0	85.0	120.0	170.0	241.0	341.0
280<d≤560	0.5≤m_n≤2	32.0	46.0	64.0	91.0	129.0	182.0	257.0	364.0
	2<m_n≤3.5	33.0	46.0	65.0	92.0	131.0	185.0	261.0	370.0
	3.5<m_n≤6	33.0	47.0	66.0	94.0	133.0	188.0	266.0	376.0
	6<m_n≤10	34.0	48.0	68.0	97.0	137.0	193.0	274.0	387.0
	10<m_n≤16	36.0	50.0	71.0	101.0	143.0	202.0	285.0	404.0
	16<m_n≤25	38.0	54.0	76.0	107.0	151.0	214.0	303.0	428.0
560<d≤1 000	0.5≤m_n≤2	41.0	59.0	83.0	117.0	166.0	235.0	332.0	469.0
	2<m_n≤3.5	42.0	59.0	84.0	119.0	168.0	238.0	336.0	475.0
	3.5<m_n≤6	43.0	60.0	85.0	120.0	170.0	241.0	341.0	482.0
	6<m_n≤10	44.0	62.0	87.0	123.0	174.0	246.0	348.0	492.0
	10<m_n≤16	45.0	64.0	90.0	127.0	180.0	254.0	360.0	509.0
	16<m_n≤25	47.0	67.0	94.0	133.0	189.0	267.0	378.0	534.0

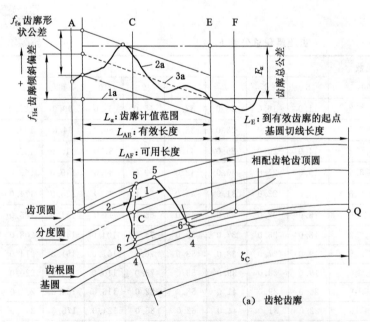

1: 设计齿廓;
1a: 设计齿廓迹线;
2: 实际齿廓;
2a: 实际齿廓迹线;
3: 平均齿廓;
3a: 平均齿廓迹线;
4: 渐开线起始点;
5: 齿顶点;
5-6: 可用齿廓;
5-7: 有效齿廓;
C-Q: C点基圆切线长度;
ζ_C: C点渐开线展开角;
Q: 滚动的起点(端面基圆切线的切点);
A: 轮齿齿顶或倒角的起点;
C: 设计齿廓在分度圆上的一点;
E: 有效齿廓起始点;
F: 可用齿廓起始点

(a) 齿轮齿廓

图 17-2　齿轮齿廓和齿廓偏差

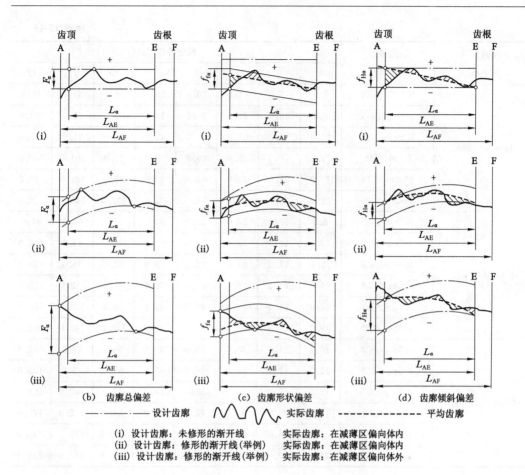

续图 17-2　齿轮齿廓和齿廓偏差

—————　设计齿廓　　〜〜〜〜　实际齿廓　　- - - - - - - -　平均齿廓

(i) 设计齿廓：未修形的渐开线　　实际齿廓：在减薄区偏向体内
(ii) 设计齿廓：修形的渐开线（举例）　实际齿廓：在减薄区偏向体内
(iii) 设计齿廓：修形的渐开线（举例）　实际齿廓：在减薄区偏向体外

表 17-15　　　　　　　　　　　**齿廓总偏差 F_α**　　　　　　　　　　μm

分度圆直径 d/mm	法向模数 m_n/mm	精度等级							
		5	6	7	8	9	10	11	12
$5 \leqslant d \leqslant 20$	$0.5 \leqslant m_n \leqslant 2$	4.6	6.5	9.0	13.0	18.0	26.0	37.0	52.0
	$2 < m_n \leqslant 3.5$	6.5	9.5	13.0	19.0	26.0	37.0	53.0	75.0
$20 < d \leqslant 50$	$0.5 \leqslant m_n \leqslant 2$	5.0	7.5	10.0	15.0	21.0	29.0	41.0	58.0
	$2 < m_n \leqslant 3.5$	7.0	10.0	14.0	20.0	29.0	40.0	57.0	81.0
	$3.5 < m_n \leqslant 6$	9.0	12.0	18.0	25.0	35.0	50.0	70.0	99.0
	$6 < m_n \leqslant 10$	11.0	15.0	22.0	31.0	43.0	61.0	87.0	123.0
$50 < d \leqslant 125$	$0.5 \leqslant m_n \leqslant 2$	6.0	8.5	12.0	17.0	23.0	33.0	47.0	66.0
	$2 < m_n \leqslant 3.5$	8.0	11.0	16.0	22.0	31.0	44.0	63.0	89.0
	$3.5 < m_n \leqslant 6$	9.5	13.0	19.0	27.0	38.0	54.0	76.0	108.0
	$6 < m_n \leqslant 10$	12.0	16.0	23.0	33.0	46.0	65.0	92.0	131.0
	$10 < m_n \leqslant 16$	14.0	20.0	28.0	40.0	56.0	79.0	112.0	159.0
	$16 < m_n \leqslant 25$	17.0	24.0	34.0	48.0	68.0	96.0	136.0	192.0

续表 17-15

分度圆直径 d/mm	法向模数 m_n/mm	精度等级							
		5	6	7	8	9	10	11	12
125<d≤280	0.5≤m_n≤2	7.0	10.0	14.0	20.0	28.0	39.0	55.0	78.0
	2<m_n≤3.5	9.0	13.0	18.0	25.0	36.0	50.0	71.0	101.0
	3.5<m_n≤6	11.0	15.0	21.0	30.0	42.0	60.0	84.0	119.0
	6<m_n≤10	13.0	18.0	25.0	36.0	50.0	71.0	101.0	143.0
	10<m_n≤16	15.0	21.0	30.0	43.0	60.0	85.0	121.0	171.0
	16<m_n≤25	18.0	25.0	36.0	51.0	72.0	102.0	144.0	204.0
280<d≤560	0.5≤m_n≤2	8.5	12.0	17.0	23.0	33.0	47.0	66.0	94.0
	2<m_n≤3.5	10.0	15.0	21.0	29.0	41.0	58.0	82.0	116.0
	3.5<m_n≤6	12.0	17.0	24.0	34.0	48.0	67.0	95.0	135.0
	6<m_n≤10	14.0	20.0	28.0	40.0	56.0	79.0	112.0	158.0
	10<m_n≤16	16.0	23.0	33.0	47.0	66.0	93.0	132.0	186.0
	16<m_n≤25	19.0	27.0	39.0	55.0	78.0	110.0	155.0	219.0
560<d≤1 000	0.5≤m_n≤2	10.0	14.0	20.0	28.0	40.0	56.0	79.0	112.0
	2<m_n≤3.5	12.0	17.0	24.0	34.0	48.0	67.0	95.0	135.0
	3.5<m_n≤6	14.0	19.0	27.0	38.0	54.0	77.0	109.0	154.0
	6<m_n≤10	16.0	22.0	31.0	44.0	62.0	88.0	125.0	177.0
	10<m_n≤16	18.0	26.0	36.0	51.0	72.0	102.0	145.0	205.0
	16<m_n≤25	21.0	30.0	42.0	59.0	84.0	119.0	168.0	238.0

表 17-16　　　　　　　　　　　齿廓形状公差 $f_{f\alpha}$　　　　　　　　μm

分度圆直径 d/mm	法向模数 m_n/mm	精度等级							
		5	6	7	8	9	10	11	12
5≤d≤20	0.5≤m_n≤2	3.5	5.0	7.0	10.0	14.0	20.0	28.0	40.0
	2<m_n≤3.5	5.0	7.0	10.0	14.0	20.0	29.0	41.0	58.0
20<d≤50	0.5≤m_n≤2	4.0	5.5	8.0	11.0	16.0	22.0	32.0	45.0
	2<m_n≤3.5	5.5	8.0	11.0	16.0	22.0	31.0	44.0	62.0
	3.5<m_n≤6	7.0	9.5	14.0	19.0	27.0	39.0	54.0	77.0
	6<m_n≤10	8.5	12.0	17.0	24.0	34.0	48.0	67.0	95.0
50<d≤125	0.5≤m_n≤2	4.5	6.5	9.0	13.0	18.0	26.0	36.0	51.0
	2<m_n≤3.5	6.0	8.5	12.0	17.0	24.0	34.0	49.0	69.0
	3.5<m_n≤6	7.5	10.0	15.0	21.0	29.0	42.0	59.0	83.0
	6<m_n≤10	9.0	13.0	18.0	25.0	36.0	51.0	72.0	101.0
	10<m_n≤16	11.0	15.0	22.0	31.0	44.0	62.0	87.0	123.0
	16<m_n≤25	13.0	19.0	26.0	37.0	53.0	75.0	106.0	149.0

续表 17-16

分度圆直径	法向模数	精度等级							
d/mm	m_n/mm	5	6	7	8	9	10	11	12
	$0.5 \leqslant m_n \leqslant 2$	5.5	7.5	11.0	15.0	21.0	30.0	43.0	60.0
	$2 < m_n \leqslant 3.5$	7.0	9.5	14.0	19.0	28.0	39.0	55.0	78.0
$125 < d \leqslant 280$	$3.5 < m_n \leqslant 6$	8.0	12.0	16.0	23.0	33.0	46.0	65.0	93.0
	$6 < m_n \leqslant 10$	10.0	14.0	20.0	28.0	39.0	55.0	78.0	111.0
	$10 < m_n \leqslant 16$	12.0	17.0	23.0	33.0	47.0	66.0	94.0	133.0
	$16 < m_n \leqslant 25$	14.0	20.0	28.0	40.0	56.0	79.0	112.0	158.0
	$0.5 \leqslant m_n \leqslant 2$	6.5	9.0	13.0	18.0	26.0	36.0	51.0	72.0
	$2 < m_n \leqslant 3.5$	8.0	11.0	16.0	22.0	32.0	45.0	64.0	90.0
$280 < d \leqslant 560$	$3.5 < m_n \leqslant 6$	9.0	13.0	18.0	26.0	37.0	52.0	74.0	104.0
	$6 < m_n \leqslant 10$	11.0	15.0	22.0	31.0	43.0	61.0	87.0	123.0
	$10 < m_n \leqslant 16$	13.0	18.0	26.0	36.0	51.0	72.0	102.0	145.0
	$16 < m_n \leqslant 25$	15.0	21.0	30.0	43.0	60.0	85.0	121.0	170.0
	$0.5 \leqslant m_n \leqslant 2$	7.5	11.0	15.0	22.0	31.0	43.0	61.0	87.0
	$2 < m_n \leqslant 3.5$	9.0	13.0	18.0	26.0	37.0	52.0	74.0	104.0
$560 < d \leqslant 1\,000$	$3.5 < m_n \leqslant 6$	11.0	15.0	21.0	30.0	42.0	59.0	84.0	119.0
	$6 < m_n \leqslant 10$	12.0	17.0	24.0	34.0	48.0	68.0	97.0	137.0
	$10 < m_n \leqslant 16$	14.0	20.0	28.0	40.0	56.0	79.0	112.0	159.0
	$16 < m_n \leqslant 25$	16.0	23.0	33.0	46.0	65.0	92.0	131.0	185.0

表 17-17 　　　　　　　　　　齿廓倾斜极限偏差 $\pm f_{H\alpha}$ 　　　　　　μm

分度圆直径	法向模数	精度等级							
d/mm	m_n/mm	5	6	7	8	9	10	11	12
$5 \leqslant d \leqslant 20$	$0.5 \leqslant m_n \leqslant 2$	2.9	4.2	6.0	8.5	12.0	17.0	24.0	33.0
	$2 < m_n \leqslant 3.5$	4.2	6.0	8.5	12.0	17.0	24.0	34.0	47.0
	$0.5 \leqslant m_n \leqslant 2$	3.3	4.6	6.5	9.5	13.0	19.0	26.0	37.0
$20 < d \leqslant 50$	$2 < m_n \leqslant 3.5$	4.5	6.5	9.0	13.0	18.0	26.0	36.0	51.0
	$3.5 < m_n \leqslant 6$	5.5	8.0	11.0	16.0	22.0	32.0	45.0	63.0
	$6 < m_n \leqslant 10$	7.0	9.5	14.0	19.0	27.0	39.0	55.0	78.0
	$0.5 \leqslant m_n \leqslant 2$	3.7	5.5	7.5	11.0	15.0	21.0	30.0	42.0
	$2 < m_n \leqslant 3.5$	5.0	7.0	10.0	14.0	20.0	28.0	40.0	57.0
	$3.5 < m_n \leqslant 6$	6.0	8.5	12.0	17.0	24.0	34.0	48.0	68.0
$50 < d \leqslant 125$	$6 < m_n \leqslant 10$	7.5	10.0	15.0	21.0	29.0	41.0	58.0	83.0
	$10 < m_n \leqslant 16$	9.0	13.0	18.0	25.0	35.0	50.0	71.0	100.0
	$16 < m_n \leqslant 25$	11.0	15.0	21.0	30.0	43.0	60.0	86.0	121.0

分度圆直径	法向模数	精度等级							
d/mm	m_n/mm	5	6	7	8	9	10	11	12
	$0.5 \leqslant m_n \leqslant 2$	4.4	6.0	9.0	12.0	18.0	25.0	35.0	50.0
	$2 < m_n \leqslant 3.5$	5.5	8.0	11.0	16.0	23.0	32.0	45.0	64.0
$125 < d \leqslant 280$	$3.5 < m_n \leqslant 6$	6.5	9.5	13.0	19.0	27.0	38.0	54.0	76.0
	$6 < m_n \leqslant 10$	8.0	11.0	16.0	23.0	32.0	45.0	64.0	90.0
	$10 < m_n \leqslant 16$	9.5	13.0	19.0	27.0	38.0	54.0	76.0	108.0
	$16 < m_n \leqslant 25$	11.0	16.0	23.0	32.0	45.0	64.0	91.0	129.0
	$0.5 \leqslant m_n \leqslant 2$	5.5	7.5	11.0	15.0	21.0	30.0	42.0	60.0
	$2 < m_n \leqslant 3.5$	6.5	9.0	13.0	18.0	26.0	37.0	52.0	74.0
$280 < d \leqslant 560$	$3.5 < m_n \leqslant 6$	7.5	11.0	15.0	21.0	30.0	43.0	61.0	86.0
	$6 < m_n \leqslant 10$	9.0	13.0	18.0	25.0	35.0	50.0	71.0	100.0
	$10 < m_n \leqslant 16$	10.0	15.0	21.0	29.0	42.0	59.0	83.0	118.0
	$16 < m_n \leqslant 25$	12.0	17.0	24.0	35.0	49.0	69.0	98.0	138.0
	$0.5 \leqslant m_n \leqslant 2$	6.5	9.0	13.0	18.0	25.0	36.0	51.0	72.0
	$2 < m_n \leqslant 3.5$	7.5	11.0	15.0	21.0	30.0	43.0	61.0	86.0
$560 < d \leqslant 1\,000$	$3.5 < m_n \leqslant 6$	8.5	12.0	17.0	24.0	34.0	49.0	69.0	97.0
	$6 < m_n \leqslant 10$	10.0	14.0	20.0	28.0	40.0	56.0	79.0	112.0
	$10 < m_n \leqslant 16$	11.0	16.0	23.0	32.0	46.0	65.0	92.0	129.0
	$16 < m_n \leqslant 25$	13.0	19.0	27.0	38.0	53.0	75.0	106.0	150.0

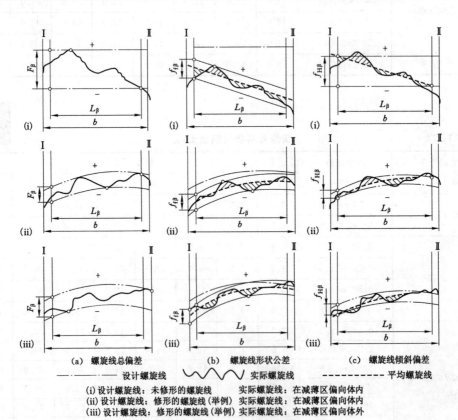

(a) 螺旋线总偏差　　　(b) 螺旋线形状公差　　　(c) 螺旋线倾斜偏差

———— 设计螺旋线　　〜〜〜〜 实际螺旋线　　--------- 平均螺旋线

(i) 设计螺旋线：未修形的螺旋线　　　实际螺旋线：在减薄区偏向体内
(ii) 设计螺旋线：修形的螺旋线（举例）　实际螺旋线：在减薄区偏向体内
(iii) 设计螺旋线：修形的螺旋线（举例）　实际螺旋线：在减薄区偏向体外

图 17-3　螺旋线偏差

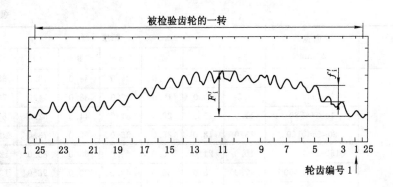

图 17-4 切向综合偏差

表 17-18		螺旋线总偏差 F_β							μm
分度圆直径 d/mm	齿宽 b/mm	精度等级							
		5	6	7	8	9	10	11	12
5≤d≤20	4≤b≤10	6.0	8.5	12.0	17.0	24.0	35.0	49.0	69.0
	10<b≤20	7.0	9.5	14.0	19.0	28.0	39.0	55.0	78.0
	20<b≤40	8.0	11.0	16.0	22.0	31.0	45.0	63.0	89.0
	40<b≤80	9.5	13.0	19.0	26.0	37.0	52.0	74.0	105.0
20<d≤50	4≤b≤10	6.5	9.0	13.0	18.0	25.0	36.0	51.0	72.0
	10<b≤20	7.0	10.0	14.0	20.0	29.0	40.0	57.0	81.0
	20<b≤40	8.0	11.0	16.0	23.0	32.0	46.0	65.0	92。0
	40<b≤80	9.5	13.0	19.0	27.0	38.0	54.0	76.0	107.0
	80<b≤160	11.0	16.0	23.0	32.0	46.0	65.0	92.0	130.0
50<d≤125	4≤b≤10	6.5	9.5	13.0	19.0	27.0	38.0	53.0	76.0
	10<b≤20	7.5	11.0	15.0	21.0	30.0	42.0	60.0	84.0
	20<b≤40	8.5	12.0	17.0	24.0	34.0	48.0	68.0	95.0
	40<b≤80	10.0	14.0	20.0	28.0	39.0	56.0	79.0	111.0
	80<b≤160	12.0	17.0	24.0	33.0	47.0	67.0	94.0	133.0
	160<b≤250	14.0	20.0	28.0	40.0	56.0	79.0	112.0	158.0
	250<b≤400	16.0	23.0	33.0	46.0	65.0	92.0	130.0	184.0
125<d≤280	4≤b≤10	7.0	10.0	14.0	20.0	29.0	40.0	57.0	81.0
	10<b≤20	8.0	11.0	16.0	22.0	32.0	45.0	63.0	90.0
	20<b≤40	9.0	13.0	18.0	25.0	36.0	50.0	71.0	101.0
	40<b≤80	10.0	15.0	21.0	29.0	41.0	58.0	82.0	117.0
	80<b≤160	12.0	17.0	25.0	35.0	49.0	69.0	98.0	139.0
	160<b≤250	14.0	20.0	29.0	41.0	58.0	82.0	116.0	164.0
	250<b≤400	17.0	24.0	34.0	47.0	67.0	95.0	134.0	190.0
	400<b≤650	20.0	28.0	40.0	56.0	79.0	112.0	158.0	224.0

分度圆直径	齿宽	精度等级							
d/mm	b/mm	5	6	7	8	9	10	11	12
	$10<b\leqslant20$	8.5	12.0	17.0	24.0	34.0	48.0	68.0	97.0
	$20<b\leqslant40$	9.5	13.0	19.0	27.0	38.0	54.0	76.0	108.0
	$40<b\leqslant80$	11.0	15.0	22.0	31.0	44.0	62.0	87.0	124.0
$280<d\leqslant560$	$80<b\leqslant160$	13.0	18.0	26.0	36.0	52.0	73.0	103.0	146.0
	$160<b\leqslant250$	15.0	21.0	30.0	43.0	60.0	85.0	121.0	171.0
	$250<b\leqslant400$	17.0	25.0	35.0	49.0	70.0	98.0	139.0	197.0
	$400<b\leqslant650$	20.0	29.0	41.0	58.0	82.0	115.0	163.0	231.0
	$650<b\leqslant1\,000$	24.0	34.0	48.0	68.0	96.0	136.0	193.0	272.0
	$10<b\leqslant20$	9.5	13.0	19.0	26.0	37.0	53.0	74.0	105.0
	$20<b\leqslant40$	10.0	15.0	21.0	29.0	41.0	58.0	82.0	116.0
	$40<b\leqslant80$	12.0	17.0	23.0	33.0	47.0	66.0	93.0	132.0
$560<d\leqslant1\,000$	$80<b\leqslant160$	14.0	19.0	27.0	39.0	55.0	77.0	109.0	154.0
	$160<b\leqslant250$	16.0	22.0	32.0	45.0	63.0	90.0	127.0	179.0
	$250<b\leqslant400$	18.0	26.0	36.0	51.0	73.0	103.0	145.0	205.0
	$400<b\leqslant650$	21.0	30.0	42.0	60.0	85.0	120.0	169.0	239.0
	$650<b\leqslant1\,000$	25.0	35.0	50.0	70.0	99.0	140.0	199.0	281.0

表 17-19　　　螺旋线形状公差 $F_{f\beta}$ 和螺旋线倾斜极限偏差 $\pm f_{H\beta}$ 　　　　μm

分度圆直径	齿宽	精度等级							
d/mm	b/mm	5	6	7	8	9	10	11	12
	$4\leqslant b\leqslant10$	4.4	6.0	8.5	12.0	17.0	25.0	35.0	49.0
$5\leqslant d\leqslant20$	$10<b\leqslant20$	4.9	7.0	10.0	14.0	20.0	28.0	39.0	56.0
	$20<b\leqslant40$	5.5	8.0	11.0	16.0	22.0	32.0	45.0	64.0
	$40<b\leqslant80$	6.5	9.5	13.0	19.0	26.0	37.0	53.0	75.0
	$4\leqslant b\leqslant10$	4.5	6.5	9.0	13.0	18.0	26.0	36.0	51.0
	$10<b\leqslant20$	5.0	7.0	10.0	14.0	20.0	29.0	41.0	58.0
$20<d\leqslant50$	$20<b\leqslant40$	6.0	8.0	12.0	16.0	23.0	33.0	46.0	65.0
	$40<b\leqslant80$	7.0	9.5	14.0	19.0	27.0	38.0	54.0	77.0
	$80<b\leqslant160$	8.0	12.0	16.0	23.0	33.0	46.0	65.0	93.0
	$4\leqslant b\leqslant10$	4.8	6.5	9.5	13.0	19.0	27.0	38.0	54.0
	$10<b\leqslant20$	5.5	7.5	11.0	15.0	21.0	30.0	43.0	60.0
	$20<b\leqslant40$	6.0	8.5	12.0	17.0	24.0	34.0	48.0	68.0
$50<d\leqslant125$	$40<b\leqslant80$	7.0	10.0	14.0	20.0	28.0	40.0	56.0	79.0
	$80<b\leqslant160$	8.5	12.0	17.0	24.0	34.0	48.0	67.0	95.0
	$160<b\leqslant250$	10.0	14.0	20.0	28.0	40.0	56.0	80.0	113.0
	$250<b\leqslant400$	12.0	16.0	23.0	33.0	46.0	66.0	93.0	132.0

分度圆直径	齿宽	精度等级							
d/mm	b/mm	5	6	7	8	9	10	11	12
125<d≤280	4≤b≤10	5.0	7.0	10.0	14.0	20.0	29.0	41.0	58.0
	10<b≤20	5.5	8.0	11.0	16.0	23.0	32.0	45.0	64.0
	20<b≤40	6.5	9.0	13.0	18.0	25.0	36.0	51.0	72.0
	40<b≤80	7.5	10.0	15.0	21.0	29.0	42.0	59.0	83.0
	80<b≤160	8.5	12.0	17.0	25.0	35.0	49.0	70.0	99.0
	160<b≤250	10.0	15.0	21.0	29.0	41.0	58.0	83.0	117.0
	250<b≤400	12.0	17.0	24.0	34.0	48.0	68.0	96.0	135.0
	400<b≤650	14.0	20.0	28.0	40.0	56.0	80.0	113.0	160.0
280<d≤560	10<b≤20	6.0	8.5	12.0	17.0	24.0	34.0	49.0	69.0
	20<b≤40	7.0	9.5	14.0	19.0	27.0	38.0	54.0	77.0
	40<b≤80	8.0	11.0	16.0	22.0	31.0	44.0	62.0	88.0
	80<b≤160	9.0	13.0	18.0	26.0	37.0	52.0	73.0	104.0
	160<b≤250	11.0	15.0	22.0	30.0	43.0	61.0	86.0	122.0
	250<b≤400	12.0	18.0	25.0	35.0	50.0	70.0	99.0	140.0
	400<b≤650	15.0	21.0	29.0	41.0	58.0	82.0	116.0	165.0
	650<b≤1000	17.0	24.0	34.0	49.0	69.0	97.0	137.0	194.0
560<d≤1 000	10<b≤20	6.5	9.5	13.0	19.0	26.0	37.0	53.0	75.0
	20<b≤40	7.5	10.0	15.0	21.0	29.0	41.0	58.0	83.0
	40<b≤80	8.5	12.0	17.0	23.0	33.0	47.0	66.0	94.0
	80<b≤160	9.5	14.0	19.0	27.0	39.0	55.0	78.0	110.0
	160<b≤250	11.0	16.0	23.0	32.0	45.0	64.0	90.0	128.0
	250<b≤400	13.0	18.0	26.0	37.0	52.0	73.0	103.0	146.0
	400<b≤650	15.0	21.0	30.0	43.0	60.0	85.0	121.0	171.0
	650<b≤1 000	18.0	25.0	35.0	50.0	71.0	100.0	142.0	200.0

表 17-20 f'_i/K **的比值** μm

分度圆直径	法向模数	精度等级							
d/mm	m_n/mm	5	6	7	8	9	10	11	12
5≤d≤20	0.5≤m_n≤2	14.0	19.0	27.0	38.0	54.0	77.0	109.0	154.0
	2<m_n≤3.5	16.0	23.0	32.0	45.0	64.0	91.0	129.0	182.0
20<d≤50	0.5≤m_n≤2	14.0	20.0	29.0	41.0	58.0	82.0	115.0	163.0
	2<m_n≤3.5	17.0	24.0	34.0	48.0	68.0	96.0	135.0	191.0
	3.5<m_n≤6	19.0	27.0	38.0	54.0	77.0	108.0	153.0	217.0
	6<m_n≤10	22.0	31.0	44.0	63.0	89.0	125.0	177.0	251.0

续表 17-20

分度圆直径	法向模数	精度等级							
d/mm	m_n/mm	5	6	7	8	9	10	11	12
50<d≤125	0.5≤m_n≤2	16.0	22.0	31.0	44.0	62.0	88.0	124.0	176.0
	2<m_n≤3.5	18.0	25.0	36.0	51.0	72.0	102.0	144.0	204.0
	3.5<m_n≤6	20.0	29.0	40.0	57.0	81.0	115.0	162.0	229.0
	6<m_n≤10	23.0	33.0	47.0	66.0	93.0	132.0	186.0	263.0
	10<m_n≤16	27.0	38.0	54.0	77.0	109.0	154.0	218.0	308.0
	16<m_n≤25	32.0	46.0	65.0	91.0	129.0	183.0	259.0	366.0
125<d≤280	0.5≤m_n≤2	17.0	24.0	34.0	49.0	69.0	97.0	137.0	194.0
	2<m_n≤3.5	20.0	28.0	39.0	56.0	79.0	111.0	157.0	222.0
	3.5<m_n≤6	22.0	31.0	44.0	62.0	88.0	124.0	175.0	247.0
	6<m_n≤10	25.0	35.0	50.0	70.0	100.0	141.0	199.0	281.0
	10<m_n≤16	29.0	41.0	58.0	82.0	115.0	163.0	231.0	326.0
	16<m_n≤25	34.0	48.0	68.0	96.0	136.0	192.0	272.0	384.0
280<d≤560	0.5≤m_n≤2	19.0	27.0	39.0	54.0	77.0	109.0	154.0	218.0
	2<m_n≤3.5	22.0	31.0	44.0	62.0	87.0	123.0	174.0	246.0
	3.5<m_n≤6	24.0	34.0	48.0	68.0	96.0	136.0	192.0	271.0
	6<m_n≤10	27.0	38.0	54.0	76.0	108.0	153.0	216.0	305.0
	10<m_n≤16	31.0	44.0	62.0	88.0	124.0	175.0	248.0	350.0
	16<m_n≤25	36.0	51.0	72.0	102.0	144.0	204.0	289.0	408.0
560<d≤1 000	0.5≤m_n≤2	22.0	31.0	44.0	62.0	87.0	123.0	174.0	247.0
	2<m_n≤3.5	24.0	34.0	49.0	69.0	97.0	137.0	194.0	275.0
	3.5<m_n≤6	27.0	38.0	53.0	75.0	106.0	150.0	212.0	300.0
	6<m_n≤10	30.0	42.0	59.0	84.0	118.0	167.0	236.0	334.0
	10<m_n≤16	33.0	47.0	67.0	95.0	134.0	189.0	268.0	379.0
	16<m_n≤25	39.0	55.0	77.0	109.0	154.0	218.0	309.0	437.0

表 17-21 径向综合总偏差 F''_i μm

分度圆直径	法向模数	精度等级							
d/mm	m_n/mm	5	6	7	8	9	10	11	12
5≤d≤20	0.5<m_n≤0.8	12	16	23	33	46	66	93	131
	0.8<m_n≤1.0	12	18	25	35	50	70	100	141
	1.0<m_n≤1.5	14	19	27	38	54	76	108	153
	1.5<m_n≤2.5	16	22	32	45	63	89	126	179
	2.5<m_n≤4.0	20	28	39	56	79	112	158	223

分度圆直径	法向模数	精度等级							
d/mm	m_n/mm	5	6	7	8	9	10	11	12
20<d≤50	0.5<m_n≤0.8	14	20	28	40	56	80	113	160
	0.8<m_n≤1.0	15	21	30	42	60	85	120	169
	1.0<m_n≤1.5	16	23	32	45	64	91	128	181
	1.5<m_n≤2.5	18	26	37	52	73	103	146	207
	2.5<m_n≤4.0	22	31	44	63	89	126	178	251
	4.0<m_n≤6.0	28	39	56	79	111	157	222	314
	6.0<m_n≤10	37	52	74	104	147	209	295	417
50<d≤125	0.5<m_n≤0.8	17	25	35	49	70	98	139	197
	0.8<m_n≤1.0	18	26	36	52	73	103	146	206
	1.0<m_n≤1.5	19	27	39	55	77	109	154	218
	1.5<m_n≤2.5	22	31	43	61	86	122	173	244
	2.5<m_n≤4.0	25	36	51	72	102	144	204	288
	4.0<m_n≤6.0	31	44	62	88	124	176	248	351
	6.0<m_n≤10	40	57	80	114	161	227	321	454
125<d≤280	0.5<m_n≤0.8	22	31	44	63	89	126	178	252
	0.8<m_n≤1.0	23	33	46	65	92	131	185	261
	1.0<m_n≤1.5	24	34	48	68	97	137	193	273
	1.5<m_n≤2.5	26	37	53	75	106	149	211	299
	2.5<m_n≤4.0	30	43	61	86	121	172	243	343
	4.0<m_n≤6.0	36	51	72	102	144	203	287	406
	6.0<m_n≤10	45	64	90	127	180	255	360	509
280<d≤560	0.5<m_n≤0.8	29	40	57	81	114	161	228	323
	0.8<m_n≤1.0	29	42	59	83	117	166	235	332
	1.0<m_n≤1.5	30	43	61	86	122	172	243	344
	1.5<m_n≤2.5	33	46	65	92	131	185	262	370
	2.5<m_n≤4.0	37	52	73	104	146	207	293	414
	4.0<m_n≤6.0	42	60	84	119	169	239	337	477
	6.0<m_n≤10	51	73	103	145	205	290	410	580
560<d≤1 000	0.5<m_n≤0.8	36	51	72	102	144	204	288	408
	0.8<m_n≤1.0	37	52	74	104	148	209	295	417
	1.0<m_n≤1.5	38	54	76	107	152	215	304	429
	1.5<m_n≤2.5	40	57	80	114	161	228	322	455
	2.5<m_n≤4.0	44	62	88	125	177	250	353	499
	4.0<m_n≤6.0	50	70	99	141	199	281	398	562
	6.0<m_n≤10	59	83	118	166	235	333	471	665

表 17-22　　　　　　　　　　　　一齿径向综合公差 f_i''　　　　　　　　　　　　　　　μm

分度圆直径 d/mm	法向模数 m_n/mm	精度等级							
		5	6	7	8	9	10	11	12
$5 \leqslant d \leqslant 20$	$0.5 < m_n \leqslant 0.8$	2.5	4.0	5.5	7.5	11	15	22	31
	$0.8 < m_n \leqslant 1.0$	3.5	5.0	7.0	10	14	20	28	39
	$1.0 < m_n \leqslant 1.5$	4.5	6.5	9.0	13	18	25	36	50
	$1.5 < m_n \leqslant 2.5$	6.5	9.5	13	19	26	37	53	74
	$2.5 < m_n \leqslant 4.0$	10	14	20	29	41	58	82	115
$20 < d \leqslant 50$	$0.5 < m_n \leqslant 0.8$	2.5	4.0	5.5	7.5	11	15	22	31
	$0.8 < m_n \leqslant 1.0$	3.5	5.0	7.0	10	14	20	28	40
	$1.0 < m_n \leqslant 1.5$	4.5	6.5	9.0	13	18	25	36	51
	$1.5 < m_n \leqslant 2.5$	6.5	9.5	13	19	26	37	53	75
	$2.5 < m_n \leqslant 4.0$	10	14	20	29	41	58	82	116
	$4.0 < m_n \leqslant 6.0$	15	22	31	43	61	87	123	174
	$6.0 < m_n \leqslant 10$	24	34	48	67	95	135	190	269
$50 < d \leqslant 125$	$0.5 < m_n \leqslant 0.8$	2.0	2.5	3.5	5.0	7.5	10	15	21
	$0.8 < m_n \leqslant 1.0$	3.0	4.0	5.5	8.0	11	16	22	31
	$1.0 < m_n \leqslant 1.5$	3.5	5.0	7.0	10	14	20	28	40
	$1.5 < m_n \leqslant 2.5$	4.5	6.5	9.0	13	18	26	36	51
	$2.5 < m_n \leqslant 4.0$	6.5	9.5	13	19	26	37	53	75
	$4.0 < m_n \leqslant 6.0$	10	14	20	29	41	58	82	116
	$6.0 < m_n \leqslant 10$	15	22	31	44	62	87	123	174
$125 < d \leqslant 280$	$0.5 < m_n \leqslant 0.8$	3.0	4.0	5.5	8.0	11	16	22	32
	$0.8 < m_n \leqslant 1.0$	3.5	5.0	7.0	10	14	20	29	41
	$1.0 < m_n \leqslant 1.5$	4.5	6.5	9.0	13	18	26	36	52
	$1.5 < m_n \leqslant 2.5$	6.5	9.5	13	19	27	38	53	75
	$2.5 < m_n \leqslant 4.0$	10	15	21	29	41	58	82	116
	$4.0 < m_n \leqslant 6.0$	15	22	31	44	62	87	124	175
	$6.0 < m_n \leqslant 10$	24	34	48	67	95	135	191	270
$280 < d \leqslant 560$	$0.5 < m_n \leqslant 0.8$	3.0	4.0	5.5	8.0	11	16	23	32
	$0.8 < m_n \leqslant 1.0$	3.5	5.0	7.5	10	15	21	29	41
	$1.0 < m_n \leqslant 1.5$	4.5	6.5	9.0	13	18	26	37	52
	$1.5 < m_n \leqslant 2.5$	6.5	9.5	13	19	27	38	54	76
	$2.5 < m_n \leqslant 4.0$	10	15	21	29	41	59	83	117
	$4.0 < m_n \leqslant 6.0$	15	22	31	44	62	88	124	175
	$6.0 < m_n \leqslant 10$	24	24	48	68	96	135	191	271
$560 < d \leqslant 1\,000$	$0.5 < m_n \leqslant 0.8$	3.0	4.0	6.0	8.5	12	17	24	33
	$0.8 < m_n \leqslant 1.0$	3.5	5.5	7.5	11	15	21	30	42
	$1.0 < m_n \leqslant 1.5$	4.5	6.5	9.5	13	19	27	38	53
	$1.5 < m_n \leqslant 2.5$	7.0	9.5	14	19	27	38	54	77
	$2.5 < m_n \leqslant 4.0$	10	15	21	30	42	59	83	118
	$4.0 < m_n \leqslant 6.0$	16	22	31	44	62	88	125	176
	$6.0 < m_n \leqslant 10$	24	34	48	68	96	136	192	272

表 17-23 径向跳动公差 F_r μm

分度圆直径 d/mm	法向模数 m_n/mm	精度等级							
		5	6	7	8	9	10	11	12
5≤d≤20	0.5≤m_n≤2	9.0	13	18	25	36	51	72	102
	2<m_n≤3.5	9.5	13	19	27	38	53	75	106
20<d≤50	0.5≤m_n≤2	11	16	23	32	46	65	92	130
	2<m_n≤3.5	12	17	24	34	47	67	95	134
	3.5<m_n≤6	12	17	25	35	49	70	99	139
	6<m_n≤10	13	19	26	37	52	74	105	148
50<d≤125	0.5≤m_n≤2	15	21	29	42	59	83	118	167
	2<m_n≤3.5	15	21	30	43	61	86	121	171
	3.5<m_n≤6	16	22	31	44	62	88	125	176
	6<m_n≤10	16	23	33	46	65	92	131	185
	10<m_n≤16	18	25	35	50	70	99	140	198
	16<m_n≤25	19	27	39	55	77	109	154	218
125<d≤280	0.5≤m_n≤2	20	28	39	55	78	110	156	221
	2<m_n≤3.5	20	28	40	56	80	113	159	225
	3.5<m_n≤6	20	29	41	58	82	115	163	231
	6<m_n≤10	21	30	42	60	85	120	169	239
	10<m_n≤16	22	32	45	63	89	126	179	252
	16<m_n≤25	24	34	48	68	96	136	193	272
280<d≤560	0.5≤m_n≤2	26	36	51	73	103	146	206	291
	2<m_n≤3.5	26	37	52	74	105	148	209	296
	3.5<m_n≤6	27	38	53	75	106	150	213	301
	6<m_n≤10	27	39	55	77	109	155	219	310
	10<m_n≤16	29	40	57	81	114	161	228	323
	16<m_n≤25	30	43	61	86	121	171	242	343
560<d≤1 000	0.5≤m_n≤2	33	47	66	94	133	188	266	376
	2<m_n≤3.5	34	48	67	95	134	190	269	380
	3.5<m_n≤6	34	48	68	96	136	193	272	385
	6<m_n≤10	35	49	70	98	139	197	279	394
	10<m_n≤16	36	51	72	102	144	204	288	407
	16<m_n≤25	38	53	76	107	151	214	302	427

表 17-24	基节极限偏差士 f_{pb}				μm

分度圆直径 d/mm	法向模数 m_n/mm	精度等级			
		6	7	8	9
$d \leqslant 125$	$1 < m_n \leqslant 3.5$	9	13	18	25
	$3.5 < m_n \leqslant 6.3$	11	16	22	32
	$6.3 < m_n \leqslant 10$	13	18	25	36
$125 < d \leqslant 400$	$1 < m_n \leqslant 3.5$	10	14	20	30
	$3.5 < m_n \leqslant 6.3$	13	18	25	36
	$6.3 < m_n \leqslant 10$	14	20	30	40
$400 < d \leqslant 800$	$1 < m_n \leqslant 3.5$	11	16	22	32
	$3.5 < m_n \leqslant 6.3$	13	18	25	36
	$6.3 < m_n \leqslant 10$	16	22	32	45

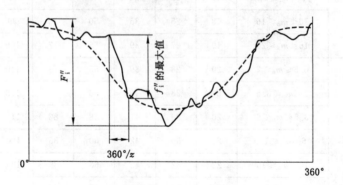

图 17-5　径向综合偏差

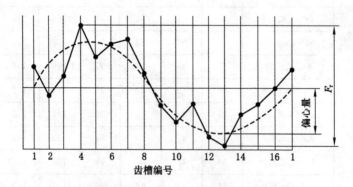

图 17-6　一个齿轮（16 齿）的径向跳动

17.4.2 齿轮与齿轮副检验项目的确定

（1）齿轮检验项目的确定

在齿轮检验中，没有必要测量全部齿轮要素的偏差。标准规定以下项目不是必检项目：

① 齿廓和螺旋线的形状偏差和倾斜偏差（$f_{f\alpha}$、$f_{H\alpha}$、$F_{f\beta}$、$F_{H\beta}$）——为了进行工艺分析或其他某些目的才用；

② 切向综合偏差（F'_i、f'_i）——可以用来代替齿距偏差；

③ 齿距累积偏差（ΔF_{pk}）——一般高速齿轮使用；

④ 径向综合偏差（F''_i、f''_i）与径向跳动（F_r）——它们反映齿轮误差不够全面，只能作为辅助检验项目。

因此，齿轮检验项目主要为：单个齿距偏差、齿距累积总公差、齿廓总偏差、螺旋线总偏差。它们分别控制运动的准确性、平稳性和载荷均匀性。我们把单个齿轮按照满足控制运动的准确性、平稳性和载荷均匀性的要求，归纳为以下组合选择：

① Δf_{pt}、F_p、F_α、F_β、F_r；

② Δf_{pt}、ΔF_{pk}、F_p、F_α、F_β、F_r；

③ F'_i、f''_i；

④ f_{pt}、F_r（10～12 级）；

⑤ F'_i、f'_i（协议有要求时）。

还要控制齿轮副侧隙。

（2）齿轮副的检验项目

对于齿轮副来说，最终必须满足齿轮传动装置在工作条件下的传动准确性、平稳性、载荷均匀性和侧隙合理性 4 个方面的使用要求。一般对齿轮副接触斑点、侧隙以及齿轮副的切向综合总偏差、一齿切向综合偏差达到要求，则此齿轮副即认为合格。

17.4.3 齿轮副的法向侧隙

齿轮副的法向侧隙与法向齿厚、公法线长度、油膜厚度等有密切的函数关系。因此，齿轮副的法向侧隙应按工作条件，用最小法向侧隙来加以控制。

最小法向侧隙是当一个齿轮的轮齿以最大允许实效齿厚与另一个也具有最大允许实效齿厚的相配齿轮在最紧的允许中心距相啮合时，在静态条件下的最小允许侧隙，如图 17-7 所示。它用来补偿由于轴承、箱体、轴等零件的制造、安装误差以及润滑、温度的影响，以保证在带负载运行于最不利的工作条件下仍有足够的侧隙。

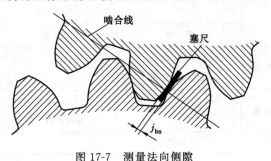

图 17-7　测量法向侧隙

齿轮副最小法向侧隙的确定方法包括：经验法、查表法和计算法。其中，对于查表法，GB/Z 18620.2—2008 在附录中列出了工业传动装置推荐的最小侧隙，如表 17-25 所示，该推荐值适用于大、中模数黑色金属制造的齿轮和箱体，工作时节圆线速度小于 15 m/s，其箱体、轴和轴承采用常用的商业制造公差。

表 17-25　　中、大模数齿轮最小侧隙 j_{bnmin} 的推荐值　　　　　　　mm

模数	最小中心距					
m_n/mm	50	100	200	400	800	1600
1.5	0.09	0.11				
2	0.10	0.12	0.15			
3	0.12	0.14	0.17	0.24		
5		0.18	0.21	0.28		
8		0.24	0.27	0.34	0.47	
12			0.35	0.42	0.55	
18				0.54	0.67	0.94

17.4.4　齿轮坯精度

齿轮坯精度，按照 GB/Z 18620.3—2008 检验规定，表 17-26 至表 17-28 分别为齿轮工作及制造安装面的尺寸公差、形状公差、工作轴线的跳动公差。

表 17-26　　基准面与安装面的尺寸公差

齿轮精度等级	6	7	8	9
孔	IT6	IT7		IT8
轴颈	IT5	IT6		IT7
齿顶圆柱面	IT8			IT9

表 17-27　　基准面与安装面的形状公差

确定轴线的基准面	公差项目		
	圆　度	圆柱度	平面度
两个短圆柱面或圆锥形基准面	$0.04(L/b)F_\beta$ 或 $0.1F_p$ 取两者中小值		
一个长圆柱面或圆锥形基准面		$0.04(L/b)F_\beta$ 或 $0.1F_p$ 取两者中小值	
一个短圆柱面和一个端面	$0.06F_p$		$0.06(D_d/b)F_\beta$

表 17-28	安装面的跳动公差		
确定轴线的基准面	跳动量项目		
	径　向		轴　向
仅指圆柱或圆锥形基准面	$0.15(L/b)F_\beta$ 或 $0.3F_p$ 取两者中大值		
一个长圆柱面基准面和一个端面基准面	$0.3F_p$		$0.2(D_d/b)F_\beta$

17.4.5　齿轮副中心距极限偏差

齿轮副中心距极限偏差 $\pm f_a$ 是指在箱体两侧轴承跨距范围内,齿轮副的两条轴线之间的实际距离(实际中心距)与公称中心距 a 之差。图样上标注公称中心距及其上下偏差 $\pm f_a$:$a\pm f_a$。f_a 的数值按齿轮精度等级从表 17-29(摘自 GB/T 10095—1988)选用。

表 17-29		齿轮副中心距极限偏差 $\pm f_a$ 值					
齿轮精度等级		1~2	3~4	5~6	7~8	9~10	11~12
f_a		$\frac{1}{2}$IT4	$\frac{1}{2}$IT6	$\frac{1}{2}$IT7	$\frac{1}{2}$IT8	$\frac{1}{2}$IT9	$\frac{1}{2}$IT11
齿轮副的中心距 /mm	>80~120	5	11	17.5	27	43.5	110
	>120~180	6	12.5	20	31.5	50	125
	>180~250	7	14.5	23	36	57.5	145
	>250~315	8	16	26	40.5	65	160
	>315~400	9	18	28.5	44.5	70	180

17.5　锥齿轮精度

17.5.1　精度等级与检验要求

标准 GB/T 11365—1989 对锥齿轮及齿轮副规定有 12 个精度等级,1 级精度最高,12 级精度最低。锥齿轮副中两锥齿轮一般取相同精度等级,也允许取不同精度等级。

按照公差的特性对传动性能的影响,将锥齿轮与齿轮副的公差项目分成三个公差组(表 17-29)。根据使用要求的不同,允许各公差组以不同精度等级组合,但对齿轮副中两齿轮的同一公差组,应规定同一精度等级。

表 17-29　　　　　　　　　锥齿轮各项公差的分组

公差组	公差与极限偏差项目	误差特性	对传动性能的主要影响
Ⅰ	F'_i、F_{pk}、$F''_{i\Sigma}$、F_r、F_p	以齿轮一转为周期的误差	传递运动的准确性
Ⅱ	f'_i、$f''_{i\Sigma}$、$f'_{\Sigma K}$、$\pm f_{pt}$、f_c	在齿轮一周内,多次周期地重复出现的误差	传动的平稳性
Ⅲ	接触斑点	齿向线的误差	载荷分布的均匀性

注:F'_i表示切向综合总公差;F_r表示齿圈跳动公差;F_p表示齿距累积总公差;F_{pk}表示k个齿距累积公差;$F''_{i\Sigma}$表示轴交角综合公差;f'_i表示齿切向综合公差;$f''_{i\Sigma}$表示轴交角综合公差;$f'_{\Sigma K}$表示周期误差的公差;$\pm f_{pt}$表示齿距极限偏差;f_c表示齿形相对误差的公差。

锥齿轮精度应根据传动用途、使用条件、传递功率、圆周速度以及其他技术要求决定。锥齿轮第Ⅱ组公差的精度主要根据圆周速度决定(表 17-30)。

表 17-30　　　　　　　　　锥齿轮第Ⅱ组精度等级的选择

第Ⅱ组精度等级	直　齿		非　直　齿	
	≤350HBW	>350HBW	≤350HBW	>350HBW
	圆周速度/(m/s)(≤)			
7	7	6	16	13
8	4	3	9	7
9	3	2.5	6	5

注:(1) 表中的圆周速度按锥齿轮平均直径计算。
　　(2) 此表不属于国家标准内容,仅供参考。

锥齿轮及齿轮副的检验项目应根据工作要求和生产规模确定;对于 7、8、9 级精度的一般齿轮传动,推荐的检验项目见表 17-31。

表 17-31　　　　　　　　　推荐的锥齿轮和齿轮副检验项目

项　目		精　度　等　级		
		7	8	9
公　差　组	Ⅰ	F_p 或 F_r		F_r
	Ⅱ	$\pm f_{pt}$		
	Ⅲ	接触斑点		
齿　轮　副	对锥齿轮	E_{ss}^{-},E_{si}^{-}		
	对箱体	$\pm f_a$		
	对传动	$\pm f_{AM}$,$\pm f_a$,$\pm E_\Sigma$,j_{nmin}		
齿轮毛坯公差		齿坯顶锥母线跳动公差 基准端面跳动公差 外径尺寸极限偏差 齿坯轮冠距和顶锥角极限偏差		

表 17-32   **推荐的锥齿轮和锥齿轮副检验项目的名称、代号和定义**

名　称	代号	定　义
齿距累积偏差	ΔF_p	在中点分度圆①上,任意两个同侧齿面间的实际弧长与公称弧长之差的最大绝对值
齿距累积总公差	F_p	
齿圈跳动	ΔF_r	齿轮一转范围内,测头在齿槽内与齿面中部双面接触时,沿分锥法向相对齿轮轴线的最大变动量
齿圈跳动公差	F_r	
单个齿距偏差	Δf_{pt}	在中点分度圆①上,实际齿距与公称齿距之差
齿距极限偏差:上偏差	$+f_{pt}$	
下偏差	$-f_{pt}$	
接触斑点		安装好的齿轮副(或被测齿轮与测量齿轮)在轻微力的制动下转动后,在齿轮工作齿面上得到的接触痕迹 接触斑点包括形状、位置、大小三方面的要求
齿轮副轴间距偏差	Δf_a	齿轮副实际轴间距与公称轴间距之差
齿轮副轴间距极限偏差:上偏差	$+f_a$	
下偏差	$-f_a$	
齿轮副轴交角偏差	ΔE_Σ	齿轮副实际轴交角与公称轴交角之差,以齿宽中点处线值计
齿轮副轴交角极限偏差:上偏差	$+E_\Sigma$	
下偏差	$-E_\Sigma$	

续表 17-32

名　称	代号	定　义
齿厚偏差 齿厚极限偏差:上偏差 下偏差 公差	ΔE_s^- E_{ss}^- E_{si}^- T_s^-	齿宽中点法向弦齿厚的实际值与公称值之差
齿圈轴向位移 齿圈轴向位移极限偏差:上偏差 下偏差	Δf_{AM} $+f_{AM}$ $-f_{AM}$	齿轮装配后,齿圈相对于滚动检查机上确定的最佳啮合位置的轴向位移量
齿轮副侧隙 圆周侧隙 法向侧隙 	 j_t j_{tmin} j_{tmax} j_n j_{nmin} j_{nmax}	齿轮副按规定的位置安装后,其中一个齿轮固定时,另一个齿轮从工作齿面接触到非工作齿面接触所绕过的齿宽中点分度圆弧长 齿轮副按规定的位置安装后,工作齿面接触时,非工作齿面间的最小距离,以齿宽中点处计 $j_n = j_t \cos\beta\cos\alpha$

注:① 允许在齿面中部测量。

17.5.2　锥齿轮副的侧隙规定

　　标准规定,锥齿轮副的最小法向侧隙种类有 6 种:a、b、c、d、e 和 h。最小法向侧隙值 a 为最大,依次递减,h 为零(图 17-8)。最小法向侧隙种类与精度等级无关,其值见表 17-33。最小法向侧隙种类确定后,可按表 7-35 查取齿厚上偏差 E_{ss}^{-}。

　　最大法向侧隙 j_{nmax} 按下式计算:

$$j_{nmax} = (|E_{ss1}^{-} + E_{ss2}^{-}| + T_{s1}^{-} + T_{s2}^{-} + E_{s\Delta1}^{-} + E_{s\Delta2}^{-})\cos\alpha_n$$

式中,齿厚公差 T_s 按表 17-34 查取;$E_{s\Delta}^{-}$ 为制造误差的补偿部分,由表 17-35 查取。

　　标准规定,锥齿轮副的法向侧隙公差种类有 5 种:A、B、C、D 和 H。在一般情况下,推荐法向侧隙公差种类与最小法向侧隙种类的对应关系见图 17-8。

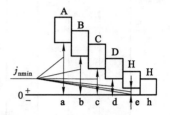

图 17-8　法向侧隙公差种类与最小法向侧隙种类的对应关系

表 17-33　　　　　　　　　　最小法向侧隙值 j_{nmin}　　　　　　　　　　μm

中点锥距/mm		小轮分锥角/(°)		最小法向侧隙 j_{nmin} 值					
				最小法向侧隙种类					
大于	到	大于	到	h	e	d	c	b	a
—	50	—	15	0	15	22	36	58	90
		15	25	0	21	33	52	84	130
		25	—	0	25	39	62	100	160
50	100	—	15	0	21	33	52	84	130
		15	25	0	25	39	62	100	160
		25	—	0	30	46	74	120	190
100	200	—	15	0	25	39	62	100	160
		15	25	0	35	54	87	140	220
		25	—	0	40	63	100	160	250
200	400	—	15	0	30	46	74	120	190
		15	25	0	46	72	115	185	290
		25	—	0	52	81	130	210	320

表 17-34　　　　　　　　　　齿厚公差 T_s 值　　　　　　　　　　μm

齿圈跳动公差		法向间隙公差种类				
大于	到	H	D	C	B	A
32	40	42	55	70	85	110
40	50	50	65	80	100	130
50	60	60	75	95	120	150
60	80	70	90	110	130	180
80	100	90	110	140	170	220
100	125	110	130	170	200	260

表 17-35　锥齿轮的 $\overline{E}_{ss}$ 与 $\overline{E}_{s\Delta}$ 值　　　　μm

齿厚上偏差 $\overline{E}_{ss}$ 值（基本值）

中点法向模数 /mm	中点分度圆直径/mm ≤125		>125~400			>400~800		
分锥角/(°)	≤20	>20~45	≤20	>20~45	>45	≤20	>20~45	>45
>1~3.5	−20	−20	−22	−28	−30	−36	−36	−45
>3.5~6.3	−22	−22	−25	−32	−30	−38	−38	−45
>6.3~10	−25	−25	−28	−36	−34	−40	−40	−50

最大法向侧隙 j_{nmax} 的制造误差补偿部分 $\overline{E}_{s\Delta}$ 值

第Ⅱ组精度等级	中点分度圆直径/mm ≤125			>125~400			>400~800		
分锥角/(°)	≤20	>20~45	>45	≤20	>20~45	>45	≤20	>20~45	>45
7	20	22	24	22	24	28	25	30	32
8	24	24	28	30	36	40	40	50	55
9	32	38	45	38	45	48	55	55	60

系数

最小法向侧隙种类	a	b	c	d	e	h
第Ⅱ组精度等级 7	5.5	3.8	2.7	2.0	1.6	1.0
8	6.0	4.2	3.0	2.2	—	—
9	6.6	4.6	3.2	—	—	—

注：各最小法向侧隙种类的各种精度等级齿轮的 $\overline{E}_{ss}$ 值，由本表查出基本值以系数得出。

17.5.3 锥齿轮精度数值表

表 17-36	锥齿轮的 F_r、$\pm f_{pt}$ 值						μm
中点分度圆直径 /mm	中点法向模数 /mm	齿圈径向跳动公差 F_r			齿距极限偏差 $\pm f_{pt}$		
		第Ⅰ组精度等级			第Ⅱ组精度等级		
		7	8	9	7	8	9
—	125	≥1~3.5					
		36	45	56	14	20	28
		>3.5~6.3					
		40	50	63	18	25	36
		>6.3~10					
		45	56	71	20	28	40
125	400	≥1~3.5					
		50	63	80	16	22	32
		>3.5~6.3					
		56	71	90	20	28	40
		>6.3~10					
		63	80	100	22	32	45
400	800	≥1~3.5					
		63	80	100	18	25	36
		>3.5~6.3					
		71	90	112	20	28	40
		>6.3~10					
		80	100	125	25	36	50

表 17-37	锥齿轮齿距累积总公差 F_p 值			μm
中点分度圆弧长 L/mm		第Ⅰ组精度等级		
大于	到	7	8	9
32	50	32	45	63
50	80	36	50	71
80	160	45	63	90
160	315	63	90	125
315	630	90	125	180
630	1000	112	160	224

注：F_p 按中点分度圆弧长 $L(\text{mm})$ 查表，

$$L = \frac{\pi d_m}{2} = \frac{\pi m_{nm}^2}{2\cos\beta}$$

式中，β 为锥齿轮螺旋角；m_{nm} 为中点法向模数；d_m 为齿宽中点分度圆直径。

表 17-38	接触斑点	%
第Ⅱ组精度等级	7	8,9
沿齿长方向	50~70	35~65
沿齿高方向	55~75	40~70

注：(1) 表中数值范围用于齿面修形的齿轮；不对齿面修形的齿轮，其接触斑点大小不小于其平均值。

(2) 接触痕迹的大小按百分比确定：

沿齿长方向——接触痕迹长度 b'' 与工作长度 b' 之比，即 $b''/b' \times 100\%$；

沿齿高方向——接触痕迹高度 h'' 与接触痕迹中部的工作齿高 h' 之比，即 $h''/h' \times 100\%$。

表 17-39　　　　　锥齿轮副检验安装误差项目±f_a、±f_{AM} 与 ±E_Σ 值　　　　μm

中点锥距/mm		轴间距极限偏差±f_a 第Ⅱ组精度等级			齿圈轴向位移极限偏差±f_{AM}		第Ⅱ组精度等级 7 中点法向模数/mm			8			9			轴交角极限偏差±E_Σ 小轮分锥角/(°)		最小法向间隙种类		
大于	到	7	8	9	分锥角/(°) 大于	到	≥1~3.5	>3.5~6.3	>6.3~10	≥1~3.5	>3.5~6.3	>6.3~10	≥1~3.5	>3.5~6.3	>6.3~10	大于	到	d	c	b
—	50	18	28	36	—	20	20	11	—	28	16	—	40	22	—	—	15	11	18	30
					20	45	17	9.5	—	24	13	—	34	19	—	15	25	16	26	42
					45	—	7	4	—	10	5.6	—	14	8	—	25	—	19	30	50
50	100	20	30	45	—	20	67	38	24	95	53	34	140	75	50	—	15	16	26	42
					20	45	56	32	21	80	45	30	120	63	42	15	25	19	30	50
					45	—	24	13	8.5	34	17	12	48	26	17	25	—	22	32	60
100	200	25	36	55	—	20	150	80	53	200	120	75	300	160	105	—	15	19	30	50
					20	45	130	71	45	180	100	63	260	140	90	15	25	26	45	71
					45	—	53	30	19	75	40	26	105	60	38	25	—	32	50	80
200	400	30	45	75	—	20	340	180	120	480	250	170	670	360	240	—	15	22	32	60
					20	45	280	150	100	400	210	140	560	300	200	15	25	36	56	90
					45	—	120	63	40	170	90	60	240	130	85	25	—	40	63	100

注：(1) 表中±f_a 值用于无纵向修形的齿轮副。

　　(2) 表中±f_{AM} 值用于 $α=20°$ 的非修形齿轮。

　　(3) 表中±E_Σ 值的公差带位置相对于零线，可以不对称或取在一侧。

　　(4) 表中±E_Σ 值用于 $α=20°$ 的正交齿轮副。

17.5.4　锥齿轮齿坯公差

表 17-40　　　　　　齿坯轮冠距与顶锥角极限偏差

中点法向模数/mm	轮冠距极限偏差/μm	顶锥角极限偏差/(′)
>1.2~10	0 −75	+8 0

表 17-41　　　　　　齿坯尺寸公差

精　度　等　级	7,8	9
轴径尺寸公差	IT6	IT7
孔径尺寸公差	IT7	IT8
外径尺寸极限偏差	$\left(\begin{smallmatrix}0\\-IT8\end{smallmatrix}\right)$	$\left(\begin{smallmatrix}0\\-IT9\end{smallmatrix}\right)$

注：当3个公差组精度等级不同时，按最高的精度等级确定公差值。

表 17-42 齿坯顶锥母线和基准端面跳动公差

项 目		尺 寸 范 围		精 度 等 级	
		大于	到	7,8	9
顶锥母线跳动公差 /μm	外径/mm	30	50	30	60
		50	120	40	80
		120	250	50	100
		250	500	60	120
		500	800	80	150
		800	1 250	100	200
基准端面跳动公差 /μm	基准端面直径 /mm	30	50	12	20
		50	120	15	25
		120	250	20	30
		250	500	25	40
		500	800	30	50
		800	1 250	40	60

17.6 圆柱蜗杆、蜗轮精度

17.6.1 精度等级与检验要求

标准 GB/T 10089—1988 规定圆柱蜗杆、蜗轮和蜗杆传动有 12 个精度等级,1 级精度最高,12 级精度最低。对于动力传动的蜗杆、蜗轮,一般采用 7～9 级。

蜗杆和配对蜗轮的精度等级一般取成相同,也允许取成不相同。对于有特殊要求的蜗杆传动,除 F''_i、F_r、f'_i、f_r 项目外,其蜗杆、蜗轮左右齿面的精度等级也可取成不相同。

按照公差特性对传动性能的主要保证作用,将公差(或极限偏差)分成 3 个公差组,见表 17-43。根据使用要求不同,允许各公差组选用不同的精度等级组合,但在同一公差组中,各项公差与极限偏差应保持相同的精度等级。

表 17-43 蜗杆、蜗轮和蜗杆传动各项公差的分组

公差组	检验对象	公差与极限偏差项目	误差特性	对传动性能的主要影响
I	蜗杆	—	一转为周期的误差	传递运动的准确性
	蜗轮	F'_i、F_p、F''_i、F_r、F_{pk}		
	蜗杆传动	F'_{ic}		
II	蜗杆	f_h、f_{hL}、f_{pxL}、f_r、$\pm f_{px}$	一周内多次周期重复出现的误差	传动的平稳性、噪声、振动
	蜗轮	f'_i、f''_i、$\pm f_{pt}$		
	蜗杆传动	f'_{ic}		

续表 17-43

公差组	检验对象	公差与极限偏差项目	误差特性	对传动性能的主要影响
Ⅲ	蜗杆	f_{f1}	齿向线的误差	载荷分布的均匀性
	蜗轮	f_{f2}		
	蜗杆传动	接触斑点，$\pm f_a$、$\pm f_\Sigma$、$\pm f_x$		

注：F'_i 表示蜗轮切向综合公差；F''_i 表示蜗轮径向综合公差；F_p 表示蜗轮齿距累积公差；F_{pk} 表示蜗轮 k 个齿距累积公差；F_r 表示蜗轮齿圈径向跳动公差；F'_{ic} 表示蜗杆副的切向综合公差；f_h 表示蜗杆一转螺旋线公差；f_{hL} 表示蜗杆螺旋线公差；$\pm f_{px}$ 表示蜗杆轴向齿距极限偏差；f_{pxL} 表示蜗杆轴向齿距累积公差；f_r 表示蜗杆齿槽径向跳动公差；f'_i 表示蜗轮一齿切向综合公差；f''_i 表示蜗轮一齿径向综合公差；$\pm f_{pt}$ 表示蜗轮齿距极限偏差；f'_{ic} 表示蜗杆副的一齿切向综合公差；f_{f1} 表示蜗杆齿形公差；f_{f2} 表示蜗轮齿形公差；$\pm f_a$ 表示蜗杆副的中心距极限偏差；$\pm f_\Sigma$ 表示蜗杆副的轴交角极限偏差；$\pm f_x$ 表示蜗杆副的中间平面极限偏差。

　　蜗杆、蜗轮精度应根据传动用途、使用条件、传递功率、圆周速度以及其他技术要求决定。其第Ⅱ公差组主要由蜗轮圆周速度决定，见表 17-44。

表 17-44　　　　　　　　　第Ⅱ公差组精度等级与蜗轮圆周速度关系

项　　目	第Ⅱ公差组精度等级		
	7	8	9
蜗轮圆周速度/(m/s)	≤7.5	≤3	≤1.5

　　蜗杆、蜗轮和蜗杆传动的检验项目应根据工作要求、生产规模和生产条件确定。对于动力传动的一般圆柱蜗杆传动，推荐的检测项目见表 17-45。

表 17-45　　　　　　推荐的圆柱蜗杆、蜗轮和蜗杆传动的检验项目

项　　目			精　度　等　级		
			7	8	9
公差组	Ⅰ	蜗杆	—		
		蜗轮	F_p		F_r
	Ⅱ	蜗杆	$\pm f_{px}$、$\pm f_{pxL}$		
		蜗轮	$\pm f_{pt}$		
	Ⅲ	蜗杆	f_{f1}		
		蜗轮	f_{f2}		
蜗杆副	对蜗杆		E_{ss1}、E_{si1}		
	对蜗轮		E_{ss2}、E_{si2}		
	对箱体		$\pm f_a$、$\pm f_\Sigma$、$\pm f_x$		
	对传动		接触斑点，$\pm f_a$、j_{nmin}		
毛坯公差			蜗杆、蜗轮齿坯尺寸公差，形状公差，基准面径向和端面跳动公差		

注：(1) 当蜗杆副的接触斑点有要求时，蜗轮的齿形误差 f_{f2} 可不检验。

　　(2) 本表推荐项目名称、代号和定义见表 17-46。

表 17-46　　　　推荐的圆柱蜗杆、蜗轮和蜗杆传动检验项目的名称、代号和定义

名　称	代号	定　义	名　称	代号	定　义
蜗轮齿距累积公差 实际弧线 分度圆 8　1　2　实际齿廓 7　3 6　公称齿廓 5　4 蜗轮齿距累积公差	ΔF_p F_p	在蜗轮分度圆上,任意两个同侧齿面间的实际弧长与公称弧长之差的最大绝对值	蜗轮齿圈径向跳动 蜗轮齿圈径向跳动公差	ΔF_r F_r	在蜗轮一转范围内,测头在靠近中间平面的齿槽内与齿高中部的齿面双面接触,其测头相对于蜗轮轴线径向距离的最大变动量
蜗杆轴向齿距偏差 实际轴向齿距 公称轴向齿距　Δf_{px} 蜗杆轴向齿距极限偏差:上偏差 　　　　　　　　　　下偏差	Δf_{px} $+f_{px}$ $-f_{px}$	在蜗杆轴向截面上实际齿距与公称齿距之差	蜗轮齿形误差 实际齿形 Δf_{f2} 蜗杆的齿形工作部分 设计齿形 蜗轮齿形公差	Δf_{f2} f_{f2}	在蜗轮轮齿给定截面上的齿形工作部分内,包容实际齿形且距离为最小的两条设计齿形间的法向距离 当两条设计齿形线为非等距离曲线时,应在靠近齿体内的设计齿形线的法线上确定其两者间的法向距离
蜗杆轴向齿距累积误差 实际轴向齿距 公称轴向齿距 蜗杆轴向齿距累积公差	Δf_{pxL} f_{pxL}	在蜗杆轴向截面上的工作齿宽范围(两端不完整齿部分应除外)内,任意两个同侧齿面间实际轴向距离与公称轴向距离之差的最大绝对值	蜗杆齿厚极限偏差 公称齿厚 E_{ss1} E_{si1} T_{s1} 蜗杆齿厚极限偏差:上偏差 　　　　　　　　下偏差 蜗杆齿厚公差	ΔE_{s1} E_{ss1} E_{si1} T_{s1}	在蜗杆分度圆柱上,法向齿厚的实际值与公称值之差

名　称	代号	定　义	名　称	代号	定　义
蜗轮齿距偏差 实际齿距 公称齿距 Δf_{pt} 蜗轮齿距极限偏差:上偏差 下偏差	Δf_{pt} $+f_{pt}$ $-f_{pt}$	在蜗轮分度圆上,实际齿距与公称齿距之差 用相对法测量时,公称齿距是指所有实际齿距的平均值	蜗轮齿厚极限偏差 公称齿厚 E_{si2}　T_{s2} 蜗轮齿厚极限偏差:上偏差 下偏差 蜗轮齿厚公差	ΔE_{s2} E_{ss2} E_{si2} T_{s2}	在蜗轮中间平面上,分度圆齿厚的实际值与公称值之差
蜗杆齿形误差 设计齿形 蜗杆齿形公差	Δf_{f1} f_{f1}	在蜗杆轮齿给定截面上的齿形工作部分内,包容实际齿形且距离为最小的两条设计齿形间的法向距离 当两条设计齿形线为非等距离的曲线时,应在靠近齿体内设计齿形线的法线上确定其两者间的法向距离	蜗杆副的中心距偏差 实际中心距 Δf_a 蜗杆副的中心距极限偏差: 上偏差 下偏差	Δf_a $+f_a$ $-f_a$	在安装好的蜗杆副中间平面内,实际中心距与公称中心距之差
蜗杆副的中间平面偏移 Δf_x 蜗杆副的中间平面极限偏差: 上偏差 下偏差	Δf_x $+f_x$ $-f_x$	在安装好的蜗杆副中,蜗轮中间平面与传动中间平面之间的距离	蜗杆副的侧隙 圆周侧隙 j_t 法向侧隙 j_n N—N 最小圆周侧隙 最大圆周侧隙 最小法向侧隙 最大法向侧隙	 j_t j_n $j_{t\,min}$ $j_{t\,max}$ $j_{n\,min}$ $j_{n\,max}$	在安装好的蜗杆副中,蜗杆固定不动时,蜗轮从工作齿面接触到非工作齿面接触所转过的分度圆弧长 在安装好的蜗杆副中,蜗杆和蜗轮的工作齿面接触时,两非工作齿面间的最小距离
蜗杆副的轴交角偏差 实际轴交角 公称轴交角 Δf_Σ 蜗杆副的轴交角偏差:上偏差 下偏差	Δf_Σ $+f_\Sigma$ $-f_\Sigma$	在安装好的蜗杆副中,实际轴交角与公称轴交角之差 偏差值按蜗轮齿宽确定,以其线性值计			

17.6.2 蜗杆传动的侧隙规定

本标准按蜗杆传动的最小法向侧隙 j_{nmin} 的大小,将侧隙种类分为 8 种:a、b、c、d、e、f、g、h。a 的最小法向侧隙最大,其他依次减小,h 为零,如图 17-9 所示。侧隙的种类与精度等级无关。

蜗杆传动的侧隙种类,应根据工作条件和使用要求选定,用代号表示。传动一般采用的最小法向侧隙的种类及其值,按表 17-47 的规定。

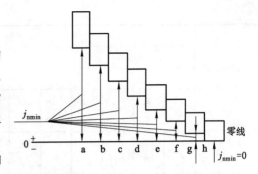

图 17-9 侧隙种类和最小法向侧隙

表 17-47	最小法向侧隙 j_{nmin} 值		μm
传动中心距 a/mm	侧 隙 种 类		
	b	c	d
≤30	84	52	33
>30~50	100	62	39
>50~80	120	74	46
>80~120	140	87	54
>120~180	160	100	63
>180~250	185	115	72
>250~315	210	130	81
>315~400	230	140	89

传动的最小法向侧隙由蜗杆齿厚的减薄量来保证,即取蜗杆齿厚上偏差 $E_{ss1} = -(j_{nmin}/\cos \alpha_n + E_{S\Delta})$(其中 $E_{S\Delta}$ 为制造误差的补偿部分),齿厚下偏差 $E_{si1} = E_{ss1} - T_{s1}$。最大法向侧隙由蜗杆、蜗轮齿厚公差 T_{s1}、T_{s2} 确定。蜗轮齿厚上偏差 $E_{ss2} = 0$,下偏差 $E_{si2} = -T_{s2}$。对精度为 7、8、9 级的 $E_{S\Delta}$、T_{s1} 和 T_{s2} 的值,按表 17-48、表 17-49 和表 17-50 中的规定。

表 17-48	蜗杆齿厚上偏差中的制造误差的补偿部分 $E_{S\Delta}$ 值													μm
	精 度 等 级													
	7					8					9			
传动中心距 a/mm	模数 m/mm													
	≥1~3.5	>3.5~6.3	>6.3~10	>10~16	>16~25	≥1~3.5	>3.5~6.3	>6.3~10	>10~16	>16~25	≥1~3.5	>3.5~6.3	>6.3~10	>10~16	>16~25
≤30	45	50	60	—	—	50	68	80	—	—	75	90	110	—	—
>30~50	48	56	63	—	—	56	71	85	—	—	80	85	115	—	—

续表 17-48

传动中心距 a/mm	精 度 等 级														
	7					8					9				
	模数 m/mm														
	≥1 ~3.5	>3.5 ~6.3	>6.3 ~10	>10 ~16	>16 ~25	≥1 ~3.5	>3.5 ~6.3	>6.3 ~10	>10 ~16	>16 ~25	≥1 ~3.5	>3.5 ~6.3	>6.3 ~10	>10 ~16	>16 ~25
>50~80	50	58	65	—	—	58	75	90	—	—	90	100	120	—	—
>80~120	56	63	71	80	—	63	78	90	110	—	95	105	125	160	—
>120~180	60	68	75	85	115	68	80	95	115	150	100	110	130	165	210
>180~250	71	75	80	90	120	75	85	100	115	155	110	120	140	170	220
>250~315	75	80	85	95	120	80	90	100	120	155	120	130	145	180	225
>315~400	80	85	90	100	125	85	95	105	125	160	130	140	155	185	230

注:精度等级按蜗杆的第Ⅱ公差组确定。

表 17-49 　　　　　　　　　　　　蜗杆齿厚公差 T_{s1} 值 　　　　　　μm

模数 m /mm	精 度 等 级		
	7	8	9
≥1~3.5	45	53	67
>3.5~6.3	56	71	90
>6.3~10	71	90	110
>10~16	95	120	150
>16~25	130	160	200

注:(1) 精度等级按蜗杆的第Ⅱ公差组确定。

(2) 当传动的最大法向侧隙无要求时,允许 T_{s1} 增大,但最大不得超过表中值的 2 倍。

表 17-50 　　　　　　　　　　　　蜗轮齿厚公差 T_{s2} 值 　　　　　　μm

模数 m /mm	蜗轮分度圆直径 d_2/mm								
	≤125			>125~400			>400~800		
	精 度 等 级								
	7	8	9	7	8	9	7	8	9
≥1~3.5	90	110	130	100	120	140	110	130	160
>3.5~6.3	110	130	160	120	140	170	120	140	170
>6.3~10	120	140	170	130	160	190	130	160	190
>10~16	—	—	—	140	170	210	160	190	230
>16~25	—	—	—	170	210	260	190	230	290

注:(1) 精度等级按蜗轮的第Ⅱ公差组确定。

(2) 在最小侧隙能保证的条件下,T_{s2}公差带允许采用对称分布。

17.6.3　蜗杆、蜗轮和蜗杆传动精度数值表

表 17-51　　　　　蜗杆的公差和极限偏差±f_{px}、f_{pxL}和 f_{l} 值　　　μm

模数 m /mm	蜗杆轴向齿距偏差 ±f_{px}			蜗杆轴向齿距累积公差 f_{pxL}			蜗杆齿形公差 f_{l}		
	精　度　等　级								
	7	8	9	7	8	9	7	8	9
≥1~3.5	11	14	20	18	25	36	16	22	32
>3.5~6.3	14	20	25	24	34	48	22	32	45
>6.3~10	17	25	32	32	45	63	28	40	53
>10~16	22	32	46	40	56	80	36	53	75
>16~25	32	45	63	53	75	100	53	75	100

表 17-52　　　　　　　蜗轮齿距累积公差 F_{p} 值　　　μm

精度等级	分度圆弧长 L/mm									
	≤11.2	>11.2 ~20	>20 ~32	>32 ~50	>50 ~80	>80 ~160	>160 ~315	>315 ~630	>630 ~1000	>1000 ~1600
7	16	22	28	32	36	45	63	90	112	140
8	22	32	40	45	50	63	90	125	160	200
9	32	45	56	63	71	90	125	180	224	280

注：F_{p} 按分度圆弧长 $L=\pi d_{2}/2=mz_{2}/2$ 查表。

表 17-53　　　　蜗轮的公差和极限偏差 F_{r}、±f_{pt} 和 f_{l2} 值　　　μm

分度圆直径 d_{2}/mm	模数 m /mm	蜗轮齿圈径向跳动公差 F_{r}			蜗轮齿距极限偏差 ±f_{pt}			蜗轮齿形公差 f_{l2}		
		精　度　等　级								
		7	8	9	7	8	9	7	8	9
≤125	≥1~3.5	40	50	63	14	20	28	11	14	22
	>3.5~6.3	50	63	80	18	25	36	14	20	32
	>6.3~10	56	71	90	20	28	40	17	22	36
>125~400	≥1~3.5	45	56	71	16	22	32	13	18	28
	>3.5~6.3	56	71	90	20	28	40	16	22	36
	>6.3~10	63	80	100	22	32	45	19	28	45
	>10~16	71	90	112	25	36	50	22	32	50

续表 17-53

分度圆直径 d_2/mm	模数 m /mm	蜗轮齿圈径向跳动公差 F_r			蜗轮齿距极限偏差 $\pm f_{pt}$			蜗轮齿形公差 f_{f2}		
		精　度　等　级								
		7	8	9	7	8	9	7	8	9
>400～800	≥1～3.5	63	80	100	18	25	36	17	25	40
	>3.5～6.3	71	90	112	20	28	40	20	28	45
	>6.3～10	80	100	125	25	36	50	24	36	56
	>10～16	100	125	160	28	40	56	26	40	63
	>16～25	125	160	200	36	50	71	36	56	90

表 17-54　　　　　　传动有关极限偏差 $\pm f_a$、$\pm f_x$ 和 $\pm f_\Sigma$ 值　　　　　μm

传动中心距 a /mm	蜗杆副的中心距极限偏差 $\pm f_a$			蜗杆副的中间平面极限偏差 $\pm f_x$			蜗轮宽度 b_2 /mm	蜗杆副的轴交角极限偏差 $\pm f_\Sigma$		
	精　度　等　级							精度等级		
	7	8	9	7	8	9		7	8	9
≤30	26		42	21		34	≤30	12	17	24
>30～50	31		50	25		40	>30～50	14	19	28
>50～80	37		60	30		48				
>80～120	44		70	36		56	>50～80	16	22	32
>120～180	50		80	40		64	>80～120	19	24	36
>180～250	58		92	47		74				
>250～315	65		105	52		85	>120～180	22	28	42
>315～400	70		115	56		92	>180～250	25	32	48

表 17-55　　　　　　　　　　　　接触斑点

精度等级	接触面积的百分比/%		接　触　位　置
	沿齿高不小于	沿齿长不小于	
7,8	55	50	接触斑点痕迹应偏于啮出端,但不允许在齿顶和啮入、啮出端的棱边接触
9	45	40	

注:采用修形齿面的蜗杆传动,接触斑点的要求可不受本标准的限制。

17.6.4 蜗杆、蜗轮的齿坯公差

表 17-56　　　　　　　　　　蜗杆、蜗轮齿坯尺寸和形状公差

精 度 等 级		7	8	9
孔	尺寸公差	IT7		IT8
	形状公差	IT6		IT7
轴	尺寸公差	IT6		IT7
	形状公差	IT5		IT6
齿顶圆直径公差		IT8		IT9

注:(1) 当三个公差组的精度等级不同时,按最高精度等级确定公差。

　　(2) 当齿顶圆不作测量齿厚的基准时,尺寸公差按 IT11 确定,但不得大于 0.1 mm。

表 17-57　　　　　蜗杆、蜗轮齿坯尺寸基准面径向和端面跳动公差　　　　μm

基准面直径 d/mm	精 度 等 级	
	7,8	9
≤31.5	7	10
>31.5～63	10	16
>63～125	14	22
>125～400	18	28
>400～800	22	36

注:(1) 当三个公差组的精度等级不同时,按最高精度等级确定公差。

　　(2) 当以齿顶圆作为测量基准时,也即为蜗杆、蜗轮的齿坯基准面。

18　减速器和零部件图册

18.1　减速器装配图图册

18.1.1　单级圆柱齿轮减速器图例(插页中图18-1)

18.1.2　二级展开式圆柱齿轮减速器图例(插页中图18-2)

18.1.3　齿轮-蜗杆减速器图例(插页中图18-3)

18.1.4　圆锥-圆柱齿轮减速器图例(插页中图18-4)

18.1.5　分流式圆柱齿轮减速器图例(插页中图18-5)

18.1.6　同轴式圆柱齿轮减速器图例(插页中图18-6)

18.1.7　二级展开式圆柱齿轮减速器图例(插页中图18-7)

18.2　零部件工作图图册

18.2.1　阶梯轴零件工作图例(图 18-8)

18.2.2　斜齿圆柱齿轮零件图例(图 18-9)

18.2.3　斜齿圆柱齿轮零件图例(图 18-10)

18.2.4　圆锥大齿轮零件图例 (图 18-11)

18.2.5　齿轮轴零件图例(图 18-12)

18.2.6　蜗杆零件图例(图 18-13)

18.2.7　蜗轮组件图例(图 18-14)

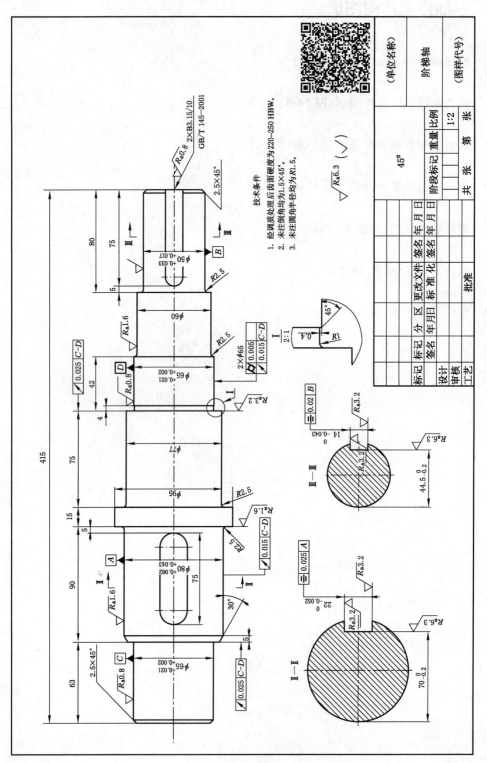

图18-8　阶梯轴零件工作图

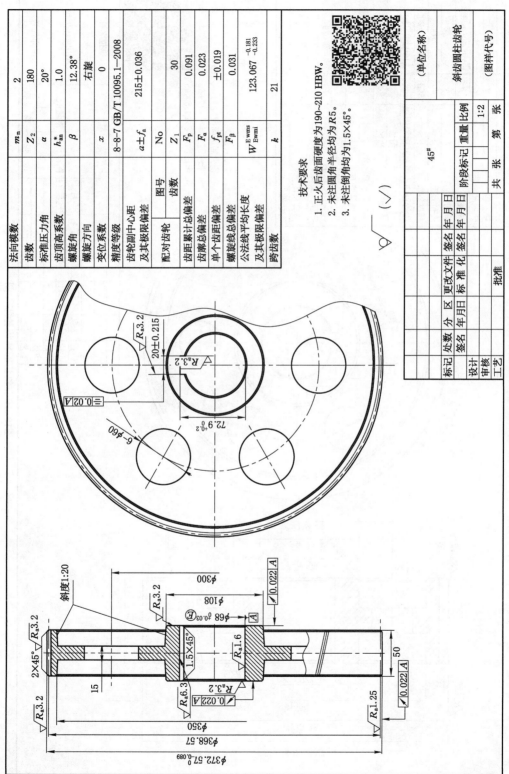

法向模数	m_n	2
齿数	Z_2	180
标准压力角	α	20°
齿顶高系数	h_{an}^*	1.0
螺旋角	β	12.38°
螺旋方向		右旋
变位系数	x	0
精度等级		8-8-7 GB/T 10095.1—2008
齿轮副中心距及其极限偏差	$a \pm f_a$	215±0.036
配对齿轮	图号	No
	齿数	Z_1	30
齿距累计总偏差	F_p	0.091
齿廓总偏差	F_a	0.023
单个齿距偏差	f_{pt}	±0.019
螺旋线总偏差	F_β	0.031
公法线平均长度及其极限偏差	W^{Ewms}_{Ewmi}	$123.067^{-0.181}_{-0.233}$
跨齿数	k	21

技术要求
1. 正火后齿面硬度为190~210 HBW。
2. 未注圆角半径均为 $R5$。
3. 未注倒角均为1.5×45°。

$\sqrt{}\ (\sqrt{})$

							(单位名称)	
							斜齿圆柱齿轮	
							(图样代号)	
						45#	阶段标记	重量	比例
									1:2
							共 张	第 张
标记	处数	分区	更改文件	签名	年月日			
设计		签名	年月日	标准化	签名	年月日		
审核								
工艺			批准					

图18-9 斜齿圆柱齿轮零件图

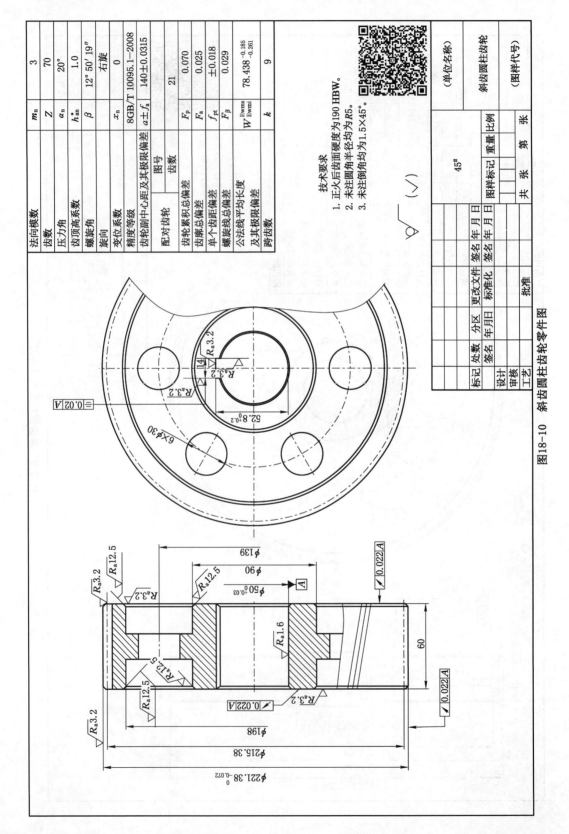

法向模数	m_n		3
齿数	Z		70
压力角	α_n		20°
齿顶高系数	h_{an}^*		1.0
螺旋角	β		12°50′19″
旋向			右旋
变位系数	x_n		0
精度等级		8GB/T 10095.1—2008	
齿轮副中心距及其极限偏差	$a \pm f_a$		140±0.0315
配对齿轮	图号		
	齿数		21
齿轮累积总偏差	F_p		0.070
齿廓总偏差	F_a		0.025
单个齿距偏差	f_{pt}		±0.018
螺旋线总偏差	F_β		0.029
公法线平均长度及其极限偏差	W_{Ewmi}^{Ewms}		$78.438_{-0.261}^{-0.185}$
跨齿数	k		9

技术要求
1. 正火后齿面硬度为190 HBW。
2. 未注圆角半径均为R5。
3. 未注倒角均为1.5×45°。

$\sqrt{}$ ($\sqrt{}$)

		(单位名称)		斜齿圆柱齿轮
				(图样代号)

			图样标记	重量	比例
		45#			
			共　张	第　张	

标记	处数	分区	更改文件	签名	年月日
				签名	年月日
设计					
审核				标准化	
工艺			批准		

图18-10　斜齿圆柱齿轮零件图

$\phi221.38_{-0.072}^{0}$
$\phi215.38$
$\phi198$
$\phi139$
$\phi90$
$\phi50_{0}^{+0.03}$

60

$\sqrt{R_a3.2}$　$\sqrt{R_a12.5}$　$\sqrt{R_a1.6}$　$\sqrt{R_a1.5}$

6×ϕ30

52.8$_{0}^{+0.2}$

14

$\sqrt{R_a3.2}$

| 0.02 | Ⅲ |

| 0.022 | A |

齿制		直齿GB 12369—1990	
大端端面模数	m		4
齿数	Z		87
中点螺旋角	β		0°
螺旋方向			
刀具的齿形角	α		20°
刀具的齿顶高系数	h^*		1
切向变位系数	x_t		0
径向变位系数	x		0
大端齿高	h		8.8
配对齿轮		图号	
		齿数	30
精度等级		6cB GB 11365—1989	
公差组	检验项目		数值
Ⅰ	F_i'		0.074
Ⅱ	f_i'		0.135
Ⅲ	沿齿长接触率＞60%		
	沿齿高接触率＞65%		
大端分度圆弧齿厚	$\bar{S}$		6.283
大端分度圆弧齿高	$\bar{h}_a$		4.03

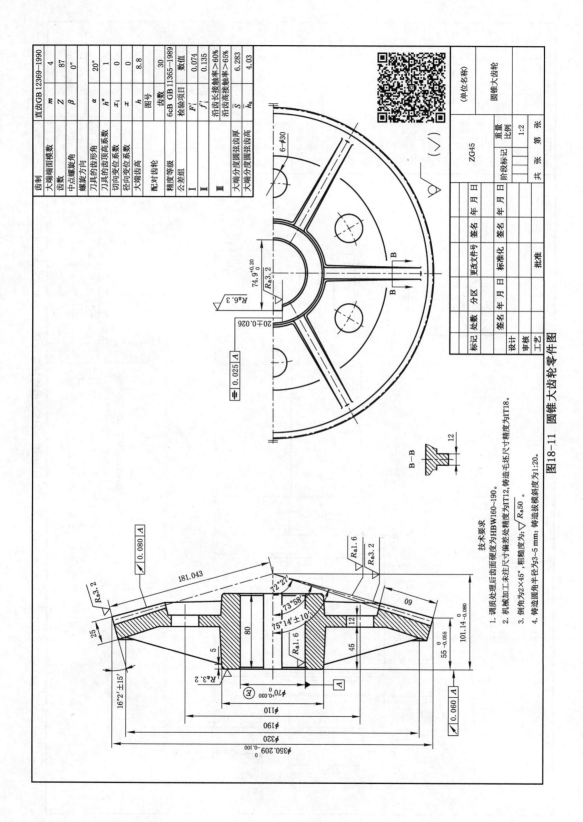

ZG45

（单位名称）

圆锥大齿轮

图18-11　圆锥大齿轮零件图

技术要求

1. 调质处理后齿面硬度为HBW160~190。
2. 机械加工未注尺寸偏差处精度为IT12，铸造毛坯尺寸精度为IT8。
3. 倒角为2×45°；粗糙度为 $\sqrt{Ra50}$。
4. 铸造圆角半径为3~5 mm；铸造拔模斜度为1:20。

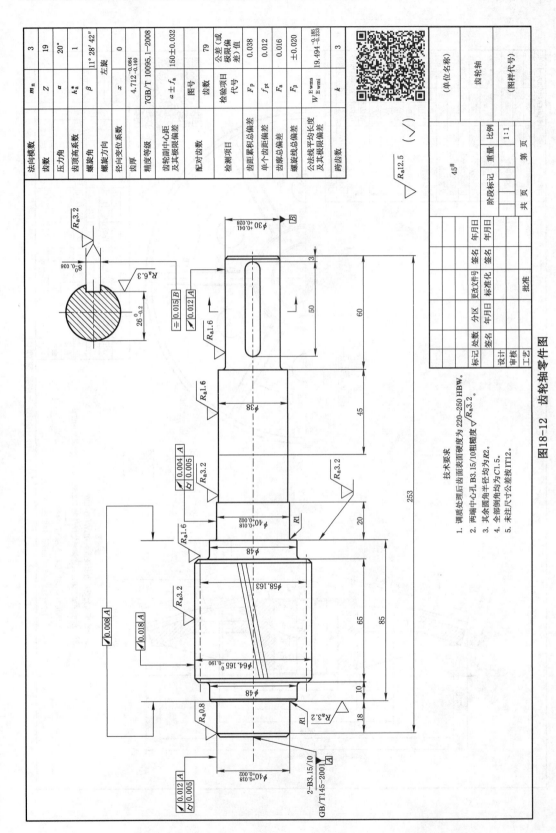

图18-12　齿轮轴零件图

轴向模数	m	5	配偶蜗轮	端面模数		5
头数	Z_1	1		图号		
齿形角	α	20°		齿数	Z_2	37
齿顶高系数	h_a^*	1	精度等级		7c GB/T 10089—1988	
径向间隙系数	c^*	0.2	轴向齿距积累公差		f_{pxl}	0.024
螺旋线方向		右旋	齿距极限偏差		$\pm f_{px}$	0.014
导程角	γ	5°42′38″	齿距公差		f_{f1}	0.022
轴向齿距	P_x	15.708			h_a	5
变位系数	x	−0.5			s_a	$7.854^{-0.155}_{-0.211}$
分度圆直径	d_1	50			s_x	$7.893^{-0.155}_{-0.211}$
中心距及其偏差	a	115±0.044	法向、轴向偏差			

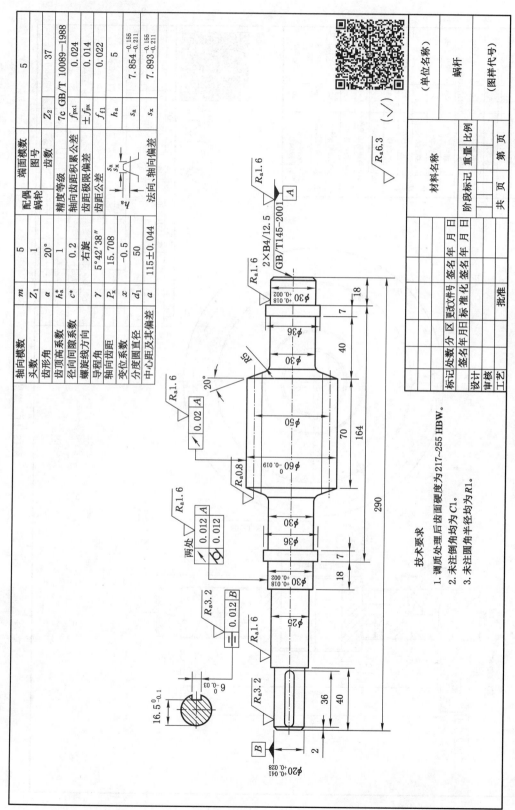

技术要求

1. 调质处理后齿面硬度为217~255 HBW。
2. 未注倒角均为C1。
3. 未注圆角半径均为R1。

$\sqrt{R_a 6.3}$　$(\sqrt{})$

（单位名称）			
		蜗杆	
		（图样代号）	

材料名称			
阶段标记	重量	比例	
	共　页	第　页	

标记	处数	分区	更改文件号	签名	年月日
签名	年月日	标准化	签名	年月日	
设计					
审核					
工艺		批准			

图18-13　蜗杆零件图

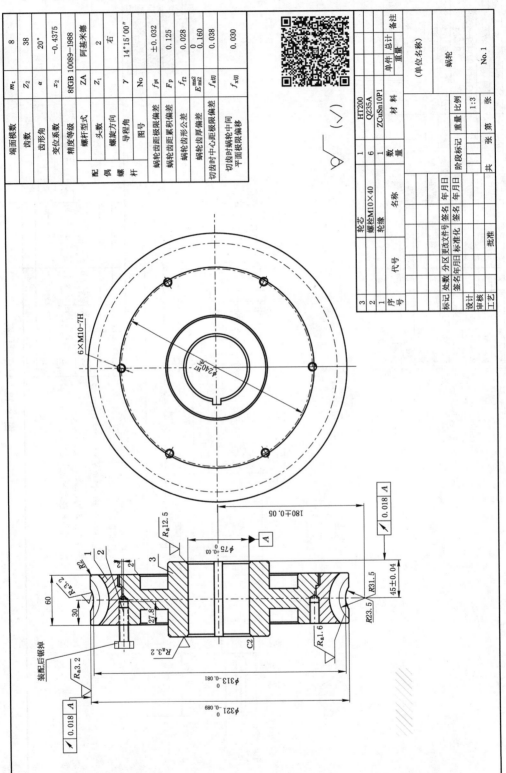

端面模数	m_t	8	
齿数	Z_2	38	
齿形角	α	20°	
变位系数	x_2	−0.4375	
精度等级		8GB 10089−1988	
配偶螺杆	螺杆型式	ZA	阿基米德
	头数	Z_1	2
	螺旋方向		右
	导程角	γ	14°15′00″
	图号	No	
	蜗轮齿距极限偏差	f_{pt}	±0.032
	蜗轮齿距累积偏差	F_p	0.125
	蜗轮齿形公差	f_{f2}	0.028
		$E_{m2}^{m_2}$	0 0.160
	蜗轮齿厚偏差	$f_{a切}$	0.038
	切齿时中心距极限偏移 平面极限偏移	$f_{x切}$	0.030

图18-14　蜗轮组件图

3			HT200	1	
2			Q235A	6	
1			ZCuSn10P1	1	
序号	代号	名称	材料	数量	备注

（单位名称）

蜗轮

No.1

3 轮芯 HT200 1
2 螺栓M10×40 Q235A 6
1 轮缘 ZCuSn10P1 1

标记 处数 分区 更改文件号 签名 年月日
设计 　 签名 年月日
审核
工艺 批准

比例 1:3
重量 单件 总计

共　张　第　张

$\frac{\checkmark}{\;}(\checkmark)$

主要参考文献

[1]《现代机械传动手册》编辑委员会.现代机械传动手册[M].北京:机械工业出版社,1995.

[2] 陈华生,牛又奇,孙建国. Visual Basic 程序设计教程[M].苏州:苏州大学出版社,2002.

[3] 陈立德.机械设计基础课程设计指导书[M].4 版.北京:高等教育出版社,2014.

[4] 陈秀宁,施高义.机械设计课程设计[M].4 版.杭州:浙江大学出版社,2010.

[5] 成大先. 机械设计手册[M].北京:化学工业出版社,2008.

[6] 成大先.机械设计手册[M].北京:化学工业出版社,2004.

[7] 程志红,唐大放.机械设计课程上机与设计[M].修订版.南京:东南大学出版社,2011.

[8] 甘永立.几何量公差与检测[M].10 版.上海:上海科学技术出版社,2013.

[9] 甘永立.几何量公差与检测[M].9 版.上海:上海科学技术出版社,2010.

[10] 机械设计手册编委会.机械设计手册:第 3 卷[M].北京:机械工业出版社,2004.

[11] 李育锡.机械设计课程设计[M].2 版.北京:高等教育出版社,2014.

[12] 全国齿轮标准化技术委员会.渐开线圆柱齿轮承载能力计算方法:GB 3480—1997[S].

[13] 全国齿轮标准化技术委员会.圆柱齿轮　检验实施规范　第 1 部分:轮齿同侧齿面的检验:GB/Z 18620.1—2008[S].

[14] 全国齿轮标准化技术委员会.圆柱齿轮　检验实施规范　第 3 部分:齿轮坯、轴中心距和轴心平行度的检验:GB/Z 18620.3—2008[S].

[15] 全国齿轮标准化技术委员会.圆柱齿轮　检验实施规范　第 4 部分:表面结构和轮齿接触斑点的检验:GB/Z 18620.4—2008[S].

[16] 全国齿轮标准化技术委员会.圆柱齿轮　检验实验规范　第 2 部分:径向综合偏差、径向跳动、齿厚和侧隙的检验:GB/Z 18620.2—2008[S].

[17] 全国齿轮标准化技术委员会.圆柱齿轮　精度制　第 2 部分:径向综合偏差与径向跳动的定义和允许值:GB/T 10095.2—2008[S].

[18] 全国齿轮标准经技术委员会.圆柱齿轮　精度制　第 1 部分:轮齿同侧齿面偏差的定义和允许值:GB/T 10095.1—2008[S].

[19] 全国防爆电气设备标准化技术委员会防爆电机标准化分技术委员会.煤矿用隔爆型三相异步电动机技术条件　第 1 部分:YBK3 系列煤矿井下用隔爆型三相异步电动机(机座号 80～355):JB/T 9593.1—2015[S].北京:中国标准出版社,2015.

[20] 全国滚动轴承标准化技术委员会.滚动轴承代号方法:GB/T 272—2017[S].

[21] 全国滚动轴承标准化技术委员会.滚动轴承　额定动载荷和额定寿命:GB/T 6391—2010[S].

［22］全国旋转电机标准化技术委员会.YZ 系列起重及冶金用三相异步电动机技术条件:JB/T 10104—2011［S］.北京:中国标准出版社,2011.

［23］唐大放,程志红.机械设计工程 CAD［M］.徐州:中国矿业大学出版社,2003.

［24］王启义.机械设计大典［M］.南昌:江西科学技术出版社,2002.

［25］王之栎,王大康.机械设计综合课程设计［M］.北京:机械工业出版社,2007.

［26］吴相宪.实用机械设计手册［M］.徐州:中国矿业大学出版社,1993.

［27］吴宗泽,高志,罗圣国,等.机械设计课程设计手册［M］.4 版.北京:高等教育出版社,2012.

［28］张铁,李旻.互换性与测量技术［M］.北京:清华大学出版社,2010.

［29］周霭如,官士鸿.Visual Basic 程序设计教程［M］.北京:清华大学出版社,2001.

［30］朱坚,黄平.机械设计课程设计［M］.广州:华南理工大学出版社,2004.